南 科 人 文 学 术 系 列

“关键词”
绘制当代建筑学的地图

KEYWORDS
MAPPING CONTEMPORARY ARCHITECTURE

唐克扬 著

图书在版编目 (CIP) 数据

“关键词”：绘制当代建筑学的地图 / 唐克扬著. — 北京：北京大学出版社，2021.1
ISBN 978-7-301-31790-7

Ⅰ. ①关…　Ⅱ. ①唐…　Ⅲ. ①建筑学 – 文集　Ⅳ. ① TU-53

中国版本图书馆 CIP 数据核字 (2020) 第 203185 号

书　　名	“关键词”：绘制当代建筑学的地图 “GUANJIANCI”：HUIZHI DANGDAI JIANZHUXUE DE DITU
著作责任者	唐克扬　著
责任编辑	朱房煦
标准书号	ISBN 978-7-301-31790-7
出版发行	北京大学出版社
地　　址	北京市海淀区成府路 205 号　100871
网　　址	http://www. pup. cn　　新浪微博：@ 北京大学出版社
电子信箱	zhufangxu@pup. cn
电　　话	邮购部 010-62752015　发行部 010-62750672 编辑部 010-62754382
印 刷 者	北京宏伟双华印刷有限公司
经 销 者	新华书店 720 毫米 ×1020 毫米　16 开本　20.75 印张　425 千字 2021 年 1 月第 1 版　2021 年 1 月第 1 次印刷
定　　价	108.00 元

“南科人文学术系列”编委会

总 序

出版这个系列是我近年的重要心愿!

2016 年，本人届满卸任北大中文系系主任职务，随即应陈十一校长之邀，离开北大来到南方科技大学工作。在谋划人文科学中心发展规划之时，陆续引进的唐克扬、吴岩和李蓝几位教授都赞同要出版两套书，一套是“南科人文学术系列”，另一套是“南科人文通识教材系列”。如今 4 年过去，人文科学中心在快速发展过程中已经与其他 4 个中心整合成了颇具规模的人文社会科学学院，人文科学中心成了其中的系一级机构之一，新的学院楼宇也已经竣工并投入使用。在繁忙的建系建院和教学科研活动中，通过大伙儿不懈努力，这两套书的第一批著述，终于在南方科技大学校庆 10 周年之际出版，想想还真是有点成就感，也特别令人高兴。

“南科人文学术系列”的定位，与人文科学中心的定位完全一致，那就是尽量不走一般综合性大学文史哲为中心的传统发展道路，而是要根据南方科技大学“扎根中国大地，建设世界一流研究型大学”的目标和“创智、创新、创业”的定位，规划办成具有“科技人文”和“跨学科”学科结构特色的“新文科”院系。因此，这个系列就不再是收入一般文史哲领域常见的学科著述——说实话这些著作眼下实在已经太多，而是打算出一批具有新型文科专业方向和跨界研究性质的、具有学科前沿特征的学术著述。此刻看看眼前这第一辑书稿——《“关键词”：绘制当代建筑学的地图》（唐克扬著）、《中国科幻文论精选》（吴岩、姜振宇主编）、《解码深圳：粤港澳大湾区青年创新文化研究》（马中红主编）、《20世纪中国科幻小说史》（吴岩主编），心里多少觉得很欣慰，因为都符合了当初的设想预期。

《“关键词”：绘制当代建筑学的地图》在唐克扬的众多著述中，我敢肯定是很有特色的一本。他此前的作品，无论是钩沉北大校园历史的《从废园到燕园》，还是书写古城建筑的系列如《洛阳在最后的时光里》《访古寻城》等，都已经成为学界注目的佳作，而对当代建筑学“关键词”做全景式透析的这本新作，我们有理由期待会得到来自学界和读者的关注和更好的评价。《20世纪中国科幻小说史》以及《中国科幻文论精选》，是吴岩教授主持的国家社科基金重点项目课题“20世纪中国科幻小说史”的成果，参与写作的人都是当前年轻有为的文学工作者。课题带头人吴岩既是科幻作家又是学者，他多年推进中国的科幻研究和创新教育，今年被美国科幻研究协会颁发了“克拉里森奖”。我不仅期待这两本书出版后获得国内认可，也对书的海外版权输出抱有较高期待。至于《解码深圳：粤港澳大湾区青年创新文化研究》，这本书所关联的研究项目由我主持，自然和我有些关系，但主要还是国内知名传播学和青年亚文化研究学者马中红教授及其研究团队的成果。他们花费两年时间，在深圳的南国盛夏，顶着酷暑和台风，展开大量城市田野调查之后集体撰述结集。在这一领域，写青年、写创新、写文化都不乏著述，但是把青年创新文化融为一体，对特区数代青年在创业创新成长过程中所面临的种种文化和心理状况展开全景与个案结合研究的，这本书恐怕还是第一部。本书出版之前，相关部分章节在报刊和会议上一发表就引起关注。这次全书完整出版，读者不妨通过仔细完整的了解，把握深圳的几代青年创业者曾经的心路历程，未来面临的挑战和问题，以及湾区和深圳青年创新文化提升发展的思考路径。

需要说明的是，上述项目的研究和著述的完成，都得到了广东省这些年在南方科技大学设立的高水平理工大学人文项目和冲刺双一流大学建设项目的支持。经费和政策的有力保障，使得项目得以顺利实施，著述得以成功结集。同时，这些著述和众多学术成果一起，也成为学院所属“空间与媒体实验室”“科学与人类想象力研究中心”以及“计算人文学研究中心”研究成果的重要组成部分，有力地支撑了跨学科的“科技人文研究”创新思路的现实价值和未来意义！

本系列的著作能够顺利出版，无论是循例还是感恩，都应该表达对下列同事和朋友们的感谢之情。首先要感谢的是4本书的著者、主编以及他们的作者团队。著述本来就不容易，何况是在一所新办的理工科大学从事新人文研究，无疑需要以筚路蓝缕的精神去克服种种困难，才有可能完成有时候看似不可能完成的任务。其次是要感谢作为本辑执行主编的吴岩教授。他的教学科研已经够忙，可依旧腾出时间做了许多联络编辑的事务。再次要感谢我的老朋友，北大出版社的张冰主任。在学术图书出版如此艰难的今天，感谢她的全力担当、慧眼识珠和倾力帮助，帮助解决了出版过程中的许多难题。当然，尤其是要感谢本辑编辑朱房煦女史，大量联络和编务工作都是由她来组织完成的，十分不容易。最后我觉得我得感谢一下我自己的勇气，都这把年纪了，还要疯疯癫癫地跑来南方科技大学搞什么科技人文新文科！做这种基本无对标参照的学科创新的事情，各种风险都是可想而知的。我虽有思想准备，可一旦行动起来才知道有多么艰难！

不过，既然已经启程出发，开弓没有回头箭，就让我们一直走下去吧！

陈跃红

国庆中秋双节于深圳南科大九山一水校园

2020年10月1日

目 录

前言
建筑理论的图像和导识

1

长久以来，建筑师和“甲方”——而不一定是使用者——才是中国建筑学术界的主导声音，虽然前者偏于“做”而后者看重“论”，两者都是貌似实际实则封闭的。对他们而言，建筑设计最好也只能“自圆其说”，如果建筑设计多少是“不可见”和“不可言说”的，那么对它的评说只是那个衬托出“无”的“有”。于是，外在的“形象”“意义”和建筑固有的“抽象”品质和物质性，两者虽然彼此脱离，却常常互为因果：“立”面、“表”皮、“节”点……诸多既有的建筑学术语印证着这种认知。一个建筑概念总是混成了这种二元的特征：概念的创生不过是为了说明现实存在的合法性；反之，既已被接受的现实又会倒推回去，在理路的层面找到它欣欣然的“正名”——久而久之，就导致了我们没有批评与自我批评、只能自我援引（self-referential）的建筑学。

[1] 此处借用的是 E. H. 贡布里希的说法，他的原问题是：为什么艺术会有一部历史？作者大致的结论是，艺术家并不是忠实地复制自然，而是在一种相对性中寻求艺术与世界之间的关系。由于这种“情境逻辑”，对艺术而言“制作先于匹配”（Making comes before matching）。自然，建筑和艺术的差别在于它天然缺乏一种模仿（memesis）的动机，然而，建筑之所以会有一部历史，就像艺术会有一部历史一样，它不是基于一种永恒不变的真理，而是基于时间长河中不同创造者对于（他们所认知的）真理的解释，建筑风格除了受到技术条件的制约，还和这种解释在不同历史情境中的不断演化有关。

然而，如果要有效地讨论建筑，甚至建筑设计，就必须走出这种简单的二元论。我们同时关注的是历史的和实用的两个层面，两者并不必定是平行的，也不是同一性质的问题：前者是“向来如此”的，可能是惯例使然（conventional），关注的是时间上的延续性或非连续性，取决于某种情境逻辑（situational logic）；而后者关系到建筑和现实的关系，它的选择往往是并时的，非历史的，也是“具体”的和“愿望如此”的。公元 9 世纪营造佛光寺的工匠不大会想到肆意创造、打破现状，而大都遵循他的时代、区域的成法，千千万万这样的情形使得“建筑可以有一部历史”[1]；但一个 20 世纪芝加哥开发项目的建筑师除了尽可能地满足业主的要求，也会希望把他的个人声名在芝加哥的天际线上尽可能地放大——我们面前的“当代建筑”很大程度上是在这样的遭际中。

理论不是纯洁无瑕的——既然花开两枝，自然，也就提出了两个问题，建筑理论的“图像”和“导识”的问题，它们是“理论的理论”。首先，建筑理论的“图像”事关建筑理论本身的“情境”，当经意不经意的评论触及各种各样的建筑假设（assumption）时，它们不是从天下掉下来的：到底是谁在谈论？谈论的又是什么？由于他们明显不同的立场和目的，大众所关心的“建筑”，和建筑师、学者，乃至国家社会的领导人关心的“建筑”是一回事吗？由于文化的多样性和建筑学定义的宽窄不同，“形象”对应“意义”、“手段”对应“目的”模式的普适性也值得怀疑。于是引出了第二个有关理论的“载体”的问题，它多少可以调和无边无际的研究和迫在眉睫的实践的矛盾：因为只有就当今时代某种具体的媒体和实践，就改变现状的愿望和可能性而言，建筑理论才得以直感地“呈现”——如此，在这本书里我们引入了“表皮”“历史保护”这样一些界定建筑设计特定主题的术语，也引入了“身体”“建筑图”这样一些使得建筑理论的意义得到体认的媒介物，并且试图将特定的建筑现象，比如“如画”（picturesque），落实在具体的时空中予以探究。

建筑理论并不是科学理论，它本身的（绝对）正确性也许不是唯一重要的，相反，一种理论产生的脉络和来路也意义重大；与此同时，建筑理论又不是典型的文艺理论，因为它毕竟和看得见摸得着的建筑实践相关，由此产生了它物质性的“尾巴”。针对今日令人眼花缭乱的建筑实践，书斋里有限的研究断然不再是一种笼罩一切的“原理”，不是无所不能的“规律”或“法门”了，但是建筑实践也不得不服从集体物质精神生产的惯性，服从蕴藉着具体人情和形势的历史，包括个人“创造性”神话在内的建筑创作论，也是广义的“法式”和“制度”。这样双管齐下的建筑理论，既具有相当的广度和共识，也容忍一定的盲目和偶然；否则，在同一种简单的“规律”“原则”支配下的建筑学，该是多么的无趣啊，不管它的表象看上去是多么五光十色。

在打算把这些年来的所有重要论文汇编于一处，编织成一张思想的网络时，我一下子就想到了“地图”这个词。它看似矛盾，却是恰到好处地说明了建筑理论的上述意义：只有了解到全部的事实，才能择定一条属于你的个别的道路——两者并行不悖。地图的复杂性，正是在于它并非用集体抹杀个案，或是倒过来，用明晰替代复杂。曾经有一本我很欣赏的英文建筑理论小书，雷泽（Jesse Reiser）和梅本（Nanako Umemoto）的 *Atlas of Novel Tectonics* 在翻译为中文出版时，书名中的“atlas”被翻译成了中国建筑师所熟悉的“图集”[2]，但我不禁想问，这样的“地图”是带来了无所不包——虽然是大大缩水了——的现实的替代品，还是只是一种更加积极的，既广袤无边又总能针对特定现实的“导航图”？

[2] Jesse Reiser and Nanako Umemoto, *Atlas of Novel Tectonics*, Princeton Architectural Press, 2006. 从20世纪50年代开始出版的中国设计“参考图集”无疑是现代建筑学适应标准化的设计生产的产物，它是一种均质思想和规范性意识的反映。但是与这个术语联系着的西方语源并非无所不包的“全图”，而是一系列含有指向性的和经过选择的，拼贴而成的“图选”，它是特定的世界观的体现和投影。Atlas 原是希腊神话中的大力神。

2

建筑学的核心问题是（空间）形式的生产，而形式的生产离不开两个互相依存的方面：一个涉及制作，一个关于接受。前者是空间赖以成形的关键，后者则牵涉到它的“校准”。长期以来，后者的历史文化属性为建筑师所忽略——他们会倾向于认为那些东西是不够“实在”的。对于工科“出身”，久已习惯于将设计称作“画图”的当代中国建筑师而言，他们或许更难想象，从历史上而言，我们今天的建筑教育和建筑消费所依赖的那些专业工具并不一直都是建筑的必需。正如雷利（Terrence Riley）在《纽约现代美术馆所藏建筑图特展》[3] 的序言中所指出的那样：文艺复兴之前只有极少数的建筑是经过经意“设计”的；就算是“设计”，不同时空里其实也有远为复杂的可能性。既然如此，那么我们必不能以现代人的职业眼光把建筑问题和特定的工具刻舟求剑地联系在一起，而是要追寻它们更本初的联系，同样也是“理论的理论”——这就好比摄影术不过是晚近的发明，但摄影所涵盖的视觉文化类型和社会情境却渊源已久；或者说，“电梯”是个现代的汉语词汇，但在高层建筑中使用“elevator”（升降机）提高垂直通行效率的做法，早在罗马人时代就开始了。一方面我们看到“空间”“形象”“建造”都涉及建筑某些基本的、稳定的和普适性的问题，另一方面，又只在历史的、具体的和实践的集合中，建筑学才体现出它丰富和重大的潜力。

[3] Terrence Riley, *Envisioning Architecture: Drawings from The Museum of Modern Art*, The Museum of Modern Art, 2002, pp. 11-14.

今日的建筑学大抵追随着某些关键词在过去五百年中的发展而展开——比如“（建筑）图”。据称，瓦萨里（Giorgio Vasari）是第一个开始系统收集建筑图纸的人（这些图纸出自米开朗琪罗等人之手，使得有关“建筑形象”的研究从一开始就笼罩着某种神圣的光环）。如上所言，在此之前设计师并不一定需要图纸才能设计建筑，但对于设计图的重视却反映着新的建筑文化的开端，建筑“图像”因此变得史无前例的重要。有两个角度理解这种新的重要性：其一是建筑“图像”几乎成了建筑的“替代物”，今天“媒体时代”的人们尤可以理解这种替代物的力量；其二，它加强了既而有之的柏拉图主义的元“图像”观念，这种观念把“图像”看成是先在于建筑的。瓦萨里说：“……设计仅仅由线条组成，就建筑师而言，它们构成了他大作的开端和圆满，至于剩下的事，就是从这些线条发展出木模型，由模型协助完成的工程不过是把这些线条刻出来和砌出来罢了。”

大概同时拜这两种观念所赐，“图像”今天已经是当代建筑学科最重要的关键词之一，在中国更是如此——虽然现代意义的中国建筑学姗姗来迟，但从一开始它就在这两个方面变得相当的“现代”。尤其是在数十年之前，由于条件所限，鼓励“动手”制作的工作坊（atelier）式建筑教育在中国并不普及，通过纸上再现的制图设计是大学教育中重要的一环，也让钢笔画、水彩画之类的表现模式风行一时。模型—建筑、图纸—建筑的“翻译”过程是大不一样的，跨过工业社会生产的实物环节，同时很大程度上也忽略了社会语境对于这种生产的影响，这种特点显著地影响了中国设计师对于建筑设计的认知。于是我们看到下面一幕并不会感到十分惊奇：在计算机辅助设计兴起后另一种“数字化”的建筑文化迅速成为时尚，它不仅引导着建筑设计的教育也刺激了建筑文化的消费，这种消费的影响力所覆盖的领域，甚至远远超过建筑界自身。

和部分“恍然大悟”派的期待相反，西方没有而中国却有，西方如何而中国又跟着如何如何，这并不是我们的研究所关心的重点；但是本书写作中的“中国”背景的确是本课题的起点，这并不是一种强行给定的区分，而是在方法论上和“本质”论者划清界限：后者常常将文化的相对性或建构的合法性归于绝对的美学或技术思想，而本研究的对象却是有着确定上下文的社会实践。与此同时，对于建筑“再现”（representation）的研究和纯粹技术性讨论（例如建筑制图学）的区别在于，“再现”不仅仅是单纯的设计生产，而是受到诸色惯例的影响以及变化中的技术手段的制约；“再现”和“制图”的区分不仅在于技术层面，也在于选择这种技术的文化原因——在西方社会以外的设计条件下尤其如此。回到“地图”的比喻，既然是“道路”，就会有“歧路”和选择的自由。

本书中的论述试图从两种极端的态度中抽身：建筑设计既不是宏大的“总体叙事”的涂料，也不是一种“主体结构”外琐屑的“补丁”。有关具体建筑现象的种种命题，同时可提供整体性的、动态的和开放性的看待设计的思路，万千这样的个案既涵盖创作阐释的丰富情境，也逐渐内化（internalize）了促成这种情境的物质基础，达到设计师更关心的设计原理的一般。我相信，“情境”和“载体”这两种思考方式是有可能统一在一起的，研究再现所亟需的“整体建筑学”同时也必将是“身体建筑学”，是集体的也是个别的，是逻辑也是现象，既有“骨”也有“肉”。

具体的研究方法论就是在现代历史的转变点上看待当代中国建筑学科，并落实于个别的具体的转变。一方面，我们需要用更广阔的、外在的社会实践来重新检验“纯粹建筑”的议题，包括现代建筑学科的理论、制度化的路径、技术条件、社会接受；另一方面，“内在”于建筑学科的某些观点，比如如何“看”，如何“结构”与“建构”，如何讲空间的“故事”，又有助于凸现这种议题的边界所止。此处的“内在”和“外在”已经不能断然地区分了——在城市的集体实践中尤其是如此。

在感性地认识“图像”的基础上，我们也可以使得它们成为通往有效实践的清晰“导识”。

3

作为一个实践性的学科，“理论”在建筑学中的地位一度是非常尴尬的，近年来，随着人们对于媒体影响力的重视，中国的“建筑文化”水涨船高，连带着把本来陌路的历史、理论、批评一块儿在大学的教育体系里打了包。但是，建筑理论到底是什么？这个问题似乎并没有得到认真的讨论。建筑理论是建筑历史的高级形式吗？它是建筑设计的说明书吗？建筑批评只是“批评”建筑吗？建筑理论可以，或者有必要教给人们具体的设计方法吗？更有甚者，建筑历史、建筑批评和建筑理论的关系是什么？

当下高速发展的中国为建筑提供了异乎寻常的机遇，也许是整个人类历史上都罕见的；与此同时，中国的建筑学又是一个几乎生造出来的，和中国传统思想几无衔接的学科体系，迄今的历史也不超过一百年。处于这种戏剧性对比中的建筑研究变得十分特殊，它远远落后于生气勃勃但难免显得混乱无章的实践，也无力对后者做出真正的指导。一方面，依然有很多人致力于建立新的体系，要么依于中国的文化本位，要么确立像自然科学那样清晰的标准；一方面，我们从来也没有像今天这样有着巨大的分歧，面对着如此大声的喧哗。笔者曾经参加过一次建筑历史与理论的全国性讨论会，大会跨越不同年代的主题发言显示，人们甚至对于当代建筑学科的性质都尚无定论（建筑学是什么，它到底是艺术还是工程／科学）。

而我并不相信这样的问题会存在最终的答案。我认为，结束混乱并不能强行指定一个目的地，甚至包干交通工具，我们只需要某种当下的共识，需要一个暂定的集合地点。本着这样的思想，本书并不是一本理论宣教的教材，不追求变成无所不包的“体系”或者

“综论”，它的多样性远远大过它追求连续和统一的努力——有些读者可能会担心这样做是否会导致拼贴概念的一盘散沙，须知这些论文写作的渊源确实大多是出于偶然，受制于有限的个人能力、禀赋和兴趣的；但毕竟，我和我的读者一定是处于同一种疆域之中的，只要我们还在真实的世界之中。我们不空谈古人，或者满足于做走马观花的旅游者，这些地点不同的面向，它们所说的迥异的方言，并不意味着它们之间不会形成明确的路径。事实上，真正的旅行者就是在差异性之间运动的，不期然之间，遭遇这些一度陌生的题目也变成了我自己思想成长的某种轨迹。

我愿意和这本书的读者分享一个我常用的比喻，关于地图中不同的“形象”和“导识”：不要小瞧纷繁“个案”的潜力，也不必觉得它们是孤立的和无来由的，这些貌似零落的案例更多的像是海洋中的岛屿或礁石，处在时刻不停的波涛撞击中，岩石纵使坚固，有时不免沉入水底，但是这些岛屿或礁石的总和将在海平面的下面构成整体的建筑思想。

表皮

私人身体的公共边界

2004年的上半年，冯路为《建筑师》杂志做一期“表皮建筑”的专辑，针对的是那时中国公众刚刚兴起的对于建筑外在“形象”的兴趣，“表皮建筑”红极一时。约稿时，众作者曾经为两个关键词“surface”“skin”的译法作过专门的探究。我个人倾向于将surface译为“表皮”——更确切地说，“表一面”（sur-face），字面意义如此一目了然；倒是通常被“硬译”成“表皮”的skin却是个纯然生理学的名词，“皮肤”的字面上并没有强调“表”的方位含义。

这种咬文嚼字并非基于字源学家的考据偏好，而是思想方法上的有意识的选择。这样一来，却更能反映出围绕着surface和skin而展开的西方建筑理论中不同类比的渊源和特征，或者说，能够反映出这两个英文理论术语的语源意义和（社会性的）“身体”实际构成之间的对照关系。[1] 比起在建筑再现的问题上一味纠结建筑形象的做法，在当代建筑学中引入“身体”是无比切题的，因为自我指涉容易形成逻辑循环，基于身体的表述却有了“输入”—“输出”，也即空间经验和建筑表达的转换关系，而且这种源自下意识的“输入”还十分强劲。[2]

[1] See Peter Collins, *Changing Ideals in Modern Architecture, 1750-1950,* McGill-Queens University Press, 1998, pp. 149-159. 这种生物学渊源虽然由来已久，但只是在20世纪80年代以后，“身体”成为西方政治和消费文化的一个主导性议题，以及生物和医疗技术的发展使得virtual reality和cyborg等在工业和军事上的应用日趋成熟后，这种渊源才超越了隐喻的层面，成为可以操作的技术现实，参见本节注释2。

[2] 往往存在于“纯粹建筑”中的逻辑循环在于用没有澄清的前提互相证明，例如，“空间是抽象的，不依赖于功能的”，其中空间、抽象、功能三个概念都有待澄清，而且它们是异质不成序列的概念，在各自没有撇清之前实际无法互相证明，比如什么是“具象”的空间，对应何种“抽象”的空间。

可是这样一来，也就出现了不可回避的问题——对于围绕着表皮或皮肤的西方建筑理论在中国的接受，我首先感到好奇的是，如果表皮或皮肤所代表的“身体建筑学”[3]所涉及的，必不可免地是一个社会学意义上的身体（body），我们是否可以绕过文化和社会组织（social embodiment）的分析，而停留在“纯粹建筑”（借用建筑网站 ABBS 的热门栏目名）的领域内而抽象或技术性地谈论这两个词的含义呢？如果中国建筑传统[4]对于“身体”的理解本基于一个独特而自为的社会现实，那么什么又是当代中国建筑师借鉴西方表皮或皮肤理论的基础呢？

[3] 一般语义上的“表皮”或“皮肤”在英文建筑文献中的出现由来已久（如 *Architecture Reader* 这样的入门书在谈到密斯对西格拉姆大厦的包裹时用 skin 指称它的玻璃幕墙），这和 20 世纪 90 年代以来的对于表皮理论的格外关注虽然关系极大，但却不宜混同。我在本节第一部分涉及的“表皮”侧重于由“表皮”和“皮肤”的一般语义所传达的当代西方建筑的社会情境；在第二部分中，我谈到的“表皮”侧重于近年来为西方建筑师所瞩目的表皮理论，严格说来那只是关于表皮的，在特定的上下文中提出的有其边界的建筑理论，这种理论主张对于表皮在当代建筑学中所能起到的作用寄予了极大的热忱，例如 Tzonis 和 LeFaivre 称之为“皮肤热衷”(skin rigorism) 的理论。我认为，20 世纪 90 年代“皮肤热衷”的出现有其历史和社会情境，这种理论主张和表皮的传统意涵的距离本身就已经隐含着这种情境的影响。参见本节注释 1。

[4] 这里，“中国建筑传统”和对应的“身体”，相对于中性的无上下文的“建筑”和“身体”，是具体的指称，但这并不意味着可以无边界不加区分地看待“中国建筑传统”之中的共性。某种文化表述的共性总是来自相应实践的共性，如果其中一种是经验的，那么另一种总是实证的。

安妮・弗兰克之家和刘伶的天地

两个例子——都涉及了特殊的建筑“表皮”——可以更好地陈述我的问题。

第一个例子是安妮・弗兰克之家，只有“里子”没有“表皮”。1942 年，盖世太保已经占领阿姆斯特丹，安妮一家人（后来又有另一家人加入）藏匿在运河街（Prinsengracht Street）她父亲公司后院的“配楼”中。从外表上看，“主楼”已经人去楼空，谁也想不到，后院和“主楼”通过狭窄过道相连的“配楼”里居然还藏着八个活人。1944 年 8 月，由于一个不知名的告密者的出卖，这个看不见的隐匿所被德国秘密警察查抄，安妮和她的一家人被遣送到不同的集中营先后死去，仅有她的父亲幸存了下来。

很大程度上，这所“没有建筑师的建筑”的独特之处，在于这“世界中的世界”是一个逃逸性的、外在“表皮”暧昧不清的空间。这种情形并不是因为建筑物理边界的缺席，而是因为暴力与死亡的恐惧造成的心理压力，使得西方社会中的公众领域和私人身体之间的通常关系变了形。私人身体——这里的私人身体不完全是生理意义上的而是构成公共和私人领域边界的最小社会单元——不再向外部世界开放，它唯一的选择是将公众领域从自己的意识中排除出去，才会感到安全。但这种排除又是令人极度不适的，因为向外交流的渴望依然存在——全家人日夜惊恐不安地倾听着抽水马桶的声音是否会引起邻居的怀疑——因为他们无法确认外在世界和他们的避难所之间的物理厚度，生怕藏匿所里的声音讯息泄漏了出去；另一方面，那种缧绁生涯里的对于交流的渴望和由于恐惧外部世界而造成的自我封闭又是相互冲突的。归根结底，社会性的身体依赖社会交流活动确立起它和外在世界的边界，这种边界的确立本质上是一种有意识的和有明确的文化旨归的社会性感知，既确保自身独立，又鼓励向外交流。

当这种交流活动的正常进行受到干扰时，生理性的身体甚至也会出现心理性的不适，就像处在青春期的安妮在日记里所描述的那样。[5]

[5] 安妮之家是一个西方建筑中不多见的内倾性 (introspective)——而不单纯是内向 (inward)——的空间。这个空间没有室外，只有室内，对于外在世界的全部社会意义，他们不得不向内寻求。在长达近三年的藏匿时间里，这种一家人同处斗室中严重的非正常状况（尤其对西方人而言）显然带来了问题。最新出版的《安妮日记》披露了处于青春期的安妮因此而来的苦恼，她“渴望着找一个男孩子接吻”，哪怕他就是彼得，那个她从前并不喜欢的一起藏匿的另一家的孩子，因为她别无选择。本质上，那个室外的丧失不仅仅是自由的丧失，而是文明人身体的社会功能的错乱与丧失。参见 H. A. Enzer and S. Solotaroff-Enzer (ed.), *Anne Frank: Reflections on Her Life and Legacy*, University of Illinois Press, 2000。

图 1 安妮（左）藏匿之前在她所居住的阿姆斯特丹社区中。

图 2 安妮・弗兰克。

图 3 安妮之家在运河街的位置。藏匿所在背向运河和街道的另一侧。

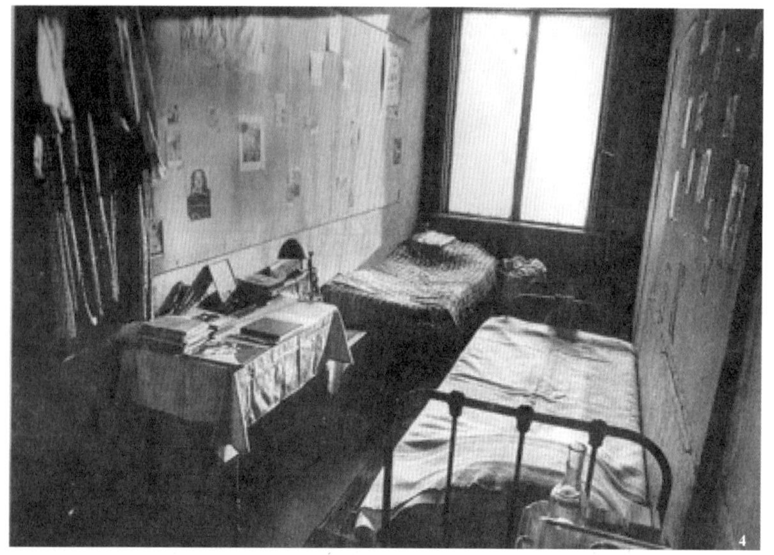

图 4 安妮的父母在这种非常的情势下，很自然地漠视了青春期少女对隐私的渴求，安排她和比她大很多的老先生弗雷茨·菲佛（Fritz Pfeffer）住在一个房间里。她形容菲佛是一个“无趣的、老派的”人。

与之相应的中国例子是“竹林七贤”之一的刘伶，他的建筑有着意义可以变化的“表皮”。当刘伶裸裎于自宅内，时人颇以为怪，而他的解释是他本是“以天地为栋宇，屋室为裈衣”——天地是我的房子，住宅不过是我穿的衣服罢了。提问题的人因此遭他反诘：“诸君何为入我裈中？”[6]

[6]《世说新语·任诞》：“刘伶恒纵酒放达，或脱衣裸形在屋中，人见讥之。伶曰：‘我以天地为栋宇，屋室为裈衣。诸君何为入我裈中？’”

这不是简单的文化相对主义的“辞令”，它反映了两种文化对于社会性身体与建筑的关系的不同“再现”。在安妮之家的例子里，无论安妮一家是否真的忘却了那个世界外的世界，那道边界都不曾消失过，内和外、公共和私人领域的清晰区分和对立构成了建筑表皮类比身体表皮的社会学基础。而对于刘伶而言，建筑边界所代表的向外交流的可能并不重要，重要的是边界所界定和保障的特定社会空间内的主仆关系，使得主人在他占有的空间中向内获得绝对的权力，可以令生理性的身体扩展到建筑的边界，也可以收缩到一沙一石[7]——换言之，这里并没有确定的“边界”。而在私人空间之外并不是公共领域，而是另一重同构的由主仆关系主导的社会空间秩序，穿越这两重秩序之间的边界时最重要的事情并不是建筑空间性质的变化，而是母空间的权力客体变成了子空间的权力主体，每一层级的权力主体而不是客体才有能力获得对于空间的明晰的社会性感知。在这种内向性的社会感知中不存在公共领域和私人身体的鲜明区分和戏剧性的对峙，只是室内颠倒过来成了室外，而对于“大”（公共性）的寻求往往要在“小”（家庭或私人领域）的同构中完成。身体的领域由此是模糊的和不确定的，随时都可能由于社会权力关系的变更而改变，或换而言之，在这样的社会性身体中重要的是一种确立界面的动态关系（interfacing），而不是作为界面（interface）的表皮自身。[8]

[7]“以天地为屋宇”“以屋宇为衣服”，以及“以衣裳为天地”（“黄帝尧舜垂衣裳而天下治”）、“以衣裳为（社会性的）皮肤”（“衣裳隐形以自障蔽”），这些似乎自相矛盾的命题所反映的不是观念的冲突，而是身体基于不同尺度的社会情境中不同权力主体的隐喻。关于衣服和皮肤的讨论，参见 Angela Zito: “Silk and Skin: Significant Boundaries,” in A. Zito and T. E. Barlow (ed.), *Body, Subject and Power in China*, University of Chicago Press, 1994。文章可参见 Robert Harris, “Clothes Make the Man: Dress, Modernity, Masculinity in Early Modern China”; 关于表皮和身体的“向内拆解”的关系，可参见 Isabelle Duchesne, “The Body Under Body, the Face Behind the Face: Corporeal Disjunctions in Chinese Theater”。两者均见于 1998 年在芝加哥大学召开的学术研讨会 *Body and Face in Chinese Visual Culture* 论文集，本文最初发表时该书尚未公开印行。

[8]“interfacing”的提法见于 Nikolaus 和 Angelika 对于 fold 的讨论，见 Arch plus, 1996 Apr., n.131, pp. 12-18, 74-81, ISSN 0587-3452。

在概念层面上举出这两个例子，并不是支持僵硬的“反映论”——“中西社会文化心理的差异在表皮理论中的反映”之类。

[9] 这里的社会学视角并不排斥“纯粹建筑”的思考方式，但是，针对特定的问题，特定学科的方法将有助于抓住那些关键的问题，例如 Avrum Stroll 认为，两类事物不具备表面的显著特性，光影、雷电这样非物体的事物，以云、树和人为各自代表的非固状物、线形物和活物。他的讨论显然有其特定的讨论边界。如果说亨利·莫尔的雕塑由体积的运动而展现其表面的重要，树木由于在尖端展开的分裂生长的方式导致了“表面”不如“网络”更能涵盖其生命活动的规律，像人这样的活物的“表面”的复杂性则首先是因为社会规范有时可以逆转个体行为的纯粹生物性。

我只是想指出，任何“纯粹建筑”的要素都不是不可拆解和卓然自立的，表面上“非建筑”的社会学机制有时候恰恰是建筑属性的一部分。[9] 进一步地分析，我们看到构成表皮和身体的关系的建筑解读中有两组重要的机制，其一是内和外的关系，其二是由确立界面（interfacing）而带来的深度，或内外交流转换的动态机制。在对应的建筑社会学意义上，第一组关系可以看作是公共领域和私人领域的静态空间布局的问题，这一组关系更多的时候是二元的，基于传统表皮理论的一般语义上的；而第二组则牵涉到在全社会范围内，集体意义上的身体是如何结构性地、动态地和公共领域发生关系。这和社会性身体的一般性功能有关系，也是在近年理论家对表皮建筑的新发展对传统建筑扮演的颠覆性角色感兴趣的一个主要方面。

非常建筑，非常表皮

回到具体的建筑问题上来，我想就这两组机制分析一下一位罕见的具有理论自觉的中国建筑师，也就是张永和 / 非常建筑的一些作品。尽管张永和并不曾特别地表现出对于“表皮”的兴趣，但是通过使得建筑单体和更大的环境或组织——大多数时候这种环境或“组织”在张永和的语汇中等同于“城市”——发生关系，张永和实质上发展出了一整套的“表皮”策略，比任何中国建筑师都典型。虽然这种“表皮”——准确说，应该是建筑和环境的“界面确立”（interfacing）——的思想已经和它在西方理论中的既有语义有一段距离，它却反映了建筑师在中国从业的社会情境中，进行建筑空间里私人领域和公共领域交流的可能性和局限性，从而揭示出表皮在中国建筑实践的上下文中可能的意义。

我所感兴趣的第一个问题是张永和对于“内”和“外”的看法。

张永和不止一次地说过他所理解的建筑“不是从外面看上去的那一种”[10]，并进一步将这种区分概括为空间、建造和形象 / 形式的区别，他对许多当代西方建筑师的好恶常常受制于这一套标准[11]。我们值得注意的是：第一，张永和认为建筑的根本任务是创生空间而不是制造形象。我们并不十分惊奇地看到，张永和在用“空间”置换“形象”的同时也用“个人” 置换了“公共”，从“外”退守到“内”，远离“大”而亲近“小”。当早期张永和相信“小的项目可以很大程度上得到控制”而“体现建筑师个人趣味”时，他所欣赏和笃信的“非常建筑”理念带有一种私人化的色彩。这种色彩并不完全系之于项目的公共或私有性质，而是以保有私人化的建筑体验为理由，有意或无意地否定了调动公共参与，或说调动一种自发和全面的建筑内部交流的可能，从而将建筑内部彻底地转换成了一个紧密的被置于建筑师一个人的全能知觉支配下的空间。第二，张永和对“内”的喜好是建立在对“外”的舍弃之上的。当建筑的内部空间和隔断在建筑师心目中占据首要位置的时候，当私人经验可以自由地放大为公共使用时，一般意义上的建筑表皮就显得无足轻重，它的社会性就悄悄地被尺度转换中对于建造逻辑的关注所遮盖了。对于更愿意退守于内的建筑师而言，外表皮只是一个语焉不详的遮蔽，是精英建筑师不情愿地和社会发生一点关系的物理边界。在这个意义上，表皮自身的逻辑和建筑内部并没有特别紧密的关系，它和建筑外部的城市语境的联络也往往显得特别薄弱——当然，这并不全然是建筑师的问题，而很大程度上出于社会情境的局限。

[10] 张永和用苏州园林为例说明他的内向型建筑理念的中国渊源。参见张永和：《坠入空间——寻找不可画建筑》，《作文本》，生活·读书·新知三联书店，2005 年，第 105—113 页。

[11] 比如在方振宁与张永和的访谈中谈到的弗兰克·盖里。

对于张永和作品中大量出现的无上下文的室内设计（不考虑基地问题）和私人委托设计（基地通常坐落在野外、水滨等环境中），上述的情况还不至于为单体建筑的设计理念带来太多的麻烦，我们不妨用这种观点来分析一下他的一个基地情况比较复杂的公共建筑设计——中科院晨兴数学中心。

在张永和回归中国情境的过程中，这个早期设计所面对的社会问题颇有象征意味。“足不出户的数学家”将一天中的全部活动，即住宿起居和研究工作放在同一幢建筑里的做法是不多见的，乍看上去，这样的设计要求和西方“住家艺术家”（artists in residence）的制度或许有某种渊源关系——但更重要的是，张永和对这种要求的建筑阐释暗合于中国大众对于数学家的漫画式图解：那就是为这些潜心学问、不谙世事的知识分子提供一个自给自足的“城中之城”的体验。然而，其一，尽管建筑的内部空间单元之间有着丰富的一对一的视觉和交通连接，但它却没有现代城市不可或缺的公共交流区域，以及一个共享的空间逻辑，数学家的大写的“城

图 5 中科院晨兴数学中心表皮的窗户、窗梃（mullion 或 transom）与铝百叶的关系。

市经验”恐怕只整体上存在于建筑师的全能知觉中；其二，建筑师显然认为建筑的社会交流的功能已经在内部完成了，因此外表皮的设计只是解决实际问题的过程，它的“一分为三”，即固定玻璃窗用于“采光和景观”，不透明铝板用于通风，铝百叶用于放置空调机，等等，似乎机巧，但却是整个设计中逻辑最松散的一部分，建筑师并没有解释为什么这座自足的、向内交流的微型城市还有向外开窗的必要，城外之城的都市“景观”对城中之城的都市“景观”又意味着什么，而采光口、铝百叶空调出口和自然通风口的并存也暗示着中国建筑的实际状况并不鼓励一个密实一致的表皮。[12]

[12] 正如勒斯巴热的讨论所暗示的那样，高能耗的工业建筑是现代表皮建筑的重要源头之一，依赖于人工通风的封闭式建筑施工和维护也是表皮的概念赖以生成的一个技术前提。建筑理念的贯彻在中国同样受到工业产业发展状况的掣肘。

导致有效或无效的公共空间的社会权力秩序，以及这种秩序和更高层级的社会秩序的接口问题，在大多数评论中都令人遗憾地缺席了。[13] 事实上，就晨兴数学中心所在的中关村地区的既有文脉而言，从大的方面而言，我们有必要研究单位“大院”的社区组织模式——这种模式导致数学中心这座微型城市实际上是在一座特殊的小“城市”之中，其时熙熙攘攘，交通严重堵塞的中关村大街所意味着的真正的城市生活密度，因此与这座建筑无关；从小的方面而言，此类型的为“高级”知识分子而特别准备的“象牙塔”式的建筑在科学院系统，乃至整个北方科研机构的固有的使用方式，也值得作历史和社会学的探究。一旦将个人空间的尺度扩展到公共领域，哪怕只是几个房间的小机构，和外界仅有几个“针灸”式的小接点，都不得不面对这样一个明显的事实，空间不是自为的，“内”“外”关系并不取决于静态的物理分隔，而更多地在于社会性的权力分配和动态的交流方式，这种交流不仅仅完成了使用者对于外部环境的感知，也确立和保障了他在空间秩序中的地位。

[13] 很多时候，建筑的使用状况，比如像康明斯公司负责人重新颠倒“颠倒办公室”的做法，如果并不能被看作是判断建筑设计成功与否的唯一标准，至少是检验现实社会秩序中人们对建筑空间的理解的难得资料，值得注意和记录。

不难看到，张永和自己完全意识到这个问题，这牵涉到我感兴趣的第二个问题。那就是他近年来做得较多的“城市的工作”，试图通过动态的方法来确立建筑单体和环境的关系，从而把建筑外表皮的问题解决，或说有点不可思议地“化解”在建筑内部。

关于建筑表皮和其内部的关系，在当代西方建筑师中存在两种典型的态度：一种是文丘里式的，建筑表皮的与其内在空间之间是不同的逻辑，表皮强调形象和交流的功能可以脱离建筑内部而存在[14]，库哈斯对于超大结构（mega-structure）的表皮与其内部不相关的看法也可以归入此类[15]。还有一种则是“表皮建筑”（借用大卫·勒斯巴热 [David Leatherbarrow] 的指代）的逻辑，这种逻辑也强调建筑表皮的交流性功能，但是与文丘里不同，这种交流是基于一种“无深度的表皮”。援用德勒兹的概念，在“BwO”即无器官的社会身体中，形象并不是我们习惯称之为表面性的东西，因为这个没有深度的表皮下面其实什么都没有了，其结果必然是一种“浅建筑”，就是表皮代替结构成了建筑的主导因素，私人领域和公共领域彼此交错渗透，形成无数可能的交流层面。这种动态的交流层面不仅仅是建筑自身形态构成的依据，它将建筑设计的流通（circulation），空间配置，结构逻辑，视觉关系等传统考量一网打尽。

[14] 关于这种态度和“身体”的关系，萨拉·罗丝勒谈到男同性恋者对于装扮他们的皮肤的看法，并将其比附于建筑师对于建筑皮肤的理解。这篇文章总体的言下之意是，化妆，正如一切着装一样，都是一种人为的形象性的东西（image），和内里的血肉、骨骼、脏器等都没有什么必然的联系。男同性恋者施以脂粉，着女儿装，是一种形象和实在之间的游戏，“看起来像什么”与“实际上是什么”之间有一种奇怪的张力，或说让人不安和焦虑的东西。参见 Sarah Kroszler, “Drag Queen, Architects and the Skin,” *The Fifth Column*, v.10-n.2/3, 1998, pp.52-57。

[15] Rem Koolhaas, *Conversation with Students,* Princeton Architectural Press, 1996.

图 6 艺术家 Ayala Tal 的作品，对应着德勒兹“无器官的身体”的观念。

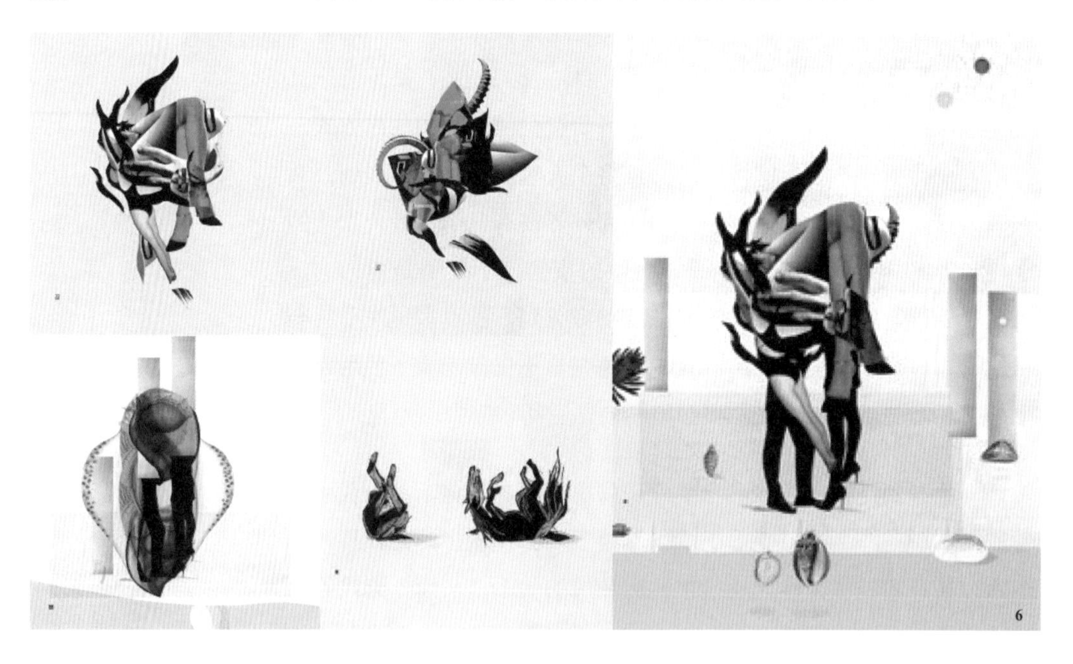

非常表皮策略

我们注意到，张永和以动态方法“化解”表皮问题的策略和这两者都不尽相同，很多时候，他始之于一种西方理论原型，终之于一种对于中国文化理想的无社会情境的援用：

其一是用“同构”或“可大可小”的思想来搁置边界问题。有人批评张永和是“以建筑的方法来处理城市问题”，但是与罗西的“一座建筑就是一座城市”，或是富勒的基于生物体宏观和微观机构同构的“薄面”（thin surface）不同的是，张永和的“可大可小”不完全是基于建筑形态、社会组织或是生物机理层级之间的相似性，而是基于我们上面所讨论过的那种刘伶式的对于社会性身体的内向的分解能力。当建筑师在复杂的社会权力关系大框架中并无真正的改变能力的时候，他可以拆解和编排的并不是宏观的权力运作的空间，而是身体的每一部分和多种形态之间的关系。

> 在他的装置中，作为体验主体的人体，并不是抽象的人体或带有社会性的人体，而是具体的、个体的甚至是生理意义上的身体，很多时候，人体是被“分解”成局部的……对体验主体的分解同时也分解了空间。[16]

[16] 张路峰：《非常体验——解读张永和的空间装置、建筑与城市》，《建筑师》非常建筑专辑，2004 年 4 月号，总第 108 期，第 44、45 页。

严格地说来，被拆解出来的并不仅仅是“身体的局部或器官”，而是一个个“小我”，因为无论是“手、臂、指”（地上 1.0—2.0 米[17]）“头”（“头宅”）或是眼（“窗宅”）都不是简单的官能，而是独立的有体验能力的主体，因此，对这样的空间的体验并不是托马斯·霍贝斯（Thomas Hobbes）的“有机身体”（organic body）的部件在赛博（Cyborg）时代的高科技集成。像刘伶的故事那样，它们更多的是“我观我”，即身体的“向内拆解”，一种私人身体内的尺度

[17] Zhang Yung-ho, “Time City p.s. Thin City ,” in *32*, v. 1, p. 11.

图 7 纽约曼哈顿岛的典型街区。从内部出眺，它却不大是我们在街道上惯常拍摄的样子。作者摄于 2014 年。

图 8 从长岛城（Long Island City）往西看曼哈顿的天际线。城市的“外面”。作者摄于 2014 年。

变换游戏。对于我讨论的题目而言，有意义的是这种“同构”或“可大可小”的思想通过对传统资源的创造性利用，得到了一个“全能”的可以把不同尺度变换为相应机能的身体。通过“我观我”，通过把内外的物理边界转化为私人身体内部的动态机能，表皮即身体和公共领域的边界问题，并没有被彻底解决，而是被暂时搁置了。

我认为，在公共领域和私人领域的关系中，中间尺度的街道/广场等是一个关键性的要素，而中国建筑传统中，讨论得最多的是宏观尺度的规划理论和微观结构的院落构成，缺席的恰恰是这个“街道”。在张永和的“城市针灸”和“院宅”理论之间，“城中之城”的建筑内部空间经营和作为真正的“城市工作”的总体规划之间，语焉不详的也恰恰是这个中间尺度。这种语焉不详的根本原因并不在于建筑师，而在于街道所承载的公共空间及其社会组织形式在中国城市中从来就没有高度发展过，自然也没有对其完备的研究和描述。“城市针灸”是把建筑单体和更大尺度的城市单元的接合部简化成了一个个没有空间特性的点，而内向性的“院宅”的最薄弱的地方恰恰是它着意回避的和外部城市的物理边界。[18]

[18] 以唐代长安为例对中国规划史的讨论中，人们发现，街道实际上是中国城市建设中最薄弱的环节，作为里坊分隔的“大街”并不承载公共生活，它的非人尺度更多地只适用于小城市之间的军事性分隔。而里坊内部的大量“坊曲”很可能只是自发建设后形成的“零余空间”。这种情形也反映在胡同的历史形成上并延续至今。

其二是“可观”的理论使静态的内外关系转化为单向的“取景”或“成像”。张永和本人明确地反对“可画的建筑”，但他的被我概括为“可观”的理论，却暗合于当代西方理论中用“取景”(picturing)来代替“如画”(picturesque)的努力[19]。和晨兴数学中心的消极“景观”不同，他的柿子林别墅中的“拓扑景框”是一个动态的，把人在建筑中的运动本身作为成像过程的“取景”。这种“可观”的理念再一次指向传统中国建筑理论中的“借景”，其关键之处并不在于“对景”而在于“拓扑”，在建筑设计无力改变外部景观的情况下，通过在建筑单体内对观看的主体的拆解与重新组合，创造出了足不出户便可以对外在景观进行编排的可能，这正是中国古典园林里“因借”的要义。

[19] James Corner, “Eidetic Operations and New Landscapes,” in James Corner (ed.), *Recovering Landscape: Essays in Contemporary Landscape Architecture*, Princeton Architectural Press, 1999.

对于我们讨论的主题，我们再一次看到，这一因借过程并没有真正消解身体的社会性边界。“可观”强调的是建筑内部对外部的单向观看而不是穿透身体表皮的双向交流，归根结底，由身体的向内拆解，这种观看是对外部世界在身体内部投影的摆布，是“我观我”。这一点在张永和的“影/室”中固然很清楚，在“街戏”这样诉诸露天的都市经验的装置中则更意味深长，路人透过小孔看到的不仅仅是城市，更主要的，是他们同时作为观者和被观者的表演，归根结底，是装置的发明者对于自己同时处于观看和被观看地位的想象。“我观我”的势在必然，是因为在高密度的城市中，观看并不是自由的，而是有着产权、商业利益和政治因素的掣肘，如果没有一个特定的社会机制鼓励观者 / 被观者的双向交流，“借景”最终只能是无人喝彩的独自表演。

张永和的水晶石公司总部一层改建最彻底地贯彻了他“建筑单体向城市空间发展”的主张，它的使用情况也因此变得更富有意味。原有建筑的板式立面被改造成了楔入街道空间的凹凸起伏的建筑表面，这似乎暗示着更多的公共领域和私人领域的接触面和交流机会。然而，正如上面所分析的那样，没有建立在撤除一切屏障基础上的公共可达性，没有街道经济所具有的商业动机，仅仅将会议室搬到临街并不能使得私人机构公共化，吸引路人对于建筑内部活动注意的也不见得是字面意义上的透明性[20]，而是一种奇观性的效果——

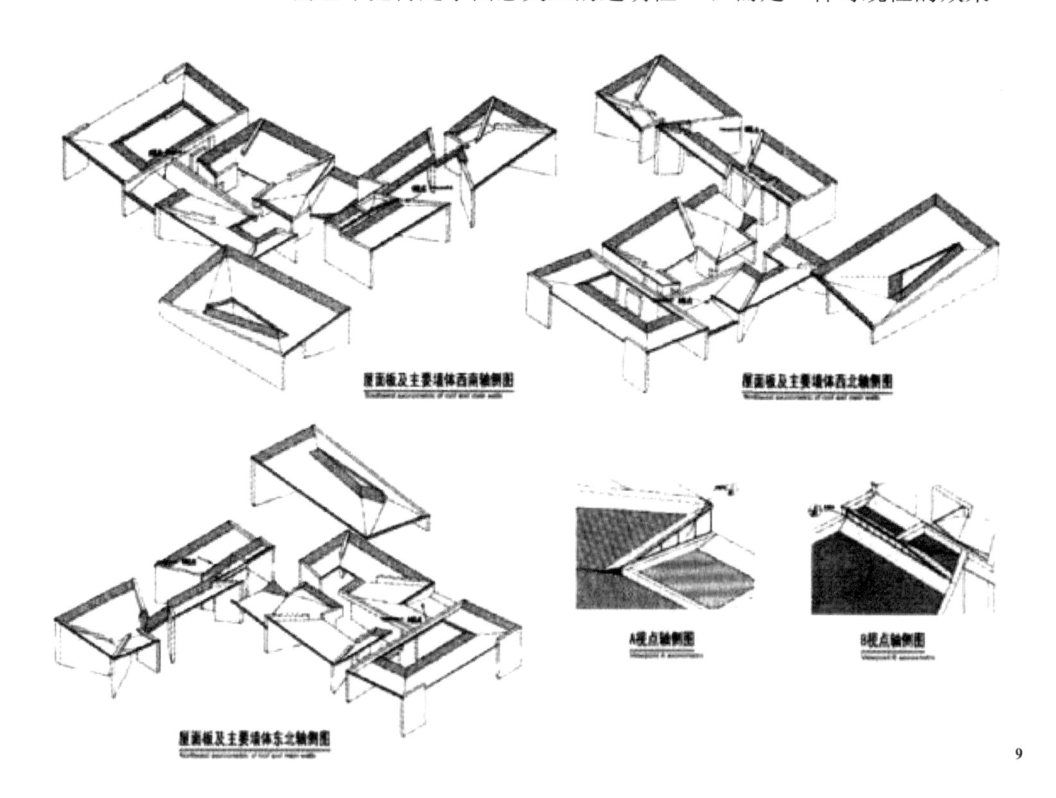

图 9 张永和设计的两分宅，“内”和“外”的拓扑关系。

图 10 柿子林会馆主要入口。

图 11 张永和设计的柿子林会馆，“内”和“外”的拓扑关系。

[20] 其实在这种情形下，文丘里的“装饰性的遮蔽”（decorative sheds），比如一层不透明的巨幅广告遮盖，可能比透明隔断更坦率有效地构成公众和商业机构之间的实际交流。

10

11

这种奇观的更可能和更直接的影响也许是，会议室中的人由于意识到了路人观看的可能，可能会形成一种下意识的表演心态，从而使得这种观看成了不自觉的自我审视。

其三，在张永和“可观”和“同构”的修辞中，间或掺杂着“自然”的神话。或者说，建筑单体之外的那个问题重重的公共领域无法忽略时，张永和有意识地用“自然”来置换了它，或是用“自然化”（“竹化”）的方法予以包裹和柔和。以“竹海三城”为例具体地评论这种策略：在张永和定义的基本城市单元，即“院宅”或微型城市内，自然（竹林）成为缺席的公共生活的替代品，社会实践为内向的审美活动所替代，在这一切之外，自然（茫茫竹海）则成为未经描述的却是更现实的城市公共空间的填充物或替代品。再一次，当公共空间和私人领域的对立被自然观照的主体和观照对象之间的古典性的关系所替代，矛盾似乎消失了，表皮也变得无关紧要，因为这两者之间的审美契合已经在私人身体内部完成了。

这种思路在“两分宅”中不可避免地发展成了一种放之四海而皆准的自然和宅院混融的模式。自然在这种模式中成了“可观”的客体，一方面身体的向外观望变成了两翼之间的内向自我审视，一方面通过用自然包裹、屏蔽和搁置身体之外的空间，有意模糊尺度间的差异和边界的物理宽度，达到“同构”的可能。但在实际的城市情境而不是在理想的野外基地中，这种概念上普适的，以柔和自然对生硬城市空间分野的调和并不是充分自由的。例如，在张永和的重庆西南生物工程基地的设计中，即便有大江恰好邻近，即便行人确实可以自由地使用他留出的“穿透”，由大街横穿建筑经公共坡道下降到江边，这种“穿透”和建筑空间和公众之间的交流 并没有必然关系，而“自然”也并没有和建筑发生必然的联系，原因就在于这三组平行的空间——街道 / 商业机构 / 自然——之间并没有任何真正的社会性“穿透 ”，为物理和建筑性的“穿透”提供动机。

表皮建筑的中国身体[21]

[21] 朱涛:《八步走向非常建筑》,《建筑师》非常建筑专辑,2004年4月号,第32—43页。

值得说明的是,以上有关表皮理论在中国接受的社会情境的讨论之所以选择张永和,并不是因为张永和可以被看作“表皮建筑”在中国的最有力的鼓吹者,也不是因为张永和的作品可以涵盖所有和表皮理论相关的社会情境。相对来说,张永和及其非常建筑可能是近年来最具备理论自觉的中国建筑实践,围绕着他们的作品,有我们所能看到的,关于建筑师如何介入公众领域的最直率的尝试,以及沟通中西建筑理论实践的最大努力。因此,以上的分析并不是针对某个建筑师个人的批评,而是对构成当代中国建筑创作的一般社会和文化语境的检讨。

图 12 拓扑张永和设计的两分宅外景,随着角度的开合,“外”逐渐演绎为“内”。

对于表皮问题的中国接受，固然有许多理论本身的逻辑可以探讨，公共空间和私人领域的边界却是一个最突出的问题。究其根本原因，恐怕还是在于当今中国的复杂社会情境，虽然以一院一家同构千城万户的规划理念的社会基础已经不复存在，那种真正具有结合公共空间和建筑内部的社会条件却远未形成——尤其是由于政治条件、人口压力和安全原因，在中国几乎不存在真正意义上的“公共建筑”或公共建筑空间，这种空间强调的不仅仅是公共可达性，更主要的是大众参与社会生活的公共精神。[22]

[22] 这里所使用的“建筑意义上的公共领域”所指的不仅仅是为公众所使用的空间，而是培育现代西方意义上的“公共精神”的空间，有广泛的公共资助和参与。由此民国初年的北京中央公园被看作是中国近代公共空间建设的开始，而中国古代的那些公共使用的著名空间的公共性，例如唐代曲江，则仍有待讨论。

在这种情况下，张永和这样的“非常”中国建筑师面临的两难是：一方面普遍的个人主义倾向，令他们由意识形态后退到对于“纯粹”的建筑语言的研究，并由于这种中立的态度，成为中国建筑师圈内唯一坚持文化理想的群体；另一方面，在面对“宅院”之外的、他们所不熟悉的市井生活时，社会问题的复杂性又使得他们有些力不从心。由于中国建筑实践操作的“国情”，以张永和为代表的中国“非常建筑”的探索，对于建筑空间向城市公共生活的过渡并无太多干预的可能。诸如水晶石公司建筑表皮那样的实验，最终，只是在形式上完成了对建筑内部空间逻辑的外部注释，却不能通过真正的公共参与和内外交流，达到对建筑深度的向内消解和建筑单体的城市化——私人的“身体”只有在确立了清晰的边界之后，才能走向真正的“公共”与城市。

无意于由这样一种现实而苛求于“非常”建筑师们的探索努力——由于建筑意义上的公共领域在中国的出现充其量不过是一百年的事情，新的建筑类型和滞留的社会情境之间的巨大张力是完全可以理解的。我的讨论的主要意义在于，由于这种社会情境的改变比建筑革新要来得慢得多，中国式的“表皮建筑”一定比世界任何国家都存在着更多的社会性问题，而中国建筑师也最没有理由无视这些社会性的问题。但是或许出于对意识形态的厌烦，中国建筑师对于建筑理论的解读却很少顾及社会现实，他们的“城市”“观看”“空间”通常都是无文化色彩、无上下文和“纯粹建筑”的，对于表皮理论的理解可能也很难例外，这不能不说是一个令人遗憾和不安的现实。正如朱莉亚·克里斯蒂娃所说的那样，当代艺术形式的危机或许就是它在将不可见的社会结构可见化的过程中，扮演了一个过于消极的，有时甚至是自我欺骗的角色。

章节页图 在米开朗琪罗为洛伦佐教堂 (Basilica of Saint Lorenzo) 设计圣髑（Reliquary）平台和外挑台时，他也画下了一幅男性裸体的研习草稿，现藏于牛津大学阿什莫林博物馆（Ashmolean Museum）（1846.57; KP II 311）。米开朗琪罗的这幅草图，不寻常地绘制在建筑的平面图上。对比人体和建筑平面的关系，会发现它们的外轮廓是彼此配合的。他可能也是今日少见的一位同时可以胜任雕塑和建筑两种不同任务的艺术家。

形象

“物有所值”的美丽面孔？

Associates 中心（官方名称现为 Smurfit-Stone Container 大厦）在芝加哥市的天际线上是一座打眼的建筑。这座摩天楼 1983 年由爱泼斯坦（A. Epstein & Sons）事务所设计施工，41 层高约 177 米，位于密歇根大道和伦道夫大街交叉口的西北角——芝加哥市中心一个敏感的地段。它最显著的特征是，建筑上三分之一处一个西北—东南方向的 45 度斜截面使建筑增添了一张“转”向东南方向的“面孔”。用事务所自己的话来说，“对芝加哥人和造访‘中环’（Loop）的访客，这是张动感的新面孔”[1]。这张面孔让 Associates 中心声名大噪，在沿密歇根大道灰暗、矮胖、装饰风的老摩天楼群中，浅色、相对高点、造型有趣的 Associates 中心确乎是个亮点。大楼完工仅仅 7 年后，1990 年的 10 月 19 日，芝加哥的知名报纸《芝加哥论坛报》发表了一则题为“市景之冠”（Cityscape Chapeaux）的花边新闻，说的是芝加哥建筑基金会的一个派对上，一位舞台设计师设计了几顶以芝加哥知名建筑为主题的帽子让人们戴，其中便有这个“钻石顶”的 Associates 中心。[2]

[1] An Official Introduction to the Associates Center Project, from A. Epstein & Sons Inc.

[2] Karen E. Klages, “Cityscape Chapeaux,” in *Chicago Tribune*, December 19, 1990, section 7, p. 3.

然而，Associates 中心并不仅仅是一幢有趣和有名的建筑。这座建筑自它诞生的那天起，身份就有点暧昧。尽管它如此知名，权威的建筑史家却很少认真地讨论它。比如弗兰兹·舒尔茨（Franz Schulze）的《芝加哥名建筑》（1993 年修订版）压根就没提它。AIA（美国建筑师协会）的《芝加哥建筑指南》对它的描述用了不到 40 个字。[3] 在大多数建筑师和批评家心目中，芝加哥的成功建筑中没有 Associates 中心，理由之一包括由于开发商在这幢建筑上投资极其有限，它的细节实在是太糟了。早年以工程结构为主要业务内容起家的爱泼斯坦事务所现在也开始染指设计行业，按理他们真的还没有做过几个像 Associates 中心这么知名的项目，但等到做网页介绍公司的业绩时，爱泼斯坦事务所只是把 Associates 中心的"大头照"贴在了首页上，但关于这幢楼的项目细节一个字也没多说。

[3] Alice Sinkevitch (ed.), *AIA Guide to Chicago*, Harcourt Brace & Company, 1993, p. 35.

Associates 中心的建筑师谢尔顿·施雷格曼（Sheldon Schlegman）的籍籍无名和这幢建筑的广为人知形成鲜明映照。当我电话采访他时，他略带伤感地说历史将会最终对 Associates 中心比对它同时代的建筑更"客气些"[4]，我在此却无意评定他和他的建筑的历史功过。相反，我更有兴趣探讨一些有关这幢建筑的重要历史和社会情境，具体说来，就是何时、何地、为什么、由谁、如何建起这么一幢不同寻常的建筑。

[4] 笔者对 Associates 中心的建筑师谢尔顿·施雷格曼的电话采访，2000 年 6 月 2 日。

我的主要论点是，首先，Associates 中心是一个由建筑工程事务所承担设计、由投机商主导的项目，建筑设计方面乏善可陈本也没什么好奇怪的，但是它那非同小可的建筑基址改变了这项目的中庸色彩。建筑基址的知名度和醒目性为这个投机商主导的项目提供了注重建筑设计的动因。其次，尽管在投机商、芝加哥市和建筑师之间达成了某种程度的妥协，这个项目的投机性质和它对于建筑设计的看重归根结底是自相矛盾的，最终的结果只是一个不合文脉的纯商业设计。然而，在这个个案中，这幢建筑的商业成功的历史情境比它的建筑设计成功与否更为重要。Associates 中心声名鹊起

图 1 从密歇根大道的东侧南望 Associates 中心（官方名称 现为 Smurfit-Stone Container 大厦）。

的年代正是整个西方社会建筑行业的价值标准发生巨大变革的年代，这个大的背景使我们有可能更深入地理解 Associates 中心的大胆设计和投机项目的性质之间的关系，围绕在这幢建筑周围的光环也可以从历史的角度得到解释。1980 年之前的芝加哥摩天楼曾经或多或少地依赖于看上去与建筑自身更相关的评价标准，比如技术（密斯风格的玻璃盒子如湖滨公寓）、商业建筑的可管理性（像《企业化美国》中所讨论过的 C.B. & Q 公司总部大楼 [5]）。但对 Associates 中心的解释必须回到芝加哥本地的具体情境中去，在下面的讨论中我们会看到建筑基址的重要性从一开始就决定了对公众效应的关注，以及那个特定时间里整个美国建筑界（甚至包括地产投机商）对于“文脉”相关性的高度关注的整体倾向。

[5] Oliveier Zunz, *Making America Corporate, 1870-1920*, University of Chicago Press, 1990, pp. 106-110.

建筑基址：基于公众效应的初步协商

位于密歇根大道和伦道夫街交叉口的西北角，Associates 中心占据着芝加哥市一个高度敏感的商业地段，无论是从象征意义或实际情况而言，这一位置都是芝加哥市的“枢纽”。这一地段连接着格兰特公园，芝加哥市的“前院 ”和它的“心脏”，被称为“中环”的市中心地带。它南接由仅见于街道西侧的密集早期摩天楼形成的“密歇根大道悬崖”，北连“繁华一英里”（Magnificent Mile）。

在丹尼尔·布南姆（Daniel Burnham）1909 年的芝加哥市总体规划中，国会大街（Congress Street）被构想为城市的东西中轴线，在此轴线两旁的建筑规划基本对称，而密歇根大道则是城市的“前门”，东侧至密歇根湖的开敞地带是城市永久性预留的绿地，基本无任何建筑。[6] 这样的一幅图景基于 20 世纪初的规划理论和社会生活实际，芝加哥市被想象成如规划师所艳羡的伟大的欧洲城市（如威尼斯）一样是从巨大的水面上乘船到达的。在布南姆的规划中，

[6] Emmett Dedmon, *Fabulous Chicago*, Random House, 1953, pp. 340-344.

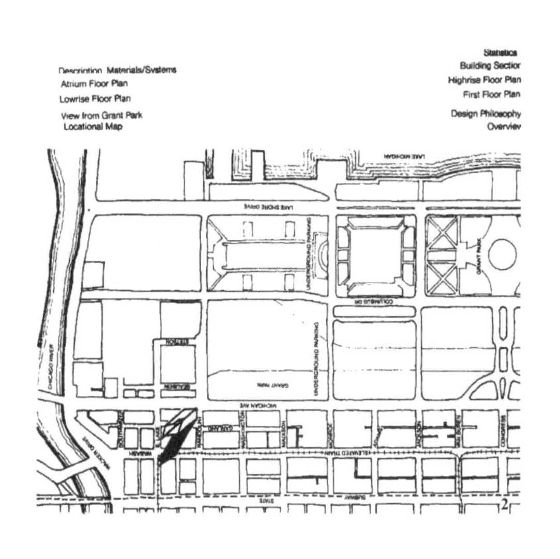

图 2 Associates 中心所在地段平面图。

Associates 中心的建筑基址偏于对称规划的左翼，其地位并不引人注目。然而，20 世纪的芝加哥并没有按照布南姆的绘图笔发展，最主要的差别就是他预想的东西中轴线并没有成为现实，相反，南北向的密歇根大道的商业区由芝加哥河以南向北“延伸”，造就了新的繁华区域和商业机会。这一变化带来的最显著的后果是，布南姆的规划中密歇根湖上假想的观者眼中东—西向的城市“标准像”变成了众多乘坐通勤火车（commuter

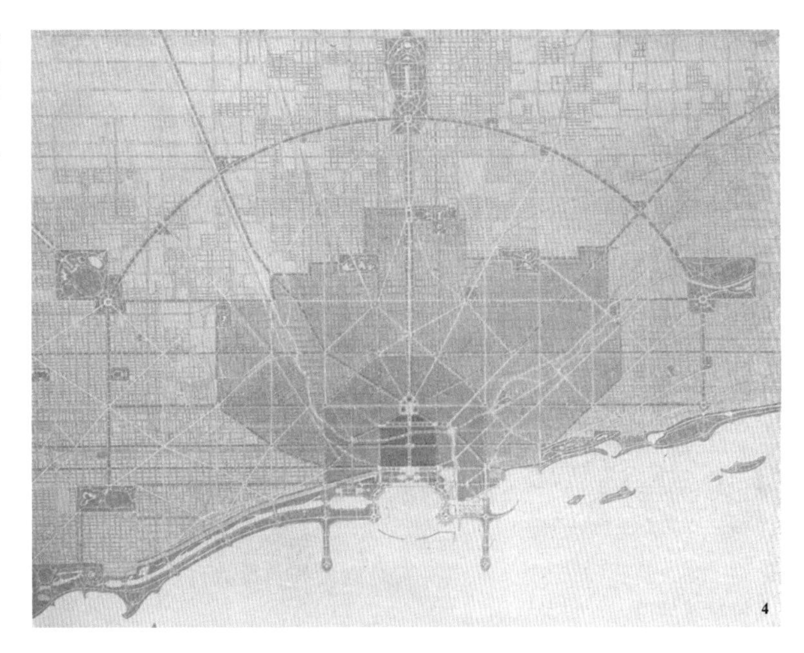

图 3 丹尼尔·布南姆主持的 1909 年芝加哥市总体规划。假想的城市从湖上到达的情境，有如放大版的威尼斯。

图 4 1909 年芝加哥市总体规划总平面。

train），由南向北到达城市的人们所看到的曲尺形的“边缘”地带。尤其沿密歇根湖岸建设、贯穿城市南北的湖滨快速路（Lakeshore Drive）成为芝加哥市市内交通的主干道之后，那些驾车奔驰的人们对他们西面和北面隔着一片绿地像群山一般突然拔地而起的摩天楼都会有深刻的印象。

正是这样一个建筑基址使得开发商和建筑师作出了一个异乎寻常的决定。1956年以来爱泼斯坦事务所和纽约开发商科林斯·特托（Collins Tuttle）共有八次成功的商业合作，这些追逐利润的项目就建筑本身而言都很平庸。[7] 然而，在Associates中心的个案里，负责施工的Schal Associates 公司向开发商的负责人威利·特托（Wylie Tuttle）进言，这块地皮本身的价值可能“足以使人考虑一个设计声誉一流的建筑设计公司”。这番话大概确实打动了特托，据后来实际担纲的建筑师谢尔顿·施雷格曼回忆，当时开发公司的头头脑脑们考虑的本是一位设计大腕，像菲利普·约翰逊（Philip Johnson）。[8]

[7] 一个例子是北克拉克大街(North Clark Street)20号的Avondale 中心。

[8] 谢尔顿·施雷格曼致笔者的信，2000年5月26日。

开发商倚重爱泼斯坦事务所的是他们的“高效及时的施工图产出”一类技术指标，而不是他们作为设计公司的声誉。[9] 因此在这样一个项目中，爱泼斯坦公司可能最终至多是个跑龙套的设计助理角色，就像他们在芝加哥联邦中心（Federal Center）项目中的地位一样。然而，爱泼斯坦事务所新来的设计部负责人谢尔顿·施雷格曼——他从没有和科林斯·特托的合作经验——改变了历史。据施雷格曼自己说，他是认识到在这个项目担纲设计将树立起爱泼斯坦公司“新的设计形象”的第一人，他说服了公司主要的领导人基于他们和科林斯·特托的良好合作关系，开发商至少会认真考虑爱泼斯坦的提议。[10]

[9] David A. Greenspan, “The Associates Center,” in *Inland Architect*, 1984, May-June, v.28, no.3, p. 30.

[10] Ibid.

这里有必要绕开当事人自己的宣称，从大的历史社会背景上考虑一下施雷格曼的提议和爱泼斯坦公司对这个提议表现出的兴趣。

作为一个领先于工业建筑领域的工程公司，20 世纪 70 年代末期爱泼斯坦公司处在一个关键的转型时期，他们确实急于树立起公司“新的设计形象”。从那以后，爱泼斯坦公司越来越多地接手公共设施项目和海外生意。其中著名者有哈罗德•华盛顿图书馆（Harold Washington Library，1989）、美国国家科学与工业博物馆、联合航空公司空港一号（1989）——最后一个项目获得美国建筑师协会“1980 年以来的最佳美国建筑”奖项。他们还是最早在中欧和东欧开展项目并站稳脚跟的美国公司。[11] 虽然在这些项目中，爱泼斯坦公司主要仍是负责工程部分，至多是设计助理，他们确乎逐渐通过这些项目树立起了“新的设计形象”。在公司的官方网页上，他们自称是一个“设计、工程、施工和室内设计公司”——请注意他们排列这些描述词的方式与顺序。[12]

[11] 参见爱泼斯坦公司的官方网页：http://www.epstein-isi.com/arch.htm，访问时间：2020 年 7 月 20 日。

[12] 同上。

爱泼斯坦公司 1980 年以来的战略性转向和施雷格曼在 Associates 中心项目中的重要角色都不是毫无根据的，正如麦格丽•萨法蒂•拉森（Magali Sarfatti Larson）在讨论 20 世纪末叶的美国建筑时所说“具有新的社会需求的新客户构成了建筑改革的最佳机遇”[13]，历史给了爱泼斯坦公司和施雷格曼寻求变化的动力。80 年代初期，为拯救自大萧条以来持续衰退的市中心商业，“联邦都市复兴计划”在芝加哥中环地带为房地产投机商筹措了大量廉价地产。科林斯•特托正是在那时获得了 Associates 中心的地皮。正常情况下，开发商需要与芝加哥市签署一个合同以便“联邦都市复兴计划”将项目纳入，然而在 Associates 中心的个案中，都市发展计划完全不在职业规划师掌控之中，而完全为投机商和他们自己的建筑师所左右。正如布鲁斯•格雷翰姆（Bruce Graham）所观察到的那样，这些建筑师对 80 年代的都市发展计划中的私营部分影响至深，建筑师不仅帮助开发商扩大了工程预算，而且为昂贵的或浪费地皮的奢侈设计正名——他们的理由是“建筑是一种艺术”[14]。

[13] Magali Sarfatti Larson, *Behind the Postmodern Façade: Architectural Change in Late Twentieth-Century America*, University of California Press, 1993, p.14.

[14] Ross Miller, *Here's the Deal: The Buying and Selling of A Great American City*, Alfred A. Knopf, 1996, p. 99.

在那时候，麦尔文·库柏曼（Melvin Kupperman）是这个项目的主要负责人，他预见到爱泼斯坦公司的长远发展需要一个战略性转向（不难理解，在写作这篇论文的时候，主导这一转向的库柏曼最终成为爱泼斯坦公司的总裁）。在听取了施雷格曼利用这个项目为公司打造一个新的设计形象的建议后，他和开发商的头儿特托感到有必要让施雷格曼来一个正式的报告。建筑师事后回忆这个报告的场面说：

> 你以为开发商被我的设计弄呆了？（笔者的提问）才不是呢！特托先生很够意思。他在看我的设计时，只提了一个问题，“按你的设计，在建筑的坡顶部分，如果有些家伙在我下面的房间的办公室桌上做爱，我是不是会看见他们？”就这一个问题，我通过了。[15]

[15] 笔者对 Associates 中心的建筑师谢尔顿·施雷格曼的电话采访，2000 年 6 月 2 日。

特托的问题当然只是一个笑话，这个报告也不是一个建筑投标。甚至特托还在朗香（Longchamp）玩马时，爱泼斯坦公司就已经决定让施雷格曼担纲这个设计了。开发商对施雷格曼的“大胆”设计并不惊异的第一个原因是关于坡顶摩天楼当时已经有过很多尝试了，比如纽约的花旗集团中心（Citicorp Center，休·斯塔宾斯事务所，1975 年）或休斯敦的鹏斯大厦（Pennsoil Place，菲利普·约翰逊事务所，1976 年）都是可供比较的例子，这两个摩天楼项目都有新颖的、强调雕塑形体的设计，在各自的城市都闻名遐迩。再说，在历史性的建筑基址中插入一个时髦造型的摩天楼也不是什么新鲜点子，波士顿的汉考克塔楼（John Hanlock Tower，贝聿铭事务所）就是一个成功的榜样。第二个更重要的原因，正如鹏斯大厦的开发商杰拉德·亨斯（Gerald D. Hines）所指出的那样，“在竞争日益激烈的市场上。人们总是愿意为一些名声在外的公司工作”[16]。在 80 年代，容易识别、引人注目的建筑带来的不仅是建筑声誉，还有大把的钞票。有了这样的先例，一个大胆前卫的设计加上 Associates 中心的建筑基址的公众性，完全可能为开发商带来可观的商业利润。

[16] Ross Miller, *Here's the Deal: The Buying and Selling of A Great American City*, p. 100.

就这样，Associates 中心项目的投机性质一步步地推动着它的设计理念，这一开始就给设计的前景带来了某种意义的危害。

“物有所值”的美丽面孔?

施雷格曼在说服开发商和爱泼斯坦事务所时的一个主要说辞就是他将给建筑安上的一张“美丽面孔”。施雷格曼分析道，对这个具有历史价值的建筑基址的分析表明，基址以南密歇根大道西侧的连续建筑立面并不适用于华盛顿大街与华克尔大街（Wacker Ave.）之间的街区，在这两条街之间的文化中心是一座体量相对较小的建筑，它的存在削弱了 Associates 中心与周围环境与之保持连续性的需要。他的观点无论是否有说服力，都有利于公众理解他自己为 Associates 中心定做的形象——这座建筑的基础部分还老老实实地占据着一个标准的矩形街区，但是它的内部空间分配和上层坡顶却扭了个身，与街道成 45 度角冲着密歇根湖——一个象征性的“转脸”，由“密歇根大道悬崖”转向了格兰特公园。

然而，把格兰特公园和湖扯进“转脸”的构图问题多少是帮着施雷格曼更好地为他大胆切向 Associates 中心的一刀辩护，从而证明这座建筑和它周围的环境的相关性。施雷格曼的设计要点不仅仅是这座建筑的戏剧性外观，还在于他试图将建筑俯瞰格兰特公园和密歇根湖的“景儿”（view）最大化。换句话说，建筑师关心的不仅仅是人们怎么看这座建筑，他更在意怎么从建筑里面看出去。这和这个项目的投机性质非常切题。“这是一个带有投机性质的办公建筑，”施雷格曼后来对《芝加哥论坛报》的记者说，“我的首要

[17] Herb Gould, "Architecture's glass menagerie," *Chicago Tribune*, July 19, 1983.

关注是设计一座能为业主赢利的大楼，所以我希望尽可能增大它能看到的风景。”[17]

图 5 Associates 中心附近的文化中心南立面。右侧背景中是 Associates 中心。

自然，一座四平八稳的方盒子大楼的四个立面所对着的都只是大街对面的建筑，不是湖或公园，那并不是施雷格曼所希望的。然而，施雷格曼所看重的“景”并不是从什么美学价值出发，这可以从他早期的另一个有点名气的设计得到旁证。那是他 1975 年在芝加哥的西区大街（West Division Street）2233 号拿撒勒医疗中心（Nazareth Hospital Center），内部空间和外界的沟通在其中也是一个重要考虑。这所医院的特色是清一色单人病房，这样每张病床都有机会靠窗，病房小点窄点但更亮些；悬桥式的探访入口使得入口处的大堂可以通层，整整三层楼高的玻璃窗为病患者带来了充沛的自然光。尽管因此形成的建筑立面看上去有点未来主义，但对于建筑空间的使用者的考虑远远超过人们怎么看待这座建筑的外表是没有疑问的。[18]

[18] 参见 Sheldon Schlegman, "New St. Mary's Burly Tower With All Single Rooms," in *Inland Architect* 1975, April, v.18, no.4, pp. 14-15。

在 Associates 中心项目里，施雷格曼对“景”的倚重却更多地受到私营项目业主的投机目的的牵掣。“我们知道这一建筑基址有着令人称绝的临湖和格兰特公园景观，这些景观已经由芝加哥市政府通过的历史性决议将永远保留下来，”施雷格曼试图让开发商了解，“因为南边的旧建筑堵住了视线，东边的多拉（Dora）公寓向北面稍稍回缩，这都是我们（确定建筑布局时）必须考虑到的。”[19]他的意思无非是说明，为保证建筑最大程度地拥有“令人称绝”的景观，考虑一个面向格兰特公园，而不是分别平行于两条垂直大街的立面是绝对必要的。施雷格曼设计的建筑平面因此最初是一个三角形，它的斜边与两条大街成45度角，它的瘦削的三棱体造型被解释成“一片洁白的风帆，而恰恰与湖上的航船语义相关”[20]——为了说服业主，建筑师向诗人寻求灵感的做法可谓苦心孤诣。不过，开发商却不因此领情，他们称许“景观最大化”的想法，却并不想因此丢掉建筑的容积率——可以理解，如果让近一半的地皮空在那儿，这对一个投机地产项目可不是什么好事。开发商提出的苛刻条件是最好能够兼顾“景观最大化”和对于地皮的利用。就这样，建筑的下半身还是牢牢把持着矩形街区，它的上半截却转了个脸。

[19] 谢尔顿·施雷格曼致笔者的信，2000年5月26日。

[20] 同上。

在可出租面积和“景观最大化”之间的挣扎实际上反映了这个项目的投机性质和它的附庸风雅的前卫设计之间的矛盾。科林斯·特托拿下这个设计项目基本上是看中了这块地皮可以大赚一笔，施雷格曼说服他们的理由也正是那张“物有所值”的美丽面孔。不过要在商业效率和高质量的设计之间找到平衡却不容易，尤其科林斯·特托并没打算在这个项目上撒下大把银子，这一点它没法和花旗集团中心之类的大项目比。59层的花旗集团中心的预算是150万美元，Associates中心建筑41层却只有55万美元预算。看来，设计主导和利润至上在这个项目里早就是水火不相容的。

Associates中心因为它那张转向格兰特公园和密歇根湖的美丽面孔而有了一个异乎寻常的平面，不像一般的建筑，它的矩形平面让建筑师沿对角线切了一刀，然后再沿对角线把两个三角形稍稍错动开，所有的房间的朝向都从平面的基准方向旋转45度，服务和交通区域设在建筑中央，也旋转45度。这样一来，面向湖的三角形的一角就有了最大的开窗墙面，“面向”二字也得到了落实；不过也是这样一来，建筑内大部分房间，尤其是它那个坡顶下的房间的布局也变得相当尴尬。用著文介绍这座建筑的大卫·格林斯潘（David A. Greenspan）的话来说，“房间里也就剩下景儿了”。首先，由于房间里没有一条清晰可辨别的主轴线，家具布置是一个问题；其次，在45度坡顶下面的房间，接近坡顶的大部分面积对通常的办公人员来说是毫无用处的，更有甚者，早晨的湖上反射的阳光是如此强烈，以至于面向大窗户办公的人很难集中注意力，最后不得不背转身去。尽管大楼有一个有点高科技味道的融雪装置，冬天的问题总算不大，但到了夏天，它的用料低廉的银反射玻璃并不足以抵消炽热的阳光的照射，许多办公室都因此不得不用百叶窗把那张引以为豪的美丽面孔严严实实地遮起来。

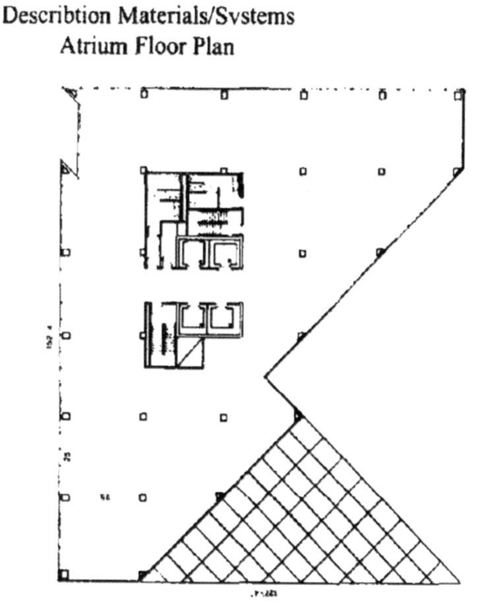

Building Section
Highrise Floor Plan

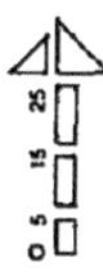

6

图 6 Associates Center Atrium Floor Plan，建筑师提供。

这些问题导致的最直接的后果就是几乎所有坡顶下面的房间最后都只能用作会议室而非常规的办公场所。Associates 商务公司（Associates Commercial Inc.），拥有这座建筑冠名权的第一批租户之一，一开始占据了这座建筑的顶层，在五年后最终搬出这座大楼之前，一直是用那些房间做会议室。在那以后，建筑以它新的主要住户 Smurfit-Stone Container 公司命名（1993 年）。[21] 这家以生产纸板、产品包装为主要营业范围的公司虽然买定了建筑的冠名权，却没有兴趣租下哪怕一间坡顶下的房间，十七层以下的房间虽然没有什么“景”可观，总还是没有以上提到的那些麻烦事。[22]

[21] "Not that Stone Container Building, this one-got it?" in *Chicago Tribune*, February 23, 1993.

[22] 当 2000 年 6 月笔者前去参观这幢大楼时，物业公司正试图将顶部数层重新装修后出租，顶层最大的房间被改装为接待室。

施雷格曼后来拒绝为这些问题负责。也难怪，这个计划中的设计导向和 Associates 中心大楼的私人“身份”一开始就有些龃龉，建筑的“功能”定位一开始就很暧昧。它不是一座公共建筑，那些“令人称绝”的景观不是向旅游者开放的；但是具有讽刺意味的是，当投资者期望巨大玻璃坡顶的观景窗能吸引租户时，大多数租户租下这座建筑的一部分不过是因为它的异乎寻常的“外观”为它带来的知名度——尽管存在上述的建筑设计的问题，Associates 中心大楼在落成后还是获得了一定的商业成功，短期内基本上租掉了大部分房间，建筑师也因此颇为自得，“它现身于商业电视节目、苹果计算机广告、电视秀和电影中”[23]。至于说起这和施雷格曼的设计本身有什么关系，他则用一种巧妙的方式回答：

[23] 谢尔顿 • 施雷格曼致笔者的信，2000 年 5 月 26 日。

> 你知道摩托罗拉吧？许多美国人有手机。大多数情况下，他们并不真的需要手机，他们只是希望他们能有手机。[24]

[24] 笔者对谢尔顿 • 施雷格曼的电话采访，2000 年 6 月 2 日。对于大多数美国人而言，当时电话座机依然比手机要来得重要。

虽然施雷格曼没有真正回答我的问题，他的玩笑却也触及了问题的核心。大多数对于建筑设计一无所知的租户即便称赞这幢建筑的设计，也不是因为它的“功能”。这幢建筑的知名度不仅仅使得客户很容易找到他们的公司，也使得公司的“外在”商业形象焕然一新。毕竟像亨斯所暗示的那样，在一个竞争市场上，“内在”的价值不见得是人们判断一个企业的唯一标准，有时候“拥有”确实比知道“为什么”更重要。在下面的论述中，我将解释80年代美国大众文化中的一种求“酷”的新倾向不仅仅把建筑设计带离了现代主义的功能主义关注，而且也使越来越多的建筑师和开发商形成一种自觉，即策略性地利用新的文化走向为他们的所为辩护。

阐释策略：“文脉”相关的游戏

1990年8月10日的《芝加哥论坛报》刊登了一篇评论文章《不仅最高而且最好》，琼·绍约尔斯（June Sawyers）论及“每个人都已经感觉到更高不见得意味着更好”。“近年来，”她写道，“来了一个从密斯风格的建筑的大转弯，或是至少变它的冷峻为温情了，在现代建筑材料和传统形式之间作了综合分析。”没做更多的说明，她转而说Associates中心大楼就是一个很好的“矮点但并不更糟”的例子。[25]

[25] June Sawyers, “Not Just The Tallest But The Best,” in *Chicago Tribune*, August 10, 1990.

绍约尔斯的文章，和这一阶段在芝加哥出现的更花哨的摩天楼，比如普天寿二号大楼（1990），给我们的讨论带来了 一个新的维度。和普天寿二号大楼，一座用料相对考究的典型赫尔姆特·杨（Helmut Jahn）风格的水晶顶摩天楼相比，Associates中心大楼的“钻石坡顶”其实要寒酸些，其来由也更加实际。但同一时间段的这两座大楼和前一阶段的芝加哥摩天楼——比如给芝加哥人带来了“世界最高”的心结的西尔斯塔（Sears Tower）——相比还是有更多的共性。80年代“都市复兴”的新经济环境给了芝加哥建筑师更多的自由去感受、设计与阐释他们的摩天楼设计，80年代也给建筑界的“名

图 7 普天寿二号大楼，前景是21世纪初落成的千禧公园，以及著名艺术家安尼施・卡普尔（Anish Kapoor）的雕塑作品“云门”（Cloud Gate）。

利场逻辑”加上了新的注脚。即使像科林科・特托这样一个精明审慎的开发商也会来凑前卫设计的热闹，只要这确实能为他们的生意带来利润。为讨大众和大众媒体的好，在商业建筑师和开发商之中也掀起了一阵综合分析新潮的建筑语言和地方“文脉”的风潮。在Associates 中心大楼的例子里，纵使建筑师和开发商考虑得更多的其实还是建筑的内里，在芝加哥这样一座有着强大的现代主义建筑传统的城市和对于如此一个敏感的地段，对于建筑的批评与反批评也多多少少要从建筑和周围城市环境着眼。

许多对于 Associates 中心大楼的批评集中于它“不敢恭维”的比例和粗糙的细节，这一切其实最终是由项目的投机性质决定的。早期的摩天楼的一个默契是开发商往往希望把楼造得越高越好——以便增大容积率。到了 80 年代，这种情形稍有改变。比如在 Associates 中心的例子里，开发商最终砍掉了十个楼层——这最终使建筑显得“粗胖”，因为业主对“在尚没有租户签约的情况下建设这么一座大厦”所承担的风险有些顾虑。[26] 出于同样的考虑，有限的风险资金投入使得爱泼斯坦事务所作为一个工程公司负担不

[26] 谢尔顿・施雷格曼致笔者的信，2000 年 5 月 26 日。

图8 粗糙的外墙—开窗模块细节。作者摄于2000年。

起一个专门的设计队伍，并不得不考虑使用尽可能便宜的材料。冷调的浅香草色的大理石、外墙上的铝合金镶嵌条和窗组成水平方向排列，就像大胖子穿了件横条汗衫，后果可想而知。像建筑师自己说的那样，“用统一的黑色反射玻璃幕墙把建筑包裹起来”就可以多少解决这个问题，问题是从哪儿找这笔额外的支出。不过，大多数80年代的建筑批评家是不会关心开发商的财政问题的，他们在意的是由于形式处理上的失当，“Associates中心可能会成为密歇根大道沿路的老式摩天楼中一个不和谐的因素”。

爱泼斯坦公司并没有对这些批评做出更多的回应。对他们而言，和公司后来参加的一些大型公共项目如联合航空芝加哥空港相比，Associates中心多少只是一个摸着石头过河的实验，以及和老搭档科林斯•特托的一次互惠性合作。更有甚者，对于商业建筑师而言，“文脉相关”的游戏的玩法可以是多种多样的，不见得就要死守那几条陈规。和所有的建筑师一样，施雷格曼认为自己最初未经过妥协的设计比已经实现的这个要强。他不是不承认楼的高度处理失当，但是他只字不提开发商对于地皮的锱铢必较，以及由于预算压力的高度削减，而是把责任归咎于彼时设计师还没有计算机辅助设计，忽略了东南方向的格兰特公园地平稍低，以至于Associates中心从那儿看上去头重脚轻。[27]

[27] 谢尔顿•施雷格曼致笔者的信，2000年5月26日。

施雷格曼在接受笔者采访时对他的设计的辩护听上去和他的批评者使用的语汇如出一辙，只不过结论恰恰相反——施雷格曼认为他的设计恰恰是竭尽所能地考虑了建筑基址的“文脉”。在前面，我们已经说过建筑师将他的最初设计和密歇根湖上的“风帆”联系在一起；但在另一些场合，施雷格曼又把他的完成设计称为由两个三角面组成的“钻石”，一个“表达两种力量相遇的构图”。建筑师暗示这两种力量代表着建筑基址的“边缘”性质，即布南姆1909年规划里已经清晰地表达过的格兰特公园和湖畔所代表的“自然”和充满变化的城市生活的相遇。至于使建筑造型变得笨拙的色彩问题，施雷格曼表示其实浅色的Associates中心和建筑基址文脉的联系不在于周围颜色黯淡的早期摩天楼，而在于芝加哥河北边与Associates中心遥遥相望的那座白色的新古典主义的威格利（Wrigley）大厦—由于密歇根大道在芝加哥河附近有一个弯转，从南边的密歇根大道上北望，威格利大厦的确是和Associates中心构图相关，就是这种关系实在是远了点。重要的是，施雷格曼只字不提便宜的建筑材料对色彩选择和立面构图的影响；即便他也承认，一个统一的玻璃幕墙会多少减轻建筑的笨拙感，建筑师仍要争辩说，横向的铝合金条表达出的每个楼层更好地暗示了“人的尺度”。[28]

[28] Sheldon Schlegman, The Design Proposal of the Associates Center Building, 建筑师本人提供，p. 3。

不管施雷格曼是否有兴趣向公众宣传他的这些翻案之论，在实际的社会生活中，自有有心人为建筑师做这些工作。尽管最初的开发商和建筑已经没有关系，每一个接手这块地产的公司自然会想尽方法树立起这座建筑的公共形象。Associates中心是幸运的，因为它的位置实在是太便利于人们记住它了，久而久之，哪怕是一个糟透了的广告也能替业主多卖出几件商品。早在爱泼斯坦和芝加哥市政府签订合同之时，作为交换条件，这个项目多少就附带一点“公益”的义务，要负责整修这一地段的地下排水系统。工程完成之后，Associates中心不仅更新了它的地下排水系统，还没忘记在它寸土寸金的地面层“让出”一小块地皮，而在建筑东南角的立柱和内缩的主要入口间形成了一个人行走廊。从密歇根大道南行而右拐向伦道夫街，或是沿伦道夫大街东行而左拐向密歇根大道的行人可以从这个走廊通过[29]，当然那些走隐藏在南立柱旁的地下通道去通勤火车车站的人们就不必说了。虽然这条“捷径”不见得快多少，人们这随便一拐却是进入了Associates中心建筑空间的“内部”——

[29] 建筑师在2000年5月26日来信中声称：“伦道夫大街和密歇根大道的交角一直都是芝加哥电影院区的枢纽，这个通往中环的地段需要一座显著的标志性建筑……（Associates中心的斜坡顶）可以看作是一个顺应从密歇根大道拐向伦道夫大街的趋势的视觉弯转。”并且，他暗示这也是布南姆1909年芝加哥规划的用意之一，因为“伦道夫大街即将包有格兰特公园的西北角，而Associates中心必须表达这种弯转”。

因为这是一个介于建筑内部和外部城市之间的所谓“灰空间”，和巴塞罗那著名的街区“切角”意义不同。此举虽然看似不经意，却是一种有效的“联通”（communicate）建筑与公众的手段，而“联通”恰恰是矗立在 Associates 中心前面那座彩色不锈钢制的现代主义雕塑的题目。

图 9 Associates 中心前面的彩色不锈钢雕塑。

“联通”的具体内涵就是通过大众媒体树立起建筑的公共形象，这种形象可能与事实相去甚远。前面我们已经说过，尽管这座建筑的投资有限，它取巧的设计理念却多少给大众造成了一种“前卫”或“高科技”的影响，许多人以为它的坡顶下藏着什么太阳能电池一类的装置——这种猜测对于大多身受日晒之苦的租户来说是哭笑不得，但似乎也不是完全没有道理，那坡顶时而打开几扇窗户，看上去的确像是正调整太阳能电池翼板追踪最佳日照角度的人造卫星呢。因此，我们不难理解今天已经以大胆的工业设计理念风靡美国的苹果计算机公司 80 年代末推广他们的产品时，选择了这幢建筑拍摄形象广告。这类的活动对于房地产公司来说是求之不得的，没人送上门的时候，房地产商还会主动和媒体合作，搞些类似于“高楼爬梯比赛”之类的曝光活动，更何况这种和建筑的公众形象不谋而合的机遇——尽管“高科技”对这幢低等级的摩天楼来说有点勉强，但我们看到房地产商并没有放弃从这一角度树立建筑的公众形象的努力，“联通”在Associates中心那儿还真的成了一个关键词。这幢被建筑评论家讥讽为“细节粗糙”的建筑却是美国最早为租户提供计算机化的银行交易、机票预订、电子新闻信息服务的建筑之一，它还有芝加哥最早一批安装的电梯内无线联网系统。[30]如此一来，在这些软硬件使Associates中心给人们“芝加哥最摩登的建筑标志”的印象同时，或许很少有人会想到这座楼的被钻石天顶遮蔽的楼顶还堆着没有清理干净的拉毛水泥、废弃不用的钢筋和装饰材料——那是传统高层建筑“楼顶”的功能。当夜幕降临时，这座楼白天还可以观察到的剥落的装饰细节也已经隐入黑暗，只有窗格里的灯光组成的“上！公牛”（Go Bulls，芝加哥公牛队的口号）几个富于鼓舞性的大字，骄傲地表明它在芝加哥公众心目中的地位。

[30] http://www.captivatenetwork.com/news/news.asp?ID=48，访问时间：2020年7月20日。

立面的“对位”

作为个案研究，我们的讨论着眼于一个个别的、甚至有些特别的历史与地理情境。然而写作的目的却并非为有机会去芝加哥参观的人们提供观览个别建筑的背景信息，一个更大的问题是：当中国本土的建筑实践越趋复杂多样，80年代以来的中国建筑师忙着为中国本土的建筑实践贴上诸如“解构主义”“数字建筑”“扎哈‘范儿’”的标签时，我们的建筑史家或建筑评论家可否想过，我们也有可能相应地思考一下导致这种风格“对位”（stylistic labeling）的社会学原因呢？

Associates 中心的钻石坡顶在它的那个时代并非卓然独立。在同一年，赫尔姆特·杨的伊利诺伊州中心也被斜切了一刀，顶端因此成了斜面的圆柱形建筑看上去整个一支矮胖的唇膏。不用笔者多费唇舌，读者大概会想到建筑师会如何为他的建筑和政府机构的“民主空间”的相关性——这座建筑的透明天顶使阳光直射它的巨大中庭——而辩护。然而，当施雷格曼和赫尔姆特·杨为他们的设计用尽堂皇之词时，芝加哥人中间却流传着恶意而不登大雅的比附。

在这种层面上玩的“文脉相关”的游戏并不新鲜，不见得是建筑师，从古至今的餐桌上大概都不乏运用此类隐喻的高手。对于建筑师而言，鱼鲁豕亥之类的谬误本来似乎并不打紧，可更要紧的分明是桌子下面进行的交易，和饭席之外的有心人孜孜不倦的鼓吹。“如翼斯飞”或是“一片洁白的风帆”可以出现在任何年代的建筑设计实践中，但它们在特定的社会生活情境中的含义却不大会重复。虽然建筑师和业主之间“既团结又斗争”的格局是这个行业自古以来的事实，阐释与接受也从来不存在什么 1 + 1 = 2 的铁律，但对于绝大多数建筑实践而言，毕竟还有一条适度的界线，将“过度阐释”或“不适当”阐释的建筑设计与那些恰当地利用阐释而“建筑”（用作动词）特定建筑的作品区别开来。而隐藏在这一切后面的“看不见的手”并非建筑师天赋的创造力，在多数情况下，它有着更为实际的社会原因。

在写完此文的时候，我不禁想起了有关芝加哥 SOM 事务所——其办公室距离 Associates 中心只几个街区之遥——在中国的大作——上海金茂大厦的评论。这个设计的成功与否的问题显然不能在此文内解决，但要紧的或许是，什么时候我们能够暂时搁置一下对建筑形式无限联想的喜好，或是对于一个大而无当的“东方”身份——“明珠”也好，“宝塔”也罢——自恋式的沉迷，什么时候我们才能够更耐心地梳理包括本地经济模式、具体而微的社会生

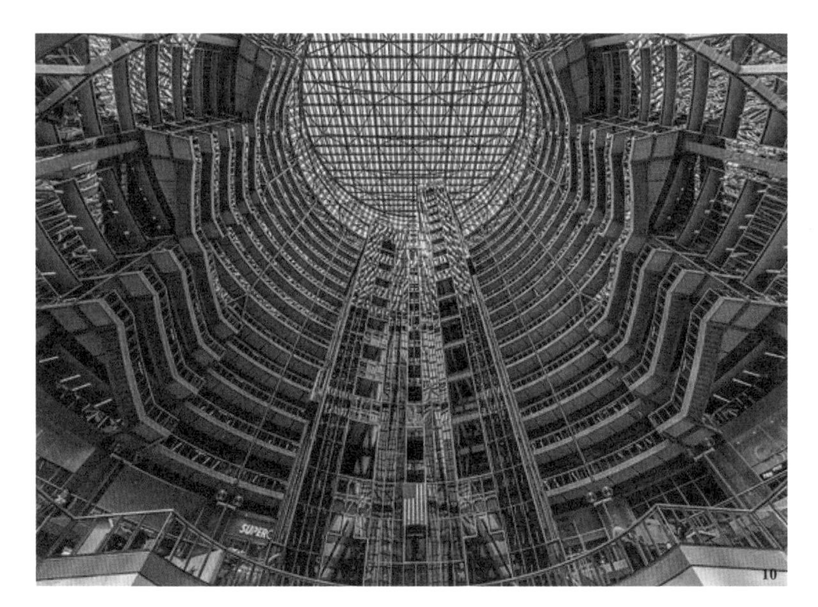

图 10 伊利诺伊中心的中庭是20世纪后期公共建筑空间类型的新方向。

活形态在内的“文脉”。建立在这种“文脉”上的建筑研究和批评会更有针对性地促进中国建筑实践的健康发展。

章节页图 芝加哥湖滨向西北方向鸟瞰所见。密歇根大道和伦道夫大街交叉口的西北角可见造型别致的 Associates 中心。

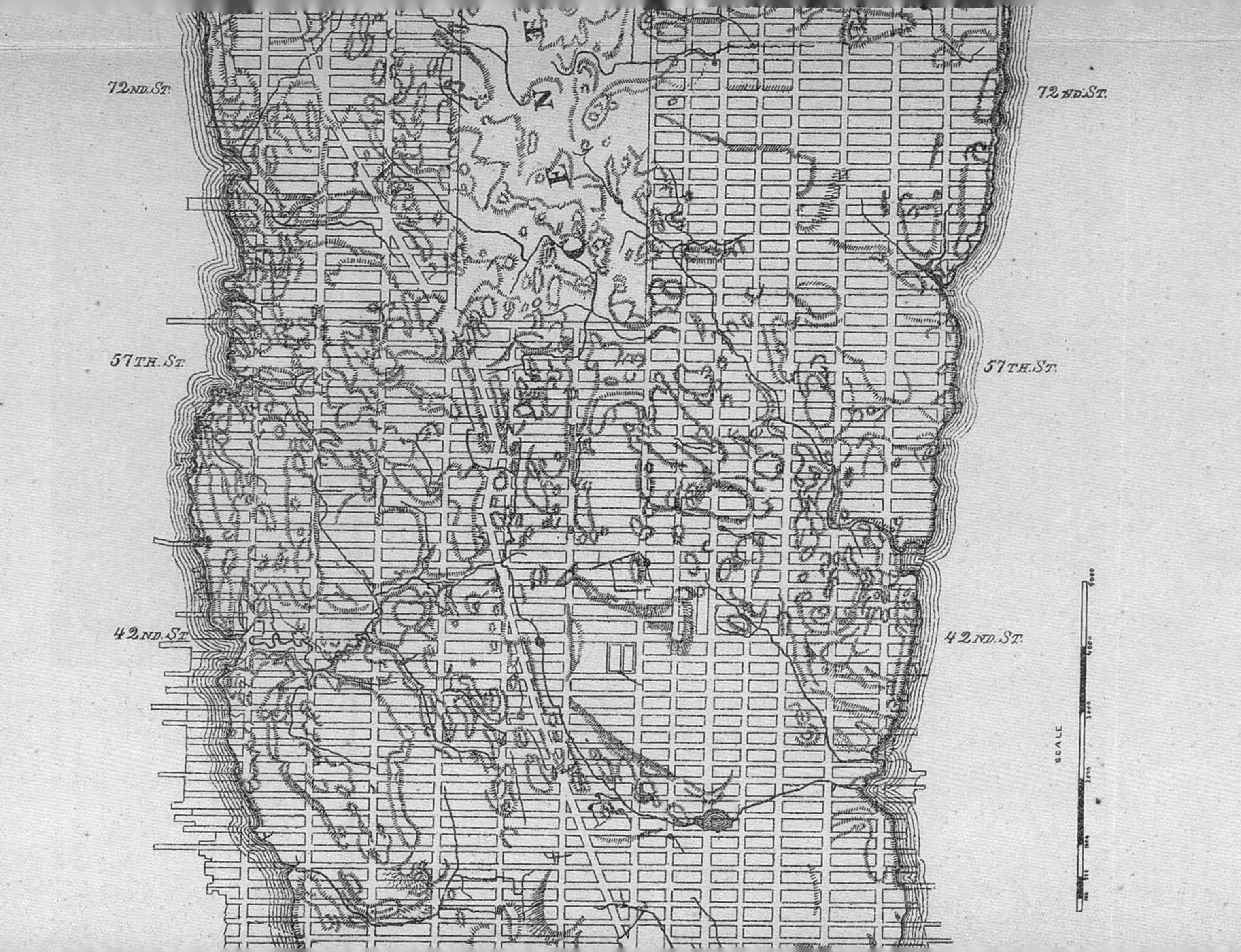

72ND. ST.
57TH. ST.
42ND. ST.
72ND. ST.
57TH. ST.
42ND. ST.
C E N T
SCALE

再现

三看电影中的大都会

如果说对于建筑的再现可以直指人的生物性本能("身体"和"结构"的对位),或是调动起金融地产学具体而微的运算法则("所见"和"所得"的对位),那么围绕着再现城市(urban representation)的若干理论问题,就一定得涉及更大的社会前提和人类历史中渊源已久的"巨型结构"了。

将"城市"和"电影"(活动图画,motion picture)[1]联系在一起,意味着一种无限扩大主题的危险,因为和人们一般的印象相反,两个范畴其实都难以严格地、清晰地被界定。但是我们的讨论所关注的并不是城市在电影中的人类学显现,它也不关心城市、电影或再现这三者之中任何独自一维的"本质"——这三者在20世纪的际合并非简单地归结为"反映"或"反应","转移"或"摹写"。与近现代的人类大都会共运而生,电影展示了新时代综合空间、形象和现实的可能。"再现"不仅仅是立此存照,电影影像也改变了城市为人们所知的方式,并进而影响其文化运作。

[1] 由于数字技术的发展,今天的电影已经不必定是它发明之初的"活动图画",而所有的"活动影像"也并不必定归于同一类"活动图画"。但是,这个词依然可以概括电影,一种西方发明,诞生之初的历史情境,特别是19世纪摄影术发明以来的西方视觉文化,后者成为胶片电影的理论和实践基础。

此处说的"大都会"主要是纽约。

毫无疑问，纽约，大概比世界上的任何一座城市，都更富于和“活动图画”这样一种视觉再现（visual representation）的天然牵系了。在此之前，皮拉内西（Giovanni Battista Piranesi）笔下的罗马，尤金•阿特盖特（Eugene Atget）镜头中的巴黎，或是海达•莫里循（Hedda Morrison）摄下的老北京，都不能与之相提并论——事实上，多面的纽约所带来的片断、动感的城市风景，似乎与生俱来就适于电影这样一种当代媒体，以至于和纽约粘连在一起的电影作品不胜枚举：从伍迪•艾伦散文化的《安妮•霍尔》直到吕克•贝松纵情奇想的《第五元素》——在与“纽约”两字粘连的电影里，“大都会”常常象征着一个不寻常的人类处境；无论是人欲横流的名利场（《香草的天空》），还是平淡中现出奇迹的市民社会（《你收到邮件了！》），纽约或被推往前台，或是成为笼罩一切的情境。

仅仅这样作为“前景”或“背景”的纽约，与巴黎、伦敦、柏林或其他任何世界大都市并没有什么显著不同。但对于这些电影，纽约的最大贡献却不仅仅是一个文化符号，对于那些涌向这座城市寻求灵感，或渴望成为他人灵感来源的人们，纽约似乎不可避免地通向这样一种不假思索却显然有些“通感”式的思维跳跃：纽约＝电影（本身？）。

这是一个奇怪的等式：在这个等号的两边，一边是和人类历史一样古老的聚落类型——尽管理论家们为“城市”所作的定义至今仍有分歧，最终它的意义仍要和某种物质遗产相牵系；而另一边，则是一种20世纪初的发明，它的开端始自于对于视知觉对光学变化的错认（视觉暂留），它的圆满则系于另一种光学机制在黑暗中的搬演（小孔成像），全然不属意于任何物理建构。仔细想来，这两种东西似乎是风马牛不相及的[2]——可是事实上，将关公和秦琼，或西红柿与牛联系在一起的冲动未必总是毫无意义：这种“通感”某种意义上反映了我们这个时代赖以识别自身的特征，建筑再现

（architectural representation），正如许多其他的再现一样，已经不复是现实的“表皮”，它直接参演于现实之中。

图1 Titan City 展览上的广告旗，不同时期纽约城市图景的并置。

只不过，在匆忙地进入这样一种不同属的类比之前，难免，我们会习惯性地问自己：纽约 + 电影——何以如此？又如何能做到？

[2] 这种奇怪的悖反由来已久，例如，弗朗西斯·皮卡比亚（Francis Picabia）就曾经说过：“我对纽约的研究里并无任何物质之处。”（There is nothing materialistic in my study of New York.）

电影之前的纽约

始于卢米埃尔兄弟等人的电影基本上是一项20世纪的发明，可是纽约市在西方人心目之中的“心像”却由来已久。[3]

[3] 这篇论文里涉及的 representation 一词很难在有限的篇幅里定义，故只做一个简单的对比：相对而言，“视觉再现”涉及的歧义较少，而“建筑再现”则可能意味着两种相关却不同的东西：1）建筑物体上绘制的图像或建筑物体本身所呈现的图像，由于载体本身的三维特征，图像也呈现出强烈的空间意味；2）图像本身的构造方式使得图像成为真实空间的模仿或替代，无论在哪一种情形中，“建筑再现”可能同时具有两种属性，作为物体的属性和作为空间构造的属性，后者更接近于所谓“心像”（meta picture），参见 Wu Hung, *Double Screen: Medium and Representation in Chinese Painting*, University of Chicago Press, 1996, p. 238。

在1524年，为法王寻找通向亚洲的新航路的佛罗伦萨探险者乔万尼·德·佛拉赞诺（Giovanni da Verrazano）驶进了纽约湾，可是因为天气原因，他最终止锚于外海，从未涉足曼哈顿的土地。这位来自旧世界的殖民者想象中的纽约地图犯了一系列错误，但是这种错误的想象却为这座城市的再现史留下了一个有意义的开端——哪一种“纽约”更真实？答案并不重要，重要的是，它显现了在文明（以欧洲人的标准）履及之前，一个蛮荒的“处所”某种意义上是不存在的。

现代意义上的纽约城市迟至1811年才真正出现，而且似乎是在瞬间便得以完成。三个籍籍无名的东海岸“洋基”，西蒙·德·维特（Simeon de Witt）、加文那·莫里斯（Gouverneur Morris）和约翰·罗斯福德（John Rutherford）受托设计一种规划模型，可以对“最终的和决定性的”扩展曼哈顿岛进行操控。他们笔直规划了12条由南向北的大道和155条由东向西的大街。在预计有道路通过的地方，他们埋下约0.9米见方的大理石界桩，如果不巧碰上石头，就打进去同样镌刻着街名的铁栓。这些大理石或铸铁的地标，让他们在早期殖民据点迤北广大荒野里，描绘出了一座“13乘156等于2028个街区的城市”；排除地形上的偶然因素，“这个阵列即刻间就把握了所有岛上的剩余土地，笼罩了一切未来人类入居的活动”[4]。

[4] Rem Koolhaas, *Delirious New York*, Monacellis Press, p. 18-19.

1811年著名的“曼哈顿格栅”（Manhattan grids）的不寻常之处之一是它对于“形象”的漠视，它在平面上瞬间把握了未来，却没有为人的尺度上的视觉再现做出任何前设。文艺复兴以降，建筑师可以身兼工程师的角色，但同时他更应当是一名艺术家。很多这座城市的滥美者，包括从欧洲来的访客弗朗西斯·巴里（Francis Baily）在内，因此不得不埋怨，格栅城市多少是以“（政治经济学的）公平牺牲了美观”。可是，毫不奇怪，这些格栅城市的设计师没有一个是严格意义上的艺术家。[5]

[5] 1811年设计纽约规划模型的三人中，维特是地理学家和独立战争中大陆军的总测绘师，也是纽约州当时的总测绘师；莫里斯是个出色的军事战略家和金融管理者；而出身于军人家庭的罗斯福德虽然早年学习法律并从事政治，最终却同样以一名测绘师名世。
殖民时代的城市设计和政治军事用途的测绘一直密不可分，因为城市同时意味着“据点”，测量土地也就是占有并分配管理土地的开始。自杰弗逊以来发展出的“六英里法”，体现了美国开国者追求公平的政治理想。通过将土地不加区分地划分成六英里见方的城镇区（township），他们在提供农业社会意义上的方便的同时，也竭力避免可能出现的商业和政治投机。
艺术家和工程师的角色差别同时也对应着自上而下的“规划”和自下而上的“设计”的不同。

和巴洛克城市的放射性道路不同，格栅城市没有一个视域中的灭点来构成生活舞台的“尽端”，也没有一个理所当然的视觉“中枢”，它可以无限制地延展自身，也可以在必要时缩减，每一部分之间并没有什么逻辑上的关联。可是如果就此认为纽约不过是一座现代的罗马兵营，那就大错特错了。让我们姑且不讨论那些打断格栅城市均一性的“例外”和“偶然”——中央公园、百老汇大街和正交街道之间形成的各种形色的“零余空间”等等——纽约街道对于“形象”的餍求，从未因“格栅”这样同一乏味的控制系统而稍有逊色。恰恰相反，它的光怪陆离有目共睹——某种意义上，正是平面上“格栅”的均一性带来了立面上视觉经验的无限可能。

1811年“曼哈顿格栅”带来的这个悖论和电影是如此相似：对于许多文学作品，特别是说理式的文学作品，抽离了语法的单个

图 2 从 A 至 B 有不同的可能。（顺时针方向）传统城市，中心视觉失效的传统城市，中心开放的传统城市，以及纽约所代表的网格城市。

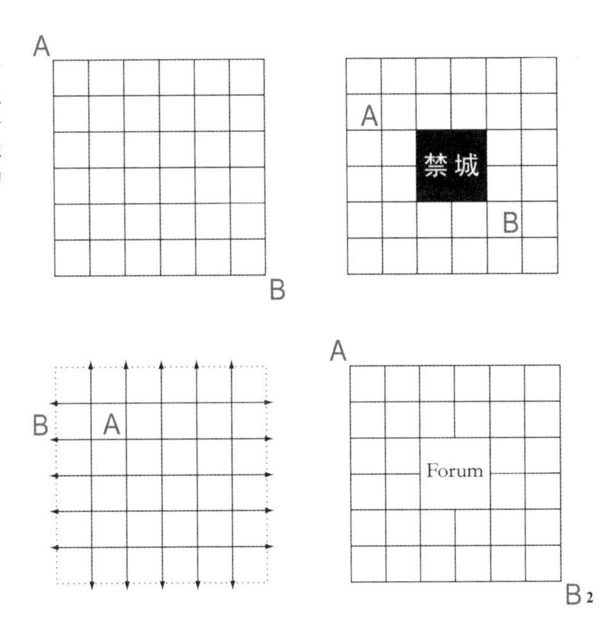

字词自身往往没有什么意义；而在电影来说，它的每一帧画面，每一个片段却都是独立的，都具有自己的生命，可以单独成为对观众的诱惑因素[6]——由此，一部电影被记住的不仅仅是它的情节和寓意，往往还有漂亮的演员，宏大的布景，吸引眼球的场面，等等——摄影镜头中的这些场面本身未必新鲜，可是它们的自由组合可以产生出无数的故事，无需任何其他“附加”的叙述成分。在这种片段和整体的奇特关系之中，电影或“曼哈顿格栅”显示的不仅仅是单体与系统的抽象关系，归结到“人”的接受场面，它是语言学中“历时”和“并时”两种机制的统一（罗曼·雅可布斯基）：至少是在地面一层，整一、均匀的街区可以无止境地彼此援引、互相对照却不必雷同。在理论上，这些街区不同的承载和严格的同构关系，使得每个步行者穿过城市的漫步产生出不同的故事，却能带来同样富有意义的理解，就像我们在谢尔盖·爱森斯坦对“蒙太奇”所做的分析中看到的那样。[7]

[6] 摄影和电影的关系将会在下面有所涉及，此处从略。

[7] Sergei M. Eisenstein, “Montage and Architecture,” in *Assemblage*, no.10, 1989, pp. 111-130. 自然，和叙事不同，建筑经验的设定有其空间特征的限定（比如，纽约之前的城市大多是二维的，而很多文学作品往往是线性的），但是，这种物理限制已经不足以规范现代人的心理世界。以同样的道理，当代电影也大大地突破了传统叙事方式的桎梏。

纽约＋电影？严格说起来，这种城市和电影间的“相似”其实只存在于我们的回溯之中。在1811年“曼哈顿格栅”被确立的那一刻，在它逐渐成长和成为现实的近一个世纪里，电影尚未诞生，摄影也还未成为一种成熟的艺术样式。有趣的是，不惮于将两种不同时空、不同属性的事物联系在一起的却大有人在——还是爱森斯坦，一个俄国犹太建筑师的儿子，声誉最为卓著的苏联早期电影导演和理论家。他理直气壮地指认“和歌”（Haiku）这种日本诗歌的样式是蒙太奇的，而卫城上雅典娜神庙的预期观感也是蒙太奇的。[8]在爱森斯坦的眼中，类似于“枯藤老树昏鸦”这样的东方“意象派”诗歌，无疑已具有了一部分上述整体与个别，或“历时”和“并时”的有趣关系。

[8] Sergei M. Eisenstein, "Montage and Architechture," pp. 111-130. See also Sergei M. Eisenstein, *The Film Sense*, Harcourt, 1969, pp. 69-109.

某种意义上，爱森斯坦并没有“误读”，正如文艺复兴倚重的是被“重新发现”的古典传统，蒙太奇理论的真实目的并不在于遥远的东方，它有充分的理由指向遂所愿的未来，而不是被错解的过去——成问题的是，在电影之前的“蒙太奇”是否可以为日本人和希腊人带来类似现代人那样的新奇感受，对当时的文化再造起到类似的作用？[9]或者，让我们回到本题，如果纽约，“解读20世纪的罗塞塔石碑”，无法不使人们联想到电影对当代城市的意义，那么，在何种意义上这两者会发生真实的互动？

[9] 这一点是本节涉及的“通感”或“跨学科”讨论的前提，也是对于这样常见问题的回应：一切都是建筑，那么有什么不是建筑？无论如何，当一种联想物以它原型的方式产生实际的社会影响时，在一定程度上我们就可以搁置它们之间联系的合法性问题，转而积极地看待这种联系的文化意义。

第一次看：《金刚》—帝国大厦

“电影之中看纽约”，“看电影中的纽约”，“纽约人看电影”，或是“在纽约看电影”……这样变化多端的排列组合听起来像是文字游戏，可是毫无疑问，对于20世纪而言，“谁看谁”的简单问题并不容易回答——建筑构造（architectural construct）的力量便在于，它不仅清晰地指定了观看的对象，约定了观看的场所，同时也联系并动态改变着观看的方式。由此，再现和再现之物本身靠得越

图3 帝国大厦大堂是这座建筑的全景唯一可见的地方。

来越近，我们已经很难说清楚两者的关系，而这正书写了20世纪的都市历史。

标定着20世纪初纽约的“观看”方式无疑是“仰视”，可是在纽约“仰视”的结果却看不见什么。《金刚》曾被三次拍成电影，第一版是在1933年杀青——那是富于象征意义的一年。在那一年，《金刚》的主要建筑主角帝国大厦刚刚建成一年，新兴的纽约也正式确定了它作为世界大都市的地位。在这一过程之中伴随的，是愈演愈烈的高度竞赛。在纽约的第一幢摩天楼“塔厦”建成之日，看客的夸张之词是“（看得）帽子都要掉了”。如今，新的制高点比

图4、图5 初版电影《金刚》中的金刚与纽约帝国大厦。

五十年前整整高了十倍，无论是在第五或第六大道，33街或34街，人们不但不足以看清这座大厦逐渐退缩的顶部，事实上它异乎寻常的高度已经使得建筑近旁的“仰望”没有意义。从远方，大萧条巅峰时刻落成的这座大厦的“顶点”寻常可见。在逼仄的地面上，它的基部却没有一个清晰的形象，它们构成了两种不同的意义都市景观。

和“仰视”一样具有奇观性的是“俯瞰”，在俯瞰里视觉获得了极大的满足，但这种满足却排斥哪怕是些微的“行动”。想到帝国大厦楼顶瞭望的观光客们乘坐的是高速电梯——作为一个黑匣子，电梯省略了中间的建筑环节，速度省略了古典空间里的物理运动——由底层直接上升到天台。对于那些排了半天队，才从熙熙攘攘的市井来到四面孤悬的天台的游客们而言，那幅只能借助望远镜观看却不能参与的全景图，使得“观看”只剩下观看，观者和风景之间，不再是大地上的小径由前景蜿蜒而至背景，这高楼上四顾的全景图画没有任何可以触及的物理援指。

图 6、图 7 20 世纪后期和 21 世纪初期版本电影《金刚》中的金刚与纽约。

地面上真切的人的尺度，以及高楼天顶上幻觉中“全知全能”的俯瞰——对于 20 世纪初的纽约而言，除了用电梯，这两种观察城市的方式是不容易在同一个空间维度里统一起来的。只有电影做到了这一点。[10]

秘密在剪切中被偷换了的“尺度”。在 1933 年的版本之中，

[10] 与纽约大都会共运而生，电视展示了再造现实的另一种可能 1939 年的世界博览会始于帝国大厦上的远眺，最终这次博览会却展出了世界上第一台电视。这划时代的发明，将缥缈远景中肉眼所见的法拉盛博览会址，变成了一种真正可“望”却不可“及”的经验。

金刚的高度就已经滑稽地前后不一。这不同或受到彼时粗陋特技水平的制约，但对这部电影的内涵而言尺度的变化却意义非凡，并且绝不仅仅是个偶然：在“骷髅岛”上，金刚只有约区区5米，如此，或许是为了方便和娇小的女主人公谈情说爱；可是，到了“皇宫剧院”的舞台和纽约的大街上，它就迎风长成了约7米；在帝国大厦的顶端和飞机搏斗的金刚更是威风凛凛，它和建筑物的相对比例使它看上去足有约15米。运用电影特技，舍电梯而攀缘直上的金刚超越了重力定律，更可以在从骷髅岛到纽约制高点的两小时中，在观众眼前暴长约10米。

那是一只在灵活的“尺度”里诞生的巨怪。它起先对一颗渺小的心产生了爱情，证明它和人类看客，尤其是建筑业的从业者们间的某种角色同构。在荒野世界的风雨之中，金刚本代表着不可冒犯的野性的“崇高”，它被弄到纽约来却是为了在皇宫剧院里配合一幕奇观的展出，可是它自命不凡的奇观和它近于人类的情感间有着

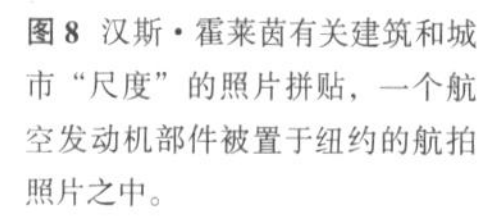
图8 汉斯·霍莱茵有关建筑和城市“尺度”的照片拼贴，一个航空发动机部件被置于纽约的航拍照片之中。

不可调和的矛盾：那些猥俗的看客终于让它勃然大怒，它于是试图摧毁咄咄逼人的城市，证明自己可以比这城市攀缘得更高，却最终在帝国大厦令人惊悚的高度里跌得粉身碎骨。

在这里产生危险的，不仅仅是绝对尺度的增长，而是相对经验里产生的混淆尺度的幻觉，是在“仰观”和“俯察”之间的两难抉择——向下抑或向上？在骷髅岛上，无法无天的金刚本是纯净、道德高尚的自然力量的代表，这种力量起初本有和匍匐在它脚下的“人”结为同盟的可能；但在不情愿地现身在人造世界的曼哈顿的那一刻，真正的自然却在人造自然面前相形见绌——摩天楼本也是某种“自然”，无论是芝加哥密歇根大道旁的“密歇根悬崖”（Michigan Cliff），还是亨利·詹姆斯笔下旧三一教堂北边如阿尔卑斯山雪崩般的大厦，“最高”本是现代主义向“崇高”发出的致意。可是，登临纵目的峰巅回望，消弭了纽约客对于神祇的敬畏，它产生一种前所未有的快感，却也带来了“崇高”无可挽回的坠落。

电影中的“看”不再面对如画的景观，“活动图画”不再只是一种图画。事实上，它成了“图画的图画”，否认了影像载体统一的物质属性，而指向两种眼光间的一个前途不明的行动——自上而下是神祇的非人的视角，自下而上则是渺小的人无望的视角，无需统一比例尺的电影将这两种视角叠映在一起。由此，无论哪个方向的回溯都免不了油然而生的荒谬。

1933 年的城市规划师攀缘在类似的两种眼光之间，《金刚》中意味深长的尺度变化所表现的，因此正是彼时建筑行业的当代寓言——后来者汉斯·贺莱茵将一枚汽轮机部件置于曼哈顿的格栅中，或许是想表达类似的困惑：诸如柯布西耶那样只手笼罩城市明天的伟大规划师，在以神的尺度审视整个城市的时候，是将城市想当然地简化成了一种“物品”；可是，在美化这件物品的时候，他们无形之中又回到人的尺度，依赖于人的日常经验。这基于人类肉体的日常经验和作为系统的非人化的城市属性相悖，这就带来了一种危险的行动上的不确定性。

帝国大厦本身是“曼哈顿主义”奇观的当代颂歌：在《失落的世界》或《时光遗忘之地》之中，金刚的原型本和旧世界对“黑暗”的丛林、落后的土著人的想象联系在一起[11]——但金刚最终却来到了纽约。由此，“活动图画”把新旧两种不同美学焊接在一起。金刚和这座大都市亦步亦趋的关系，使得黑暗的时光遗忘之地不再是古老的传说，而多少反映了人类的当代处境：1933年版本的《金刚》，正是在帝国大厦建成的翌年紧凑地杀青；1976年播放的《金刚》，则毫无疑问和刚刚建成的世界贸易中心（1973年剪彩）激发的热潮有关；到了彼得·杰克逊的《金刚》，正是“9·11”的尘烟尚未散尽之时。这种“当下性”使得纽约为题材的电影同如电视，电影中的“看纽约”因此有了“真人秀”的意味。

[11] 电影《金刚》的蓝本分别是阿瑟·柯南·道尔（*Arthur C. Doyle*）的《失落的世界》（*Lost Worlds*，1912）以及埃德加·R. 巴勒斯（*Edgar R. Burroughs*）的《时光遗忘之地》（*The Land That Time Forgot*，1918）。

第二次看：《后窗》—格林尼治村

这一次观望大都会的是格蕾丝·凯丽（Grace Kelly）和詹姆斯·斯托瓦特（James Stewart），导演是阿尔弗雷德·希区柯克。这一次，卷挟着高度竞赛和格栅重构的“曼哈顿主义”已经尘埃落定，电影的主角不再是曼哈顿的天际线——它至多只是一个配角。这一次，作为观看者的男女主人公和被观看者处于一种貌似平等的地位，可是，依然是在好莱坞的布景棚里搭建出来的格林尼治村，却不因它的现实主义背景而变得更为“真实”。

故事发生在格林尼治村的一个街区内部，乍看上去，这片静逸的内庭和库哈斯所说的那种独占一个街区的曼哈顿主义的渊薮毫不类似。可是再仔细观察人们将会发现，庭院之间的地面上有着各种各样的分隔：台阶、栅栏，围护，足以使得传统意义上的公共空间不复存在。像《死胡同》（*Dead End*）中那样，布景棚里的“邻里空间”是否真的存在并不重要，重要的是这些分隔宛如设计好的舞台轨道，可以使得镜头对面的生活朝向同一个出口——如此，眼光那一侧的空间被图解成了若干平面形象的并置，随着遮蔽窗口的竹百叶在清晨依次打开，就好像一部电视墙开始接到信号，“空间”

图 9 希区柯克电影《后窗》中的纽约公寓楼，从观察者的角度纷繁的后窗犹如一堵电视墙。

图 10 当观看者和被观看者有了实际接触的可能性，惊悚的场面慢慢浮现了。

[12] 在纽约，“空间”坠入“形象”的痴迷自休·弗里斯（Hugh Ferriss）而始，弗里斯本是一名建筑师，但是生平却几乎没有设计过一幢像样的建筑。1916年，纽约通过的区划法规规定所有摩天楼都要在一定高度上逐次退缩，以保护其他建筑的“喘气”权利，于是1922年弗里斯受命对高层建筑的退缩效果做了专门探究——他的木炭画本来是项正儿八经的“研究”，旨在预测经过“退缩”的摩天楼在不同时令的日照面积，以及它的阴影和对周围环境的影响，却让他发展成了一种别具画意的心理现实。

纷纷坠入了“形象”。[12] 虽然每个窗口之间偶有互动，在大多数时候，这些邻居们并不是真正的“邻居”，就像电视墙的各个屏幕之间，每个屏幕都有自己独立的信号源，而它们只有在男主人公的窗口，或观众这一侧，才呈现出整体的意义。

“空间”坠入“形象”意味着随之产生的复杂的图底关系和不确定的空间感，这种易于产生视错觉的机制却正是电影拍摄之中频繁使用的技术——为了拍摄这部电影，派拉蒙公司在制片车间中搭建了约56米长、30米宽的实景，包括为雨景准备的一套真的排水系统。可是，这些屋子并不是真实的建筑，如同“样式雷”的烫样一样，它们是精巧的模型。和舞台设计师通常会做的类似，电影公司需要设计一整套复杂的灯光系统来使整个环境看上去如同真的一样，虽然这种室内人造环境造价不菲。通过轻松控制每一层次的照明，它无疑带来了某种便利，使得摄制组可以在任何时间和气候条件下进行反复拍摄。更重要的，它使得一种在生活中不常见的奇观

图 11《后窗》中的男主人公“凑巧”摔断了腿，他可以观看但不能行动。

图 12 电影海报中，“看与被看”置于同一景框之中，电影观众——“我们”才是真正的、终极的观看者。

得以成为可能。[13]

[13] 为了解释这种对纽约公寓而言有些不同寻常的开敞“后窗”大观，剧本将故事设定在一个炎热的夏天。

这种奇观令人大开“眼界”：那里人们的窗帘似乎很少会拉起，所有的隐私都向男主人公——主要的窥视者敞开。一位体态迷人的舞蹈女演员，每天只穿胸罩短裤，踱着轻快的舞步处理家务；一位独居的作曲家坐在钢琴前创作，成天没完没了；一对没有子女的夫妇热得躺在三楼阳台上消暑，每天把小狗放下去玩耍；二楼住着一位推销员，他的妻子久病卧床，不时可以看见两人口角（他就是不知何时在男主人公杰弗瑞眼皮下发生的谋杀案的凶手）；一楼的单身女子似乎总也找不到伴侣，被男主人公戏称为“寂寞芳心”；一对新婚夫妇搬进公寓后忙不迭地亲热，随即放下窗帘，此后就难得亮相……按照让 • 杜歇（Jean Douchet）的看法，《后窗》因此变成了“电影的电影”，因为每一窗格里都是一出单独的戏剧。[14]

[14] Jean Douchet, “Hitch and His Public,” in *New York Film Bulletin*, no. 7, 1961.

揭穿“电视墙”秘密的是这样一幅“幕后”照片：在两种“后窗”——男主人公的公寓窗口以及对面的“电视墙”——之间的某处，导演希区柯克靠着阳台护栏上阅读。如此，我们才知道在布景中小院的这一侧，其实应该是有房间和住户的，而且它们可能连接着上述两座看似可望而不可即的建筑（看与被看的两方）。可是，显然起到连接“前景”和“背景”作用的如此“中景”，在片中基本上是找不到的，它们被小心地隐藏起来了。从影片一开始，男主人公就被假定成这样的位置：在电影时间的两个小时内，他的生活就是面对着对面的“电视墙”，望着，而且只能望着——因为他摔断了腿，无法移动。

我们又一次看到，其实影片最关心的不是能看到什么，而是如何观望。在这样的前提下，在一个平面上阵列展开的“活动图画”的运动，和影像本身联系着的立体的真实的现实世界拉开了距离，物理“行动”和消极的“观看”被蓄意分离了——依然不乏温情，最终使得正义得以伸张的小院中真的有一个活生生的“社区”吗？剧中人，那个死了猫的女人清楚地抱怨说，她的邻居们不是“真正的邻居”，因为他们根本就不关心邻居们在做什么——也难怪，尽管在影片中这些窗口之间总算还是有些互动，可总体而言，他们共享的公共空间仅仅由于摄影机镜头的朝向而存在，他们彼此间的联系仅仅是因为摄影机这边的观众而发生。在这个意义上，后窗所面对的“电视墙”是一个垂直放置的纽约格栅，它们的类似之处在于，整一、均匀的窗格同样可以无止境地彼此援引、互相对照却不必有任何前设的秩序。诸如此类的立面是最平淡无奇的，却又是最变化多端的，它的魅力全在于一种不确定性之中。

最终的紧要处在于这部电影的归类：和希区柯克的名字联系在一起，它是一部“恐怖片”（thriller）。这些承载不一的窗格，在立面上遵循着严格的同构关系，它们的图底关系因而有着无限的可能……它们使得男主人公的这一侧产生出不同的故事，却无法预料

图 13、图 14 导演也闯入画面的工作照不寻常地显示了摄影机的视角是如何模拟电影中的看与被看的关系的。男女主人公也有一个分工，女主人公代替不能行动的摄影师男主人公，一度爬进了“画面”之中。

哪一个窗格里是凶杀案，哪一个是生活的喜剧。毛骨悚然的意味也正来自这种不确定性的真实后果，因为，消极的观望不会一直对物理现实无所触动，隔岸观火的猜谜游戏也不永远是脑筋急转弯——尤其是被窥视者突然闯进画面的前景，变成了主动的行动者的时候。

尽管“观看”者摔断了腿，他的生活由此丧失了明确的空间援指，“观看”终究是要面对一次真实的、危险的“行动”的。

在《金刚》的结尾，这种“行动”导致了严重得多的后果。而看客们七嘴八舌地讨论着是什么使得金刚不顾一切。有一位看客叫道：“（政府派来的）飞机逮住了它！”“不，”另外一个人说，“不是飞机——是美（女）害了它。”《金刚》中的自然之子和“技术”搏斗的结果，以前者在“美”的面前陨落而结束。而在某种意义上，《后窗》中男主人公对“电视墙”那边故事的好奇，也可以理解成对一种富于诱惑力、纷繁而无限的“美”的向往——在这里，“上”或“下”不再是一个问题，可是，交错眼光中的两难局面并没有结束——后果依然常常是灾难性的。

第三次看:《偷窥》—麦迪逊大街211号“寞庭”

“后窗”里看到的一切果真是真实的外部世界吗？当丽莎和杰弗瑞共同在后窗向外观望时，他们看到的其实是他们感情生活的对应物而不是截然的现实：那个孤独女人“寂寞芳心”可能象征着杰弗瑞的内心世界，而那个追求者云集却没有一个她真正爱的人的舞蹈女演员就是丽莎本人。正如我们所再三提到的那样，即使建立在真实世之上，“活动图画”却不再一定是对真实世界的图解，它更多地成了一种“心像”，或是“图画的图画”。

又是偷窥，偷窥的结果依然扣人心弦。只不过这一次，观看和行动、形象和空间、心理现实和物理现实之间的关系已经变得更加扑朔迷离。

《偷窥》（*Sliver*），是莎朗·斯通在《本能》（*Basic Instinct*）之外的又一出大戏。这次，她同样扮演着一个袒露自身的角色，只不过故事设定在一个既复杂又简单的空间情境之中——据说，剧中曼哈顿东38街113号那座既高且窄的“偷窥”大楼其实是麦迪逊大街211号“寞庭”（Morgan Court）。从外表看出去，这座红砖的“战前”公寓楼普普通通；但它的里面，却为每家每户装置了一套用于偷窥和控制的摄像系统，大楼的房东和管理员，一个平素里沉默寡言的年轻男人，在密室里观望着这些活色生香的真人秀。在这里，没有传统生活中的龃龉和家庭冲突，没有因为金钱和婚姻而起的凶杀案。如果不是女主人公碰巧撞破他的秘密的话，一切就仿佛没有发生过——除了难以察觉的针眼摄像头之外，物理空间几乎没有一丝缝隙——裂缝完全是从混乱的心灵世界开始的。

图15 “寞庭”据说是电影《偷窥》的空间原型。单元平面图。

在《后窗》里，眼与心间的罅隙已初现端倪。休养在家的摄影师主人公注视着楼对面的犯罪现场，尽管心中泛起一丝疑云却不能使别人信服，因为“眼见为实”。人们一般认为视觉知识是不会撒谎的——不管是他的女友，还是他们的侦探朋友都说：

（对面）“清楚毕露的五十扇窗户”怎么能够遮掩任何犯罪秘密呢？但是，在此，在格林尼治村的传统社区友好气氛后面，纽约大都市倔强地现出原形，摩天楼清晰阵列的窗格本身并不能说明什么。早期“芝加哥窗”（Chicago Frame）中“形式追随功能”的信条已经随着玻璃幕墙，随着装备新技术的自成一体的建筑表皮，随着“内”和“外”更新的关系一去不返。

早在90多年前，奥地利裔的弗里茨•朗拍摄了他的名作《大都市》（*Metropolis*）。《大都市》中臆造出的那个奴役众生的超级都市并未指明是纽约，可是它却像极了休•弗里斯（Hugh Ferriss）对于摩天楼的“研究”——重要的当然首先是“外表”和“内里”的脱节。渺小如蚁却彼此疏离的人们，身着同样单调的服装，带着同样木然的表情，和巨大建筑无生气的整一外表恰成映照；在此观众应该关心的，不仅仅是他们受制于极权的命运，而是单纯的物理感官已不能帮助人们洞察这座城市。在《大都会》中，这些迷宫般楼群的秘密，其实生长在一个单调呆板的逻辑上，但这秘密只

图16 马德隆•弗里森多普（Madelon Vriesendorp），《被俘获的星球之城》。

在编制大楼“程序”的控制器——那个叼着雪茄的“老板”——那里才转为清晰的影像，其他所有人都只是不可见欲望的牺牲品。[15]

这种可见和不可见之间的龃龉，本可以让《偷窥》延续或重写《大都市》关于“效率”与“控制”的寓言。所不同的是，《偷窥》里“看与被看”的关系更加错乱，使得“看”本身成为一种暧昧无力的行为——人们对这部电影的编导评论不佳，《纽约时报》认为这部电

[15] 弗里茨画中那种混淆、错乱的阴郁气氛本和《偷窥》如出一辙。有趣的是，原先摩天楼里阴影和光明之间的消长，不过描绘了商业利润和技术条件共同便利的现代生活：室内世界的人造光源使得黑暗底层的窗户无关紧要了，而大厦顶端的自然光成了人们斤斤计较的资本。如今，通过生动可感的统治—压迫故事的改写版，黑和白相错的复杂图底关系有了更深邃的文化含义，它揭示出的不是截然的对立，而是柯林·罗所揭示的“现象的透明性”。

图 17《大都会》之一幕。

17

影的人物塑造如同纸一般薄弱，针孔摄像机不过为窥视狂的传统主题提供了一个高科技的噱头而已。可是有意义的是莎朗•斯通饰演的女主人公对于被偷窥的反应，与这部电影偶然透露出的建筑学意义不谋而合——当她最终在男房东的密室中看到自己的春宫秀时：

> 斯通小姐盯着无数的显示器，脸上混合着震惊、惊奇和机智，这种表情通常只有脱口秀的主持人才有。她只是看了看录像，除此之外基本无动于衷。[16]

[16] Janet Maslin, "Peeping Tom's Guide To Modern Voyeurism," in *New York Times*, May 22, 1993.

更出格的是设下这出好戏的男主人公。现在，被捉个现行的偷窥者看上去既不感到理亏，也似乎并不害怕，而更像是完全被他的俘虏征服了。他喃喃地说："这是真实的生活……一出悲剧，一出喜剧，它使人伤心，又无从预料。"正像《纽约时报》所说的那样，偷窥和春宫秀本身都不再能让观众热血沸腾了，无论男主人公还是女主人公看上去都像是被大众媒体惯坏了的"电视懒虫"（couch potatoes）。他们目光冷淡，对什么样的惊人场面都懒洋洋地无动于衷。

1993 年的《偷窥》还没来得及见识互联网时代坐在屏幕上十几个程序"后窗"前的"电脑懒虫"。可是它已经或多或少地接触到了"后语言学转型"时代建筑师们的不安：偷窥者本是在黑暗之中的主宰，通过电脑运算器式的"程序"，在均匀阵列的摩天楼内部，他所居住的单元瞬时间成了空间重构的枢纽。可是，这种电力驱动的神话自身不堪一击，当他直面他偷窥的对象，这种君临一切的幻觉便烟消云散了。仅仅是这些欲望之中的一种可能，就已经彻底将他击垮。他不过是一个人，像大楼的设计师一样一个普普通通的人，那个膨胀了的全知全能的视觉不过是无比脆弱的幻象，它全系于"程序"的恩典。不管是云端里的柯布，还是无人认识的水管工，他们手中的图纸不过是"程序"赋予的可能之一种……

和《后窗》之中导演小心隐藏起来的照相机镜头不同，《偷窥》直率地把“看”推向前台，同时也断送了它；“看”超越了物理空间的桎梏，却使得往昔的视觉奇迹变得黯淡无光。作为拍摄现场，麦迪逊大街 211 号的“寞庭” 因此不再需要费力在好莱坞的摄影

图 18、图 19 电影《偷窥》剧照和海报。

棚之中搭建——正如男主人公所说的那样，显示器屏幕（显示器同时也是一堵墙！）就是生活本身。如同电影评论家所说，偷窥如今“成了美国人普及的娱乐”，你不必扒在别人卧室窗户上或是用望远镜偷窥夫妻做爱；偷窥具有的重要性在于你在观察一种此下的现

实，它们不是被编排出来的，而被偷窥的人们也完全意识不到自己正被偷窥着。换句话而言，人们上瘾的原因在于，通过这种方便而又不承担风险的窥视，“一个人可能越来越沉溺于别人的，而不是自己的生活”。现实和虚拟之间不再有断然的界限。[17]

[17] See James Berardinelli, *Reelviews*, 2008.

模糊的时刻

在以上三部电影中我们看到了“如是我闻”的纽约，可是，在现实中的纽约，某时、某地，是否果真有某人验证着我（他/她）们的眼光？真正在社会学意义上见证“三看纽约”，证实它不纯然是种修辞游戏而是真实的担当，需要搜寻这篇文字所不能承担的证据。可是，没有人会不同意，如同“文起八代之衰”的今古文之争一样，所有貌似“惊人”的正当理论读解后面都隐喻着一种新的社会情境，在这种意义上我们本没有必要分别“再现”和它们所再现的“原型”：

> 从来都没有什么东西叫作城市。城市不过是某种空间的表征，这个空间产生于一系列东西的相互作用，这些相互发生关系的东西包括历史的和地理的专门机制，生产与再生产的社会关系，政府的操作与实践，交往的媒体和形式，等等。把这么一种多样性笼统称为“城市”，我们意味了一种统一的稳定的东西，在这个意义上，城市首先是一种再现……我得说，城市构成了一种想象性的环境。[18]

[18] J. Donald, “Metropolis: the City as text,” in R. Bocock and K Thompson, *Social and Cultural Forms of Modernity*, Polity, 1992. 如本迪尼克特•安德森所说的，“想象的共同体”。

本来，这种“统一的、稳定的”“想象性的环境”似乎不需要一再审视。可是，在纽约这个例子里我们遇到了挑战，走近乃至走进纽约，而不只是在大银幕或电视机前打量它，我们不得不更审慎地使用“再现”这个词——在人与城市的交互中，视知觉指向的并不是一种毫不沾染的、稳定的“白板图像”，而是一个既被空间构造也被社会交往限止的行动程序。由此，在关于城市的建筑再现中，“改变了我们观看街道的方式的那些东西比看一幅画的方式要来得重要”[19]。

[19] 这是宣称图像创造并协调了一种“奇观社会”的居伊·德波（Guy Debord）的名言。他认为这种奇观远大于心理现象，是在资本主义社会中抵达高潮的一种有组织行为的后果。

这种挑战来自纽约城市自身，在于它自身隐含的种种矛盾，地缘的、技术的、审美的、社会的龃龉，它们在这座城市的生涯伊始就已隐约可见。例如，因为它自身是一座岛屿，对于那些与它拉开距离的观察者，曼哈顿现身为一种遥远的风景——你需要离开得足够远，透视会基本消失——隔着宽阔的大河和墓地，这种风景无由渐进地进入和体验；同时，如果你一旦到达曼哈顿，深谷一般的街道便剥夺了一切开敞的视觉经验，这些街道大多是彼此正交的，似乎秩序井然，可它们没有一个有意义的前景，剩下的只有运动。运动——在运动之中无法生成坚实的、明晰的围合和呈现层级的组织与秩序，一切只剩下零落的、碎片化的空间段落。在这些段落中，人的知觉是暧昧的，或者说是无从把握的。[20]

[20] 有三个最佳的观赏纽约天际线的角度：在它的西侧，比如从新港（New Port）的高层公寓上隔着哈得逊河望过去，垂暮之时灯火璀璨的下曼哈顿就像是一艘泰坦尼克号；那些搭乘过唐人街去波士顿的廉价巴士的旅客，他们都会熟悉这城市从东边看去狭长的天际线，隔着皇后区一片开阔的公墓，那死人世界后的曼哈顿看上去格外肃穆；或者，从南渡（South Ferry）坐轮渡去斯塔腾岛，在轮船离开船坞后，你会同时看见自由女神像和下城的尖端，后者宛如巨轮划开水面的舷首。

纽约的特别之处正在于这种迷失与秩序间的悖反。尽管没有为人的尺度上的再现做出任何风格的前设，这座城市平面上“瞬间把握的未来”却有一个无比清晰的逻辑，“所知”因此补益了“所见”。作为“想象性共同体”的一个国家、民族、政府不易历历在目，但是中间尺度，具体而微的曼哈顿明信片图景，使你觉得“它就在那里”。和第一次登上珠峰的英国人希拉里所说的一样，这座城市为人民所熟知的天际线给人一种富于欺骗性的形象，它在那里，历历可见，并几乎混同于建筑设计之中的城市“立面”，它引诱着你的物理感官去征服与遍历。在垂直方向，摩天楼顶层的瞭望台重复并加深了这种幻觉；另一方面，这座人造城市的内在形象，从来都只取自于自我审视，而缺乏适当的比照之物——在这里，在古典艺术之中向来作为一切人事背景的风景，也最终消失了。人造世界完完全全取代了自然，摩天楼组成起伏的群山，高架桥梁代替了窄巷之中的石桥，大道上的车流便是汹涌的河水，从高楼上你无从知道它们的真实尺度……这座城市的再现因此被一分为二，又互相混杂：在清晰的形象涌现之时往往排除“行动”，而人的尺度上几乎没有秩序可言。每一次不同的视觉经验虽然看似繁复，却实在没什么道理好讲，只是一个简单逻辑的重组和偶发。

电影和纽约的联系在此浮现：无论是“看进去”（see through）还是“看清楚”（see clearly），西方传统中既有的那种对于稳定的、清晰的视觉知识的信心在此竟无法适用。[21] 对于纽约而言，“现实”永远和它的假象或障眼物同时出现，相得益彰。“活动图画”一方面具有摄影影像的所有自然主义细节，一方面这“图画的图画”却意味着摆布和幻视，甚至张冠李戴——纽约是美国电影的诞生地，但是，令我们最终大吃一惊的是，某些电影中的纽约和纽约竟然毫无关系！1933 年版《金刚》和《后窗》的摄制却都在洛杉矶完成。彼时，洛杉矶的地位完全不能和纽约相提并论。但是，作为纽约的“他乡”（heterotopia）（米歇尔·福柯），没有洛杉矶，或者说，没有电影，纽约就无从圆满；并且，最终有这么一天，电影中的纽约又回到了这座城市，成为《偷窥》之中一座普普通通的建筑，并无需任何布景——在此，物理现实和城市再现混融无间。

[21] 更多的现代学者试图修正这种力图“清晰”的视觉秩序，这开启了一种新的认识可见世界和人的心理活动间不对称关系的方向。如同潘诺夫斯基观察到的那样，古典时期的希腊神庙的陶立克柱式并非直上直下，其排列也不是完美的等距。这种隐含的弧线和有意的误差恰恰是人眼视觉中“圆满”的来源。

章节页图 蓝图初展，1880 年的曼哈顿中城。

Figure 2-5. McCaw, Stevenson & Orr Window Decoration, 1890. (Bodleian Library. Reprinted by permission.)

如画

建筑设计教育中的再现与沟通[1]

投影与再现

在建筑绘画中最核心的问题是“投影”和“再现”的区分[2]，斯坦•艾伦（Stan Allen）引述法国画家莫里斯•德•弗拉曼克（Maurice de Vlaminck）和19世纪著名建筑师辛克尔（Karl F. Schinkel）的两幅同题画作，试图证明建筑意义上的图绘表现和绘画的不同：在德•弗拉曼克的作品中，女主人公Diboutades点起一盏灯，试图把她马上就要离别的爱人的阴影描摹在墙壁上；辛克尔的画作描绘的室外场景虽然也同样关于阴影的投射和摹写，但是艾伦指出后者的作品中显现出他作为建筑师的不同寓意，因为“在建筑中没有先在的对象可以用于模仿：没有一个（像德•弗拉曼克的画中那样）投射阴影的人”[3]。在绘画中，是人的意图决定了投射的发生，然后绘画被置于建构的表面上，成为建筑承载的一部分；而建筑的情形正好相反，有没有人投影似乎都已经存在，另一方面，在自然之中建筑尚未存在也不太可能自动发生，留在石头上的线条涂绘成为人工世界的唯一起点。

[1] 英语中大写的“如画”（Picturesque）意味着一种和克劳德•洛兰等艺术家联系在一起的特别的绘画风格，简单地说来，一种参差错落而宜人的自然风景，后来也被指代为那些“像画家一样构图”的建筑风格。和这种绘画风格相系的当代建筑学中的“如画”含义有所不同，参见H. W. Jason, *History of Art*, Prentice-Hall, pp. 759-761, 785，以及本节第三部分的讨论。

[2] Stan Allen, *Practice: Architecture Techinique + Representation*, Routledge, 2009, pp. 4-7.

[3] Idid, p. 4.

图 1、图 2 法国画家德·弗拉曼克（图 1）和 19 世纪著名建筑师辛克尔（图 2）的两幅同题画作《绘画的起源》。

传统的建筑理论把建筑和绘画混淆一谈是不合适的，但仅仅指出这一点并不是当代西方建筑理论家最关切的问题。强调建筑与绘画的区别更不是要把绘画从建筑中驱逐出去，恰恰相反，是为了恢复绘画对于建筑的重要作用。[4] 他们的用意或许可以概括为两方面：其一是强调建筑设计的物质性之外的东西，如罗宾•伊万斯（Robin Evans）所言，“建筑师并不直接制造建筑，他们只是制作图像”，建筑师通过摆布图纸来间接地达到影响物理世界的目的，因此建筑图对于建筑设计的意义是不言而喻的；其二，在这个意义上重要的“建筑图”并不仅仅是和建造关系紧密的工程图纸，也可以是信笔由缰的创作草图，它们看上去截然不同，但是二者都受到对于客观世界的某种先在理解的限定，甚至貌似精密中性的轴测图也对建筑设计的走向有着特定的制约作用。[5]

[4] 历史地来看，建筑画不一定是建筑设计实践中必须依靠的东西，参见本节注 31。

[5] 建筑图一方面独立于建造过程之外，另外一方面对于现实的改变又有着积极的影响。这两者听起来似乎自相矛盾，但是却再次肯定了建筑的“非再现性”。建筑图作为一种特殊的空间图绘，虽然并非具象，却对于具象的产生和构成产生自主的意义，这恰恰有助于艺术史家理解再现性绘画并非表达我们与世界关系的唯一可能。

同样的问题在中国也引起了研究者的注意。比如，吴葱将第二个问题里的泛科学主义的建筑图绘观称为“泛投影化”，他的著作题为《在投影之外》，意味着建筑中“制图”的含义可以有着更广阔的外延。[6] 他所概括的投影“之外”的研究领域可以包括：1）视觉再现的心理学基础（虽然缘起于一般的艺术史问题，实际侧重于空间二、三维的转换）；2）建筑制图的发展史，外及地图、工程技术图解、科学图解，等等；3）对于各种再现法的特征研究，以及其中文化惯例带来的影响，比如中国的“飞鸟法”和西方透视图的区别；4）再现法和建筑的互动关系，强调再现对于现实的反作用；5）计算机图学给建筑图和建筑所带来的影响；6）（建筑设计中的）图示思维与交流。

[6] 吴葱：《在投影之外》，天津大学出版社，2004 年，第 12 页。

统合艺术史和建筑业中与图绘相关的各种问题无疑极大地扩大了我们的讨论范围，同时也带来了可能的混淆和困境。首先，意寓客观的“机制”和社会性的“交流”，强制执行的“规范”和主观意愿先行的“实践”，都属于不同性质的问题。在综论的层面上，固然可以在一定程度上解释一种图绘方式产生的原因，但是这种一味穷究“本质”的思考却常常无法真正影响实践和创作。

讨论建筑再现最好的办法还是回到一般性的教学实际问题上来：1）国内建筑教育普遍缺乏深度阅读和专题阅读的条件，对于特定图绘方式产生的背景最终只能是人云亦云，尤其是西方建筑学并没有形成针对中国传统的特别分析手段和形式理论，现代中国建筑师用西方工具模拟的图绘方式，对于恢复特定图绘传统所包容的思维方式的作用是相当有限的，更有甚者，由于无法进一步再现类似的实践传统与历史语境的关系，这种“旧瓶装新酒”的操作常常流于表面化[7]；2）建筑学不仅仅是对于抽象观念或“本质”的表达，无论对建筑图在建筑实践中的意义的评价高低，设计始终要基于某种输入—输出模式，建筑图和建筑本身只是一种媒介，这是建筑行业区别于其他理论学科的根本特点[8]。既然有着“输入—输出”的开放互动，“推荐”的图绘方式就要有机会在与其他手段和方法的比较中得到检验。

[7] 例如样式雷地盘画样的实际使用场合和《营造法式》的政治意义，参见本节注13。另外，偏重建筑史的建筑图绘研究更适宜于研究生教学，对于一般建筑师的养成训练似乎没有太大的意义。

[8] 参见本节注19。

长期以来，以上的问题导致了我们的建筑教育摇摆于两个极端之间。一种常见的问题是大量技术“规范”被混同为建筑设计的指导，脱离实际的历史惯例成为当代实践的拘束衣，另外一种危险性则是“创造力”的神话。在这种情形下，一种舶来的或生造的理论所产生的危害并不在于它的正确性与否，而在于其对具体个案的适应性（adaptability）。对大多数教育的受众而言，其负面作用不仅是这种理论是否可以帮助他们产生出原创性的作品，最大的陷阱是他们普遍认为建筑设计是由“内”而“外”萌发，或是不同精神领域间的交集就可以组合催生的。[9] 这样建筑设计的形式教育就真正变成了闭门造车。

[9] 两种常见的倾向是：“内”常常和文人文化“中得心源”的理论相联系（同时视“造化”所代表的“外”是另一种文化抽象而非真正的现实），或者，“内”被归为纯粹制作层面的问题，比如一种视觉心理构造的透明性（对柯林•罗（Colin Rowe）的一定程度的误读）所导向的“深处”。

归根结底，建筑领域涉及的图绘形式固然不同于艺术中的主观

“表现”，它却也不是纯然客观的。投影与再现的区分在于，前者把设计作为科学，而后者却反映建筑作为一种实践活动的行业特点。

再现手段和再现目的

建筑图像重新受到当代人的重视，无疑与当代建筑业的生产方式有关，特别是公共协商客户谈判对媒体的依赖，建筑业内部不同分工的特点决定了建筑图像的有用性。但是值得指出是，“建筑图”和惟妙惟肖的“建筑图像”是大小不同的概念，建筑性的再现与客观现实本身有重叠的可能性，比如，一部分“立面”图看上去恰如建筑实际中的样子[10]。但是，更重要的是，建筑图是对空间特征的某种显现，或者，用一个更准确的名词，“建筑性的再现”（architectural representation）。和一般绘画不同，这里“再现”的不是表面的相似性[11]，依靠视觉，心理的类似或同构，它们再现的是空间赖以组织自身呈现意义的逻辑和结构。从这种意义上来说，典型的“立面”不仅仅是对于建筑体在竖直方向的投影，也关乎它建造的逻辑和预定的观览方式，这种再现对于传达承重墙体系、直上直下的西方建筑比较理想，而对于框架结构、出檐很深的中国建筑的适用性就比较差。[12]

这里说的“建筑性的再现”不一定依赖于纸上的建筑图。首先它可以是实际空间的本身，例如“移天缩地在君怀”的圆明园就是帝国版图的某种图解；其次，当代的计算机数字技术更打破了纸介建筑图和实体模型的界限；即使对于另一类更传统的直接呈现事实

[10] 实际只有在无穷远处才能获取和“立面”相等的建筑投影。

[11] 方琼：《从形似到神似》，《建筑师》，1991 年总第 74 期，第 90 页。并参见 Robert Nelson, *Critical Terms for Art History*, University of Chicago Press, 2003; Fang Qiong, “From Resemblance to Resonance,” *Jianzhushi*, n. 74, pp. 90。

[12] 详见赵辰：《立面的误会》，《读书》，2007 年第 2 期。详见本节注 28。

的“建筑图”，也即建筑事物的再现（representation of architectural/architectonic subjects），例如表现建筑的敦煌壁画、通俗建筑插图、建筑功能图解、解释建筑意图的设计草图、用于工程建设的建筑制图、面对客户的汇报文件、宣传影片等，也不可一概而论。将它们区别于一般的建筑图像的标志，是它们是否可以更好地帮助人们理解实际的空间经验，最终接近“建筑性的再现”。进一步做区别我们可以看看两个例子：附着在建筑结构上随着空间展开的建筑图像是“图像的建筑”，比如文艺复兴绘画中发展出的祭坛画等，本身就是一种有意义的建筑构造；相反，一幅弗兰克·盖里的设计草图，纸张轻薄，形象不类似于任何实际事物，使得人们几乎忽略其物质性而注目于线条构成的意义，使得这样的建筑图近似于某种符号，或可称为“元图像”（metapicture），一种心理抽象的外化。

图 3 波兰旧都克拉科夫（Krakow）圣母教堂内收藏的世界上最大的哥特风格祭坛画，由德国雕刻家维特·施托斯（Veit Stoss）完成于15世纪。

图 4 Frank Gehry, 8 Spruce Street Design, sketch and volume study, New York，2007.

艺术史个案的具体研究揭示了这些图像的产生自有其“情境逻辑”，单纯讨论它们表达了空间自身什么样的“意义”反而是没有意义的。除了前面提到的建造逻辑和预定的观览方式之外，我们时常忽略的是再现手段和再现目的互相依存的关系。例如，当代建筑理论家常感兴趣并进行研究的古代制图术，人们在讨论其“科学性”和准确性之外，不能忘记这些图示通常都是制作出来服务特定需要的。除了为我们熟知的《营造法式》、郑和航海图的例子[13]，还有英国军队在印度殖民地战争中使用的三角形测量法，它对景观的测绘适应于人和土地的不同寻常的关系[14]。对于这些鲜明特色的表现法，我们并不是不可以对其进行借鉴和借用，前提是我们可以在一定程度上知晓当时社会心理和物理条件的构造，并且借此判断当代的感性是否和彼时有可以呼应的地方。更重要的是，我们借鉴和借用的不仅仅是形式本身，而是整套形式构造的来源、逻辑和用途——在这个意义上的“建筑制图法”因此变得无比重要了。

在1949年以来的大环境中，建筑师和建筑教育者相当一段时间内讳言形式的意义，因此也不大讨论形式在设计中的作用，往往只是隐晦地暗示“形式”其实和“功能”并不矛盾，也并非一定是“形式追随功能”。梁思成先生曾经谈过，设计首先是用草图的形式将设计方案表达出来，如同绘画的创作一样，设计人必须“意在笔先”。

[13] 同时期的欧洲地图使用投影法描绘陆地之间、海港之间的绝对位置。而《郑和航海图》全图没有统一方位，大多以海岸线来确定航行的相对方位，并呈线性排列。关于营造方式的使用性质的讨论参见 Li Shiqiao, “Reconstructing Chinese Building Tradition,” in *Journal of Society of Architectural History*, 62:4, December 2003。

[14] 参见 Anuradha Mathur and Dilip Da Cunha, *Deccan Traverses: The Making of Bangalore's Terrain*, Rupa, 2006。

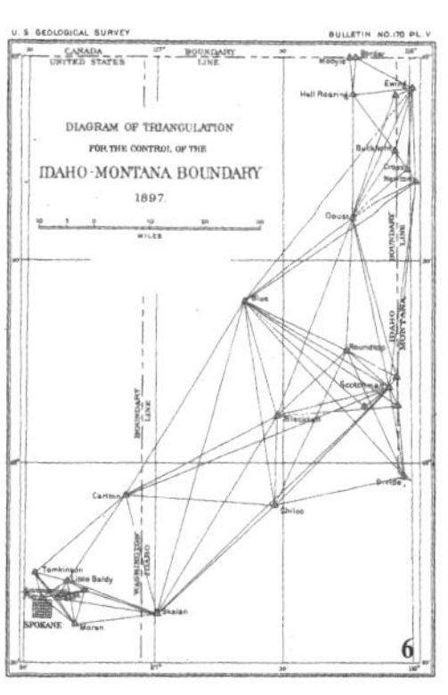

图5、图6 1784年，达瑞伯（Alexander Dalrymple）建议沿着印度次大陆的东海岸进行一次三角形测量。托普林（Michael Toppling）于1791年担任海军测量官之后，开始执行他的建议。有了这种简单有效的测量方法（图5），在整个19世纪，人类得以逐步测量所有已知的世界土地。到了1900年，美国地质测量局（USGS）仍在使用这种方法测量美国的国土（图6）。

但这个“意”不像画家的“意”那样只是一种意境和构图的构思（对不起，画家同志们，我有点简单化了！），而需要有充分的具体资料和科学根据。他必须先做大量的调查研究，而且还要“体验生活”……他的立意必须受到自然条件，各种材料技术条件，城市（或乡村）环境，人力、财力、物力以及国家和地方的各种方针、政策、规范、定额、指标等等的限制。[15]

[15] 梁思成：《拙匠随笔》，中国建筑工业出版社，1991年，第6页。

建筑师“立意”的第一步就是掌握和梳理这些情况，“统一它们之间的矛盾”，从而建立起一种建筑功能的初步程序（program）。但是梁先生没有明白地交代的是，这种程序在没有被草图形象化之前是无法促进设计的，他只是间接地提道：

一位建筑师是不会忘记他也是一位艺术家的“双重身份”的。在全面综合考虑并解决适用、坚固、经济、美观问题的同时，当前三个问题得到圆满解决的初步方案的时候，美观的问题，主要是建筑物的总的轮廓、姿态等问题，也应该基本上得到基本解决。[16]

[16] 同上书，第8—9页。

他说到的“美观”并不是一个美术或者肉眼所见的问题，而是一个建筑学问题，因为“一座建筑物的美观问题不仅在它的总轮廓，还有各部分和构件的权衡”。同时，他也承认“这三个问题（适用、坚固、美观）不是应该分别各个孤立地考虑解决的，而是应该从一开始就综合考虑的”——这恰恰是“美观”或“造形”在建筑创作中发生意义的地方（立意）。然而，针对以上他所说的要点，梁思成先生也不得不审慎地声明说：“同时也必须明确，适用和坚固、经济的问题是主要的，而美观是从属的、派生的。”[17]

[17] 同上书，第9、4页。

我们的讨论引用上述文字的目的不是为了说明梁思成先生观点的偏颇[18]，而是为了指明这样一种事实，那就是长期以来的建筑实践和教育存在着一种巨大的惯性，使得实用主义在对于建筑再现

[18] 参见本节注32。

的理解上占了绝对上风，后者要么是一种中性的被动的工具，要么是一种附加的“从属的”属性。20 世纪 80 年代以来在中国迟到的现代主义并没有解决这个问题，而是进一步将建筑再现的美学特征和它的工具性强行分离开来。在大多数教科书中建筑是一种“实用的艺术”，但是如果建筑学需要取得和艺术（美术）、实用（工程）同等的学术地位，它就不能不面对建筑创作其实不是单纯的艺术。因为如同篇首我们所论证的那样，建筑创作的起点不是（至少不完全是）人的主观情感。但建筑创作也不是严格意义上的科学思维，因为科学中的理论和原则是可以被证伪的。归根结底建筑创作是一种实践活动。[19]

[19] 艾伦在 *Practice: Architecture Technique + Representation* 一书的引言中引用戴夫・希克（Dave Hickey）的话言简意赅地说明建筑是一种实践活动的理由，那就是：“科学的建构寻求的是普遍适用的法则，而图像和建筑只需在它们所在的情境中成立就可以了。”参见 Stan Allen, *Practice: Architecture Technique + Representation*, p. XI。

“如画”的建筑

“如画”是笔者生造并在特定语境下使用的一个概念，主要用来说明在中国建筑基础教育中存在的对于建筑再现训练的态度，和欧洲 18 世纪浪漫主义者所称的“如画”有所区别；但是，这两者也不是毫无关系，它们之间的最大联系，是牵涉到在输入—输出模式下解释建筑作为一种非再现艺术的特点，并牵涉到这种前提下再现和原型的某种特殊依存关系。

欧洲浪漫主义时期兴起的“如画”思想牵涉到主客体之间互相生发的关系：首先，“自然”陶冶和孕育着人的感性；与此同时，它也反映了人的理智将“自然”驯服并重新呈现的需要，如同马尔康姆・安德鲁斯（Malcolm Andrews）所说的那样，当时的旅游者热衷于寻幽探奇，将野外风景“捕捉”回来并“固定”在相框里，当成某种战利品出售或是悬挂。[20] 理论家杰姆斯・考勒（James

[20] Glenn Hooper, “The Isles/Ireland,” in Peter Hulme and Tim Youngs (ed.), *The Cambridge Companion to Travel Writing*, Cambridge University Press, 2002, p. 176.

Corner）在另一处议论说，这种欧洲人所说的风景（landscape）其实是并没有古希腊哲学家西塞罗所说的“第一自然”“第二自然”的区分的，事实上，作为文化构造的landscape并不仅仅是朴茂的土地（land），一片郊野风光只有当在人的笔下呈现时才能有意义——按照这个逻辑，“如画”并非是先有画，然后再有比拟和取似的行动[21]，在“如画”的现象中同时出现的是被文化过滤了的自然，以及人对自然的体认，在这个过程中“再现”和“原型”频繁互相参照，最终难分彼此。

建筑学中引申谈开去的“如画”的要点也正在于此。“如画”的建筑经验所援引的不是某一幅具体的画作，而是某种活跃却不确定的体认机制，它反映了运动中的个体对于大尺度内的整体文脉的不断感受；建造环境永远是外在的，所以人和建造环境的关系是以少对多，以小见大，在片段中的“自然”的再现有致，是人的理性的某种反映，然而由这些片段所组成的总体的“如画”经验却是捉摸不定的。[22] 因此，“如画”和严整的古典主义理性本质上是有所冲突的：一方面这种“临场感”导致一种“生机勃勃的，栩栩如生”的近乎理想的现实；另一方面，这种体验的前提又是极为个人化的，很难获取一种普遍可识并且宏观控制的模式。在凯文·林奇著名的《城市意象》中隐约地反映了这种两难：理性主义和科学主义的视角，决定了林奇笔下有截然不同的“好的”和“坏的”城市意象。他系统地解释了这种意象的可能来源，但是，他提出的解决方案又似乎是矛盾的。城市对一个人来说便于“识途”(way-finding)，需要本质上是理性预设的认知结构；但同时这种结构也是非常个人化的，恰恰因为地点、文化、居民的不同才能呈现出自己的特色，因其丰富性而有趣，因有趣才易于识别，和林奇试图达到的清晰的一般性原则正好相互龃龉。

中国建筑院校基础教育中的“如画”现象情境有所不同但实质

[21] 20世纪六七十年代的科学哲学影响下的艺术史家如E. H. 贡布里希认为制作先于匹配，“心像”（prior image）是不可能事先存在的。同时是设计师的考勒则倾向于把这种文化史中的风土（landschaft）和景观（landskip）区别开来，这样他就避免了同时讨论那些在不同的社会情境下逐渐为社会历史选择成型的空间，和作为更积极的文化景观的塑造。然而，与此同时，在他看来“风土”之中其实蕴含着一种更为深入的“体像”（eidetic）机制，这种机制如果不是文明人与生俱来的，至少也是和“风土”的形成密不可分的。参见James Corner, “Eidetic Operations and New Landscape,” James Corner (ed.), *Recovering Landscape: Essays in Contemporary Landscape Architecture*, Princeton Architecture Press, 1999, pp. 153-155。

[22] 例如著名的大地艺术家史密森便一直致力于重新阐释当代都市中的“如画”，他的例证是奥姆斯特德的名作中央公园。史密森著文讨论了作为文明弃地的曼哈顿如何在奥姆斯特德手中凸现了“人”的经验和意志。在他看来，引入了时间因素的“如画”经验并不是一种慵怠的旧美学，相反，它是“物理区域之中持久的一种（文明）进程”。他饶有兴味地观察着这种文明进程，描述着它给自然留下的并不悦目的印记。在此处，史密森发现的不是“崇高”或“美”，而是自然和文明复杂的互相作用。这种新的“如画”经验使他得出结论：大地艺术的最佳场所恰恰“是那些为工业化、紧锣密鼓的都市进程，或是自然自身的巨变所侵扰的地方”。

接近，在校学生普遍对于建筑实践的复杂性缺乏认识，但却对作为设计手段引入的建筑再现普遍显示出异常的兴趣。从 50 年代的苏式教育开始，甚至从更早的西方学院式教育开始，人们普遍认为低年级的美术训练是高年级建筑设计的“基础”，在这样的训练下培养出的学生的写实功底通常是非常扎实的[23]。但这种再现的目的通常和建筑设计的实际目的有背离的趋势，比如喧嚣杂乱的闹市通常被过滤成宁静优美的构图，在“采风”的写生现场和实习基地，学生们看到的不是值得记录的多样化的建筑问题，而是被规范化理想化了的“标准情境”，连表现技法和图绘风格也趋于一致——矛盾的是，这种似乎千篇一律的“标准情境”却成为学生寄托个人感性的寻常途径；80 年代现代主义渗入中国之后，建筑再现的“拟现实主义”标准有所削弱，抽象造型的构成又成为学生们所青睐的创作“基准”。

[23] 学院教育的写实主义风格并不是真正的现实主义，或许可以称为“拟现实主义”。参见 Xing Ruan, “Accidental affinities: American Beauxx-arts in twentieth-century Chinese architectural education and practice,” in *Journal of the Society of Architectural Historians*, 2002 Mar., v.61, n.1, pp. 30-47。

90 年代中期， 随着建筑设计教育的多元化，出现了“不可画建筑”对于传统建筑图绘观念的挑战，它强烈地质疑静态的建筑图绘如何才能反映变动中的建筑经验。例如，张永和写道：“线性透视的前提是时空分离。然而时间空间在人的经验中并不可分。因此线性透视仍是概念性的。”作者随之通过美国人费慰梅（Wilma Fairbanks）著《梁与林》一书中记述的当年梁思成一行抵达应县时的生动情景，来说出他对建筑再现和建筑创作关系，或“画”和“空间”的再认识：

当时天色已晚，营造学社的建筑师们透过暮霭遥遥看到的拔地而起的佛宫寺释迦塔是一巨大的剪影。如果记载无误，那么他们对木塔的第一个感性认识不是它的空间，而是它的形象，平面化了的形象。暮霭消解了进深感。这个原始印象后来应在建筑师绘制的应县木塔的立面图中短暂地再现：制图使用西洋古典水彩画法，淡淡的颜色层层渲染，只有经过如那原始印象

[24] 张永和：《坠入空间——寻找不可画的建筑》，《作文本》，生活·读书·新知三联书店，2005年，第106—108页。

[25] 类比于这种"被消解了的空间"，张文篇首详细介绍了詹姆斯·特瑞尔（James Turrell）的作品，与特瑞尔作品意向相近的还有意大利艺术家劳雷塔·文森亚雷利（Lauretta Vinciarelli），他们的作品然而都是在西方艺术传统规范的视觉基础上进行的消解，和中国艺术中所"坠入"的空间在社会情境上是有所区别的。具体的表现是两位艺术家的"消解"前提是事先确认一个由笛卡尔空间系强烈暗示的视（幻）觉成像，然后走向它的反面，这一步在中国园林的传统中却是不存在的。

[26] 作者在该文的结束也写道，"建筑师所要超越的不是绘画而是绘画定义的建筑"，参见张永和：《作文本》，第113页。

的朦胧才能达到最终的清晰。[24]

事实上，"不可画建筑"同样不是简单地否定绘画的作用。如同凯文·林奇对于城市意象的看法一样，这里不过是显现了个人化的建筑再现和实际空间的有趣差异：一方面，梁林在没有进入木塔之前从远处看到的"平面化了的形象"消解了进深感，带来了空间的错解和迷失；另外一方面，作者似乎也在暗示着这种二维化了的空间，或是"如画"的建筑，也有自己的迷人之处，或者，至少这是一种成功的中国经验，它和木塔内部空间的品质其实是并不矛盾的。[25] 我们看到作者接下来谈道，就形象和空间的关系而言，相形之下西方古典建筑绘画只会错表建筑平面（应该是立面，作者注）和建筑形象（或他说的"二维建筑"）与包容于其中的空间的关系，用作者的原话来说，"建筑画无力表达画的建筑"[26]。

"画的建筑"或"如画的建筑"是建筑空间的实际感知和立面、平面这些注重于"建筑事实"的图绘混融之后的产物，是建筑空间本身构成的建筑再现，它带来的是建筑在人的感性中的呈现，而侧重于"科学""客观"投影的"建筑事实"表达的更多的是建构的逻辑、结构和理性。过去中国的建筑教育认为，强调建筑再现中的"美观"是"从属"对"主要"的干扰，会造成空间营造和功能表达之间的沟壑，但是如果人们看到"如画"实际上也可以在这两者架起沟通的桥梁，也许就会改变之前的看法。在这个意义上梁林的旅途富有象征意义，特别是他们行程本身的安排是全面丰富的，不只是测绘和带回这些古老木构的数据和形象。他们通过游记、绘画和历史书写完成的是现代建筑师对于古老营造传统全面的再认识。[27] 这一点也体现在测绘前后截然不同的表现和记录手段上，换而言之，"如画"的应县木塔初印象后，还有梁林对于古建筑立体、完整的体验，这里面有务求准确的分析，也有不经意的错解。[28]

[27] 在梁思成先生看来，完整的建筑图绘至少应该包括以下这些方面："……在设计推敲的过程中，建筑师往往用许多外景、内部、全貌、局部、细节的立面图或透视图，素描或者着色，或用模型，作为自己研究推敲，或者向他的业主说明他的设计意图的手段。"梁思成：《拙匠随笔》，第9页。

图 7、图 8 应县木塔在 20 世纪 30 年代的摄影照片（图 7）以及营造学社测绘后的渲染图（图 8）。

[28] 赵辰认为中国建筑中不存在西方建筑学意义的“立面”。按照他的观点，中西方建筑立面在概念上的差异，是来自这两种文化中的建筑物在空间导向方面的不同，西方定义的“façade”准确地应该是“来自主要面对人流方向的建筑物之立面”，应该翻译成“主立面”；西方古典建筑中的主立面是“发展自其建筑传统中的山墙，在后来的发展中又强调了其垂直面的造型问题；而中国建筑中以屋檐面作为建筑物主要面对人流方向之立面的传统，其屋檐之下的墙面完全被屋顶的斜面和出檐所压抑，全然不可能发展出‘façade’这种东西”。笔者认为，梁林对于应县木塔的立面测绘确实是中国传统中未见的东西——中国古代的此类再现将会画出建筑的多个面，这种再现法也确实能够更周到地反映木塔这种特殊建筑的特点。但是建筑构造或造型本身方面的因素恐怕并不是“façade”这个词的要义：两种体系犹如两种语言，其中一种的结构性成分在另一种中可能付之阙如完全不奇怪；但其实个中奥秘并不深晦，façade 的辞源就是“脸面”，可见任何的方位确认都是和“身体”的先在观念比拟有关的。由于社会结构的不同，中西建筑所界定之“体”的范围和表现方式并不一样，西方单体建筑的“脸面”在中国建筑中是院落的大门，后者的结构显然更着重前后和包容的关系而不是 façade 所强调的形象。

那么，在中国建筑教育实际中“如画”的偏颇源自哪儿呢？首先，毫无疑问建筑再现毕竟基于一种输入—输出模式。意识到这两极之间不可避免的差异，意识到再现本身并非“客观”，并不意味着使得二者完全脱离。要使建筑再现贴近现实的诉求，同时又不至于片面和僵化，就必须把建筑再现看作变化中的交流“媒介”而不是唯一的创作“工具”，两者的区别在于前者的社会性。我们在篇首谈到，建筑图绘和绘画的差异正是在于建筑图绘没有固定的原型，所以这里对于“如画”的正确理解应该是中国文学术语中所说的起“兴”的机制，一种输入—输出或刺激—反应的触发机制而非终极目的；再现和原型之间建立起的联系不完全系于静止的形似，相反，它寻求一种更动态全面的方式唤起对于建筑的体认，绘画在意的是大写的“作品”，而建筑图绘着重的是输入—输出的训练——正如德•弗拉曼克的画中，Diboutades 的墙上留影实质上是在墙上留住爱人的形象作为他本人唯一的替代品，而辛克尔画作中日光下人群中的即兴摹写却随时随地都可以发生。

从理想到现实

对于这样的“如画”期求，适宜的再现手段变得极为重要，然而比较遗憾的是，无论在工具还是方法上，中国建筑专业目前的基础训练并没有很好地适应如此的目的。

举例来说，钢笔画是中国建筑专业学生极为青睐的一种表现形式。欧洲人不迟于17世纪晚期已经发明了可以贮存墨水的鹅毛笔[29]，这为旅行记录提供了极大方便；在西方殖民者早期征服的过程中，为保存相对稳定的图面和精确细致的图绘风格，带有锐利笔尖的墨水笔提供了准确可靠地记录旅途所见的可能。在摄影术发明之前，它实际上起到了摄影的作用，而对安德鲁斯所说的将野外风景“捕捉”回来并“固定”在艺术品的过程，这种速写（sketch）只是一个过程而并非结果。在我国的钢笔画训练中，这种为了在旅行中可以用有限的工具迅速捕捉物象特征形成的笔法（mark）却成了静态建筑图绘中的重点。再如马克笔在建筑制图中的使用。马克笔得名于“记号”（mark），由于渲染效果鲜明均匀，成为制作效果图的首选。即使在计算机制图大规模使用之后，很多学生依然以手工图绘可以接近机器渲染（或早期的喷笔渲染）的效果为乐事，类似于早年建筑制图花费大量时间使用绘图铅笔绘制均匀整齐的线型。以上无疑是将“制作”和“设计”混淆在了一起，把工具和其使用目的的关系颠倒了过来，虽然对于培养造型的敏感性不无益处，但是对于建筑设计训练自身却事倍功半。

[29] Hester Dorsey Richardson, “The Fountain Pen in the Time of Charles II,” Chapter XLVII in *Side-lights on Maryland History, with Sketches of Early Maryland Families*, Williams & Wilkins Co., 1913, pp. 216-217.

显然，“如画”的中国现象首先有个很现实的成本问题。在相当长的时间内，大多数院校没有条件制作大木模型和进行实地实验，便宜易得的纸上工具是培养基本设计能力的主要手段，盗版软件更鼓励了学生使用各种计算机绘图软件闭门造车。但更重要的原因还在于“社会成本”，背诵建筑规范比从现象出发去讨论建筑问题要实际得多，在乡野偏僻之所或是都市中闹中取静的公园地体认“理想”的建筑创作思想，也比针对现实问题进行反思要安全得多。在现实中，建筑实践的评价标准非常不完善，客户方的评价机制也有着社会性的缺陷，带来了靠一张建筑图就可以拍板决定方案的现象，进一步导致了学生在建筑图绘上重视栩栩如生的“结果”而轻视与建造、功用沟通的“过程”。以上牵涉到大学阶段的建筑教育到底是培养学生消极地适应现实，还是积极地培养反思创新能力的问题。

归根结底，用建筑图绘这样的二维媒介帮助对于三维事物的终极表达，乃是一种不得已的做法。尽管在现阶段有其合理性，它的前提是，也只能是认识到这种图绘本质上是为了求得一种动态的，整体的表征。罗宾斯曾说过“（建筑）投影是在事物之间进行操作，它永远是处于转换之中的”[30]。对于建筑教育而言，承载这种转换的“最优形态”本身不是最终的目的，使得营造不断地取得自我突破和促进其他领域的社会实践更为重要[31]。因此，在建筑图绘的训练中应该不遗余力地强调转换的有趣性和多样性：这种转换首先是不同性质之间事物的转换，其次侧重于转换机制的系统性和多发性[32]。对于前一点，在数字设计出现之前，比拟（analogy）是设计思维之中最常见的方法，但是基于比拟的转换不应该针对同一序列间的事物，或是事物内部的各部分，转换的方式不应该是从 A1 → A2 → A3……，而应该是 A1 → B1 → C1……，只有这样才能避免简单相似；就后一点，新的数字设计思想否定了旧的观点，那就是对于一个建筑问题只能有唯一的一种解决方案，相反，通过不同的建模方式，同样的输入可以产生出截然不同的结果。

动态的建筑再现并非试图证明建筑设计没有任何标准，它只是证明形式本身并不是唯一的标准，形式只是一种建筑思维的承载物，没有固定的或“最优的”形态，形式的有效性只能通过社会性的外

[30] Evan Robins, *The Projective Cast: Architecture and Its Three Geometries*, The MIT Press, 1995, pp. 366.

[31] 在历史实践中，建筑营造的目的其实和静态的“形”常常无关，这表现在两点，其一，历史地看来，建筑实践更多地依赖建筑模型而不是建筑图；其二，计算机制图学的出现，特别是图纸空间的概念，显示了建筑图本质上是一种动态的表征，并不依赖静态的记录。参见哈佛大学有关建筑制图会议论文集的介绍部分，James S. Ackerman and Wolfgang Jung (ed.), *Convention of Architectural Drawing*, from the conference with the same title, Boston, 1997。

[32] 梁思成先生敏锐地观察到中国古代艺术中业已存在的消解静态图绘的因素，比如李公麟的《放牧图》《清明上河图》中呈现的时间特征，它们的共同特征是由一个视觉表征（如《清明上河图》的屋瓦）求得基准，然后由此展开随阅读产生的变化。梁思成：《拙匠随笔》，第 12—13 页。

在的标准来检验；但是与此同时，所有的意义又都是，也只能是从形式的运动中产生的，从操作的层面而言，物理性的制作和社会性的匹配最好看作两个不同的范畴，因此提高建筑设计能力的训练一定要从形式的训练中着手——通过有趣的形式转换达到新的建筑可能性，意味着将复杂的建筑空间转化为可以交流的基本逻辑和人际语言，同时通过全面的大量的造型之间的比较，不断发现对于特定建筑问题的多种可能，最终有可能得出最优化的结论。

在这个意义上，我们可以得出两个“如画”现象引发的基本结论：首先，建筑再现不同于实际的建筑，因此“脱离实际”的理想表达在建筑设计中并不一定是个问题，相反，在大学教育特定的情境中，这种差距可以帮助学生理解建筑实践的间接性质，并专注在建筑思维的训练上；但是，同时我们也有必要意识到这种差距造成的社会交流的必要性和迫切性，并且有意识地通过不同形式的建筑再现促进建筑教育的“输入”端和“输出”端的彼此转换，只要建筑再现成为一种能够沟通的有意义的语言，不至于不断地重复自身，它便可以构成建筑创作的广泛社会基础和新的创造力的来源。对这种建筑再现的解读同时也对社会大众有教育作用，它可以使公众了解到建筑学不仅仅是一种关于工程制造的实用学科，也不仅仅是营造标志建筑物吸引眼球的“显学”，在特定的开放情境下，建筑物的形象不是静态的，而是和它定义的社会生活情态有关。例如潘诺夫斯基所讨论过的希腊柱式的构图，其特色并非在于它一成不变的完美，而是它在实际运动中呈现的均衡[33]；那些关于园林是一种“立体画”而不是呆板的摄影拼贴的议论，道理也正在于此。

[33] Erwin Panofsky, *Perspective as Symbolic Form*, Christopher S. Wood (trans.), Zone Books, 1993. 潘诺夫斯基谈到，古典时期的希腊神庙的陶立克柱式并非直上直下，其排列也不是完美的等距，这种隐含的弧线和有意的误差恰恰是人眼视觉中“圆满”的来源。

2007—2008年，笔者在华南理工大学建筑学院景观专业，就针对以上问题进行了为期一个学期左右的题为“从理想到现实”（Idea into Reality）的建筑再现工作坊（workshop），这使得文中所述的观点得到了一个难得的实践机遇。

1）在肯定建筑设计理应面向现实的前提下，工作坊试图使学生们懂得，“从理想到现实”并不是从抽象的理想（“理想”和“理念”在西方语言中同源）到具体的现实，而是从具体的理想到具体的现实。为此，在这个有关再现方法论的工作坊中，我们将建筑设计的意义和建筑设计的可能性两个不同的问题分开，寻找恰如其分的、背景不同的大多数学生都可以理解和感受的个案所作为主题（在本例中，我们确定的课堂作业是每个同学都理应熟悉的小学校园），使用“二十问”的游戏模式。我们使得同学们明确建立起这样的观念，那就是对于建筑议题的描述必须依赖特定的描述手段。

2）作为一种暂时去除传统设计方法影响的练习，学生们需要面对一种对于建筑再现方法的创新理解。这种试验常常是出乎学生意料的：在工作坊的第二堂课，我们请学生使用极其基本的绘画“工具”，在A5尺寸的图纸上用墨+手指画的方式描绘一个大型项目的平面，在A3尺寸的图纸上描绘一个简单单室平面。这种以有限来再现繁复，或是从冗余里提炼出简单的练习，并不在于再现的准确性，而在于使得学生们进一步意识到特定再现工具的优势和局限，在尝试多种传统设计训练之外的再现手段之后，针对每个学生的气质和特点，推荐一种适合自己的图绘表现手段。

3）在相对熟练地了解了一种图绘表现手段的使用后，不是将它固化为一种惯常的再现模式，而是试图将其与实际的空间建立起某种联系，以确认再现的动态转换和社会交流。这是工作坊教学重要和关键的一步，图绘再现的意义也扩大到纸媒之外。在本例里，就在教学楼的庭园中，一些学生观察了一块已经年累月的混凝土的形态，并对它面貌的形成做了有趣的转换分析。无论是南方气候下植物对于建筑外观的影响，还是冷热变化形成的裂痕，在这里学生们不是就事论事，而是试图将其阐释为非常富有创造性的另类图解（例如羊毛）。尽管这种图解完全不同于日常建筑实践，但课堂练

图 9—图 11 笔者 2011 年在西安建筑科技大学所做的建筑图课程练习（图 9）。学生需要在玻璃窗上用纸胶带“测绘”他们所看到的窗外城市天际线。我们很容易把这种图像认知为一种科学投影，或是建造环境在底片上的“成像”。但是实际上一旦将它们相对准确地摹写在玻璃上，我们就会发现这种最简单的所见和所得也并非我们所想的那般一致（图 10、图 11）。换而言之，取决于眼和手的关系，依附的介质和成像的机制不同，所有三维世界“成像”的过程都是或多或少的视觉心理学“修正”。

习完全遵循日常建筑实践中的逻辑和规范，并进行相应拟似的演练。例如，在学生演示自己基于混凝土形态的建筑再现的时候，我们将其余的学生分为三种不同的角色：“设计师同行”“业主”和“工程师”，同时从各自的角度评讲输入—输出所得到的“立面”“平面”和“规划图”的得失。

4）最后一步，是从理论上进行教学计划的总结。在此我们不仅引导学生们阅读有关建筑理论、视觉心理学、艺术史的著作，得到“析理以辞，解体用图”的理性认识，更指出再现理论的主体、构造和反馈分别系于积极的社会交流，从而初步建立起对于建筑再现中三组基本矛盾的认识：再现的主体定义和认知活动的关系（体—认）；再现的物理构造和动态反应的关系（景—情）；再现的生理知觉和社会风俗的关系（观—感）。如果上述三组关系的第二部分都已为学生们所认同，那么在工作坊中学生们最大的收获，并不是教师向他们重申了它们的重要性，而是通过重新定义主体（包括对尺度、功能和主体社会意义关系的新理解）、构造（包括对于系统、形态的新定义）、知觉（包括视觉之外的其他感知），使得学生们获得了新的创作手段和创造自由。

章节页图 McCaw, Stevenson & Orr Window Decoration, Glacier Window Decoration, 1890. 在玻璃制造商的广告词中，窗户成为一种改变世界图景的“装置”，可以去除窗外那些“不悦目的景象”。

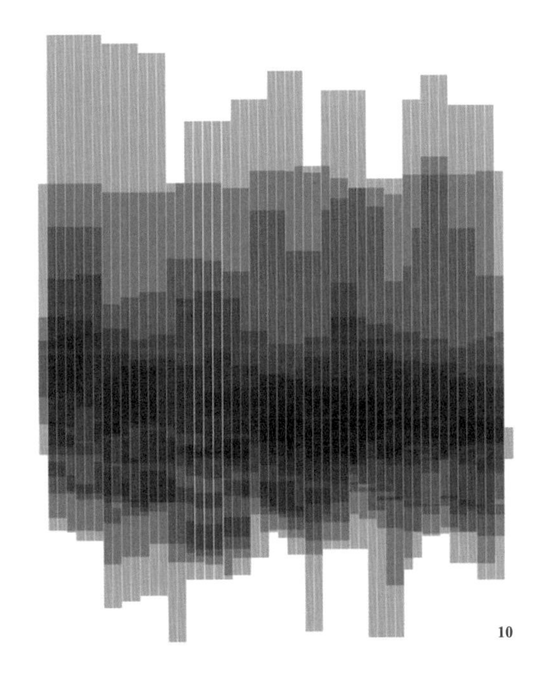

10

11

异趣

西方视角中的中国园林

吉卜林说：“东方就是东方，西方就是西方，它们永远不会（该）相遇。”这句被严重断章取义的名言，可能说的是“愿望如此”的层面，是诗人对于东西文化交流可能出现的复杂性的预警。事实上，作为殖民扩张和经济全球化的结果，东方和西方不仅相遇，还带来了严重的后果。[1] 无论我们对我们从事的工作名称叫法如何，以西方人的视角评论营造学科并将其区分为城市规划、建筑学和景观建筑，本身就是这一转变的产物。更不用说，在这个过程中，还发生了深度的、面对面的利益纠葛，“中国”不再是消极的受体，同时也是空间“生产”的产品、中间环节和利润来源，西方设计机构、学术单位以及他们的衍生体都从中赢取了大量的好处。在此前提下，是否能拥有客观的外部评价成了一个有待讨论的问题。

[1] 约瑟夫·鲁德亚德·吉卜林（Joseph Rudyard Kipling，1865—1936）所作的《东方和西方的谣曲》（*The Ballad of East and West*）是一首被广泛引用的诗歌。

此处所讨论的“西方视角中的中国园林”因此不仅是狭义的历史研究。在“相对性”的思路中，一味评说“是什么不是什么”是没有意义的，相反，在交互的过程中，应该尽量发现误会和错解后面的东西，以激起更多真正的对话和讨论。尽管由于上面我们提到的利益纠葛，当代的西方言说或许已不再是质量“底线”的保障，但总体而言，外文著作中提到的“中国园林”可能更有价值。至少，它提供了一个确凿无疑的“他者”的视角，也就是说，他们至少还承认误会和错解的可能；而从中方这一侧，我们以“事实”“客观”名义教授的某些东西，却可能掩盖了东西方交流中出现的巨大错位。

错位

错位之一，就是认定外国学者和设计师对中国现实会有某种天然的洞见，甚至比中国人还能了解面对未来的出路。在 2013 年进行的北京园博会上，当被问到对“中国园林”的看法时，外方设计师之一的彼得·沃克（Peter Walker）客气地说：“我认为中国的古典园林非常美，我对中国人所做的维护工作和一些景区的重建非常赞赏。中国的古典园林不仅在中国有很重要的地位，在世界上也享有很高的声誉，希望中国未来继续做好古典园林的维护工作。”[2]

[2] 《风景 @ 生活》，第九届中国（北京）国际园林博览会会刊，《瞭望东方周刊》主办，第 87 页。

图 1 2019 年北京园博会，哥伦比亚设计师马儒骁·卡德纳斯·拉韦德（Mauricio Cardenas Laverde）设计了竹藤花园。竹子似乎已经和某种东方品性画上了等号。

彼得·沃克绝不是唯一一个有类似看法的西方设计师。同样是在北京园博会上呈现作品的外国设计师，伊娃（Eva Castro and Wang Chuan）的创作灵感来自苏州园林，巴尔默里（Balmori Associates）则受到桂林山水与漓江风景的启发——换而言之，当代西方景观建筑师对中国的印象依然来自遥远的空间和时间。请注意，他们其实完全明了中国“提问者”的语境，在中国现实中设计的作品，不可能无视当代人在意的功用、美学与感性。他们没有回答不是因为他们不想回答，而是因为他们也不知道答案。沃克接下来说：

至于（中国）现代园林，我认为现在还不适合做出评论，因为中国的现代园林还很年轻，我们还没有看到中国园林真正的演化发展过程，所以，现在评论为时尚早。[3]

[3]《风景@生活》，第87页。

作为一个现代主义者，沃克所说的“现代”有其确切含义，它明确地提示了一种与“古典”对立的二分法。甚至那些并不秉持现代主义的西方建筑师，比如对中国园林一直兴趣浓厚而且也有一定创见的赫尔佐格和德梅隆，在有机会与“中国”对话的时候也只能回到这种二分法，或许因为在他们心目中，能够理解且有价值的只能是“古典”的中国。[4] 东方和西方之间不仅存在着地理距离，还有“时差”。

[4] 素有美国现代景观之父的奥姆斯塔德（Fredrick Olmsted）早年旅行时到过中国，但他的生平著作中从未提到过中国园林。甚至在其他领域也存在着类似的现象。

威廉•钱伯斯（William Chambers）形容的三种“中国”特征是“愉悦、恐惧和着魔”（pleasing，horrid and enchanted）[5]，伊丽莎白•B. 罗杰斯（Elizabeth Barlow Rogers）进一步解释说，那是“献祭给怪力乱神的寺庙，岩间的深穴，直向地下人间的梯道，长满了灌木和荆棘，附近是镌刻着可哀的悲剧事件的石柱，各色使人作呕的残酷勾当，前朝的盗匪和违法乱行者流窜其间……”[6] 这也是钱伯斯的稍晚一代人萨缪尔•柯勒律治写到的未知东方的“神圣的恐惧”。这种陌生的东方风景不仅仅是异国的图像，也是整个“自然”在西方文化中的象征，换句话说，我们的“园林”在他们眼中就是“景观”。[7]

[5] William Chambers, “A Dissertation on Oriental Gardening (1772),” in John Dixon Hunt and Peter Willis (ed.), *The Genius of the Place,* The MIT Press, 1988, p. 323.

[6] Elizabeth Barlow Rogers, *Landscape Design: A Cultural and Architectural History*, Harry N. Abrams, 2001, p. 250.

[7] 柯勒律治描写的对象是他梦想中的上都，是环绕野蛮人的宫殿。

写进建筑史和园林史的这种“中国风”，绝非可以简单理解成欣然自得的“中国园林对于欧洲文化的影响”，相反，它是一种有意的错解，和启蒙时期其他的中国想象也不尽相同。在文化交流的初期，不仅仅是西方人才有这种对于文明“他者”的误解，中国人自己也沉醉于某种异国想象。罗杰斯就说到，带有洛可可风味的欧洲古典主义园林是中国的皇家赞助人的专好，相对于“中国风”（Chinoiserie），可以称为“法风”（Francoiserie）。[8] 当然，比起圆明园一隅的西洋楼在中国发生的影响，洛可可风味的中国风在

[8] Elizabeth Barlow Rogers, *Landscape Design: A Cultural and Architectural History,* pp. 211.

[9] 钱伯斯认为中国结构是某种“建筑玩偶”，是五颜六色的稀奇玩意儿，其中虽然充斥着肤浅的猎奇和感官满足，和巴洛克戏剧的布景一样，带来的是恐惧、奇趣和惊喜。

[10] 被公认为20世纪70年代“大地艺术”的领军人物的史密森认为，引入了时间因素的“如画”经验并不是一种慵怠的旧美学；相反，它是“物理区域之中持久的一种（文明）进程”，是主体与客体之间互相发现的过程。

欧洲园林中的痕迹要显著得多，但它们受欢迎的方式却非常类同。要知道寻求异趣（eclecticism）的这样一种现象并不仅仅是道德堕落的表现，而可能是“景观”之“观”[9]的趣味所在。这种彼此错解的倾向一直延伸至当代，它很好地解释了“如画”（Picturesque）这样一种现象的持久出现[10]。“如画”却绝不是“自然”，同样，“中国风”也不等同于“中国园林”。

和西方现代主义所提示的“古典—现代”二分法甚至也不完全相同，（古典）“中国园林”和（当代）“中国景观”的差别还不仅仅在于时段、主题甚至意识形态，在西方人那里，它们实际是两种不同的学科领域，其差别类同于英美大学中开设的“艺术史”（art history）中的中国门类和“区域研究”（regional study）中的中国艺术，前者是对业已消亡的文明形式的推究，后者则面对现实问题并带有实践意味，近年来两者虽互有借镜但并没有真正合流。它们实际也提示着两种不同的问答语境。作为特邀的“设计大师”，彼得·沃克是一个受到国人追捧的艺术家，他的作品可以沟通当代观众的感

图 2 波河畔之“叠山”。

性，但无须也无法正视中国城市的实际语境。而另外一方面，那些对于中国问题有兴趣的西方学者，能够从宏观和中立的角度观察中国，以逻辑的方式推定自外而内的解决方案，但他们实际对于现实却没有丝毫的干预能力。不能不承认，由于将实践领域和研究对象混淆不清，中国当代景观有着同样的错乱：一方面强调的是自己解决自己的问题，一方面却使用倒置的眼光，频频从“他者”的角度打量自己。

涉及这种三岔口，不能不谈到人们观察“西方视角中的中国园林”的第二重错位。“古典”和“现实”、“主观”和“客观”的关系同时也是“文化”和“科学”的关系，是用主观心志来“干预”自然还是“顺应”自然规律两种不同思路的差异。干预更多是“遂其所愿”的“规范性”（normative）思路，而顺应意味着本应如此的“实证”（positive）方法。强行指定“中国园林是什么”今天看来已是行不通了，但引入 GIS 等分析工具似乎意味着完全脱离既有的规范性思路。“设计”变成了“研究”，但“景观”的问题真的可以从“园林”的文化认定里面割离出去吗？

我们可以看到，在面对类似的纠结时，当代的中西方景观建筑师并没有什么真正的不同，“文化”相对主义的迷咒似乎已经作用不大了。克里斯托弗·吉鲁特认为：“西方景观设计的透视图法和东方的内省技法在景观构型上的差别已不那么明显。”[11] 吉鲁特所言非虚。当代人的生活习惯越来越接近，文化资本的流动造成实践的扁平化，“太阳底下无新事物”的谚语代替了“创造性”。至少，“东方”的设计师早已经自觉地追随广谱的设计方法论。在北京园博会上，日本设计师三谷徹在说明他的创作灵感时，短短的文章中就出现以下多样性的范例，涉及天南海北（按文中顺序）：英国的怪圈遗址，古希腊祈祷地点，英国的冰川，法国的巴洛克平台（以上场地的处理），东方传统园林（侧重日本茶室的空间位置），

[11] 克里斯托弗·吉鲁特《思考景观：建构、解构、重构》，《景观设计学》，2011 年第 5 期，第 30 页。

苏州园林（铺地），桂离宫（踏步石），意大利冈贝里亚庄园绿篱（马赛克铺装），奥比昂公墓（水平流动空间），巴洛克园林（倒影池的天空），以及布罗德保护区（天空之美）。[12]

[12] 三谷徹：《初源之庭》，《世界园林》，2013年第3期，第69—70页。

[13] “景观都市主义”（Landscape Urbanism）声称景观比建筑更利于应对当代都市出现，它主张以造景“过程”取代建筑“程序”，以“地形”“表面”取代“造型”“结构”。在文化取向上，他们极力主张都会和自然的二分法已经不适用于“第三自然”——错综芜杂的新现实，景观建筑师的工作领域由此可以得到极大的扩展。这一理论所许诺的要点在于某种感性的文化愿景，它为人所诟病的，也是对“文化”的关心更甚于“自然”，最终成了一种停留于纸面，并让环境工程师同仁们偶感困惑的主张。对景观都市主义理论的介绍和批评，详见 Charles Waldheim 编辑的 *Landscape Urbanism Reader* 及其书评。

互相想象

多样化的范例是否可以解释为，在绝对的“自然”面前，东西方文化的边界已经消失？事实显然不是这样的，景观设计中地域性

图3 三谷徹2013年北京园博会作品。据他本人陈述，最初的设计灵感其实来自厨房里搁盘子的架子。

的削弱恰恰反映了“景观”征服“园林”的文化强势——东方学习西方，西方相对却较少模仿东方，西方向东方输出的不只是名作的手法；将与具体生存环境相关的问题变成中性广谱的“设计”，再转换为更客观精准的“研究”，也是某种隐含的意识形态。“文化”并没有在“景观”中消失，相反是被改头换面而更强调了，因为“景观”中陌生而有趣的“观”，因为观察角度的不确定——时而是主体，时而是他者，都是寻求“异趣”的陌生视角——人们对这个新兴的领域暂时有一种正面的期待。[13]

寻求“异趣”并不只是景观的专利。共同作为营造环境的一部分，中国建筑学也存在着一种对于遥远之物的想象，也正是寻求“异趣”。在此，“文化的自然”，也就是人工化的拟似“景观”，和对“自然的自然”，也就是优质生存环境的向往，叠加在一起。例如，获得普利茨克奖的王澍对传统文化中的园林和中国城市边缘的新造景同时感兴趣，他的造物既出乎其“内”又展现“其外”，既亲近又陌生。[14] 我们今天所处的中国也无以逃脱这种想象。山（庞然的人工环境）外连“山”（暂时无法确认的文化想象），错接的时空产生出某种去向不明的新意。在艺术领域，空间的“幻视”制造了臻于极致的“胜景”（建筑师李兴钢的术语），但近看灰扑扑的中国城市和远望如梦如诗的画境间的转换，则产生了观察角度的悖谬和实用功能上的两难。

现实之“山”其实就在我们的身边，或者脚下，就像纽约曼哈顿往上生长的丛林也是它寄身的冰河纪片岩的延伸，被移植到中国来的“景观”因此具有文化和物理的双重属性。[15] 包藏着闹哄哄城市的“大块”可以衍生为广义的“环境”问题，它既是迫在眉睫的生存挑战，也是“我们是谁”“我们要往何处去”的终极哲学命题，在方法论上统合了建筑学、景观设计和城市设计——而“远山”不过是偶发的，某种目前还遥不可及的意境——当然，我们真的完

[14] 在王澍的象山校园一期中，远方人望“山”首先感受到的是起伏的“山脊”，应和着建筑师所说的“大的气象”和建筑造型宏阔的转折——“有人说从象山校区建筑的屋檐上看到了沈周的长线条，从校园里大尺度的连续控制中能看到夏圭的痕迹……当然，和巨然的层峦叠嶂相比，我还差很多……”象山十年之后，王澍自己检阅了努力的成果。他说：在象山一期和二期之间的两个最大的变化之一是“差异性”，它和时间性是有关的。他的新作是“很长一段时间之内，有很多种愿望、很多种事情最后促成的这样一种结合体”，“差异性”的时间旅行最终从外部的“气象”抵达了“内部”或“迷城之中”，那是“说点悄悄话”的地方，一个“有意思的城市”的深处偶发的场景。Wang Shu and Fang Zhenning, “Conversation between Fang Zhenning and Wang Shu,” in *Abitare*, no. 495, 2009.

[15] 1904 年，亨利・詹姆斯在叙说曼哈顿的兴起时，也提到了这种有趣的并置：“繁复的摩天楼……就像阿尔卑斯的绝壁，那上面时时抛下雪崩，抛向匍匐于脚底的村落和村落的制高点……”人类历史上空前的大都市被比附成一种精心策划出的“自然”，无情商业算计的结果却归结于某种诗意，上演了文化和实用的二重奏。出身于曼哈顿的作家已看到了旧文明和新生活嫁接在同一棵通天树上的奇景。怀着一种既喜且惧的心情，他把资本主义文明的钢铁丛林幻想成瑞士的山谷。

全退缩到“内部”去时是对现实视而不见了。但倒过来，我们真的可以在我们的“外边”谈论自己吗？

在城市化热潮势不可挡的今天，“追随自然而设计”（design with nature）的中国景观命题，需要一个更清晰和更实事求是的解释。最常见的理解是把“追随自然”的景观设计作为一个容易极端化的伦理问题，类同于建筑学中的历史保护问题。在最为理想的状态下，

图 4 王澍设计的世博会宁波馆。在将真实建筑比拟于园林的过程中，很难区分“会意”和“象形”的边界。

图 5 彼得·沃克 2013 年北京园博会作品。

有一类无须触动的“自然”，没有任何功利性的理由可以予以人为干预。就好比典型的历史城市中就连日常生活的遗迹也会成为保护对象，它们的意义并不在于经济价值的高低，而在于与之相系的文明记忆；同样，“纯真的自然”是康德哲学中崇高的“客体”，可以被一定程度上认识，但不可与主体混淆，它们就像欧·苏利文的西部摄影中的风景，绝大多数时候是不可抵达的。

然而，同历史保护一样，“景观建筑热”不可能没有经济前提，显而易见这个学科在中国的兴起是和20世纪末以来的城市化联系在一起的。在这个前提下的“自然设计”是对过度人工化的平衡而不是完全抵消，就像历史保护往往应开发项目而起，历史保护同时也是对过度开发的抑制。具有讽刺意义的是，排斥一切文化因素，而持保守文化立场的“寻常景观”常常意味着无所作为，恰恰扼杀了有趣“自然”的可能。在上文中，彼得·沃克的设计需要使用竖直向上的柱状乔木，也是北方地区常见的树种，这反映了他使用平凡材料创造高价值景观的意识，也是朴素与和谐的人造“自然”的要点所在。和他配合的百安木（BAM）设计公司于是选择了廉价速生的杨树，但出人意料的是，与他们接触的中国的苗木供应商却对此一无所知，跑遍北京郊区都未找到。[16]

[16] 雅可布·施瓦茨·沃克、蒋侃迅：《有限/无限》，《世界园林》，2013年第3期，第58页。

从异趣到有趣

人们脑海中对中国当代景观的评价也许并不是自然—人工的二选项（中国景观应该变得更“生态”或是更不“生态”？），而是不知如何置评的文化本身的“贫乏”，既无“异趣”也不真的“寻常”，

[17] 雅可布·施瓦茨·沃克、蒋佩迅:《有限/无限》,第69—70页。

就如同三谷徹在自己基地中看到的状况:“……平台的中央,在这里没有树,没有路,除了脚下的碎石,其他地方都是空荡荡的。”[17]这是在当代中国普遍出现的一幕,在一片挖掘机造成的空荡荡场地中,无所凭借,也不清楚什么样的文化可以在新的城市中安放。迄今为止,中国景观建筑师在海外几乎毫无建树,似乎并不是因为他们仅仅在技术手段上显著地落后于外国同行,而是对于舶来的设计语言的文化内涵远不够了解,设计作为一种技术问题被机械简单

图 6 William Marlow, View of the Lake and the Island from the Lawn at Kew, Watercolor, 11 3/16 x 17 13/16 in. (28.4 x 45.2 cm), 1740. 大都会博物馆藏。

图 7 传王维《辋川图》。

地“解决”了。仅仅是因为害怕坠入不健康的“异国”“异趣”，或者恐惧树立不了足够清晰的“专业”边界，当代的中国景观设计或是抱残守缺，或是过早地将自己孤立在苍白的构图造型加技术符号的游戏之中。[18]

[18] 现代建筑中还没有找到建筑和景观和谐相处的办法。

反过来而言，西方人对于东方园林意趣的偶然借用从来都是开放式的，毫不介意可能发生的“错解”和“误会”。20 世纪 30 年代，贝克夫妇（Walter Beck and Marion Burt Stone Beck）起初想以安妮皇后风格设计他们在纽约州米尔布鲁克（Millbrook）的茵斯弗雷花园（Innisfree），由于他们偶然看到了王维的一幅画[19]，于是决定

[19] 这里贝克夫妇看到的王维作品有可能是指《辋川图》，但是这幅画是否为王维所作存在很大的争议。

图 8、图 9 茵斯弗雷花园受到东方园林影响的“点景”（图 8，造园者自述为“一杯园”）及平面图（图 9），主要的造景集中在图的左侧，其余部分依然保持了自然的风貌。

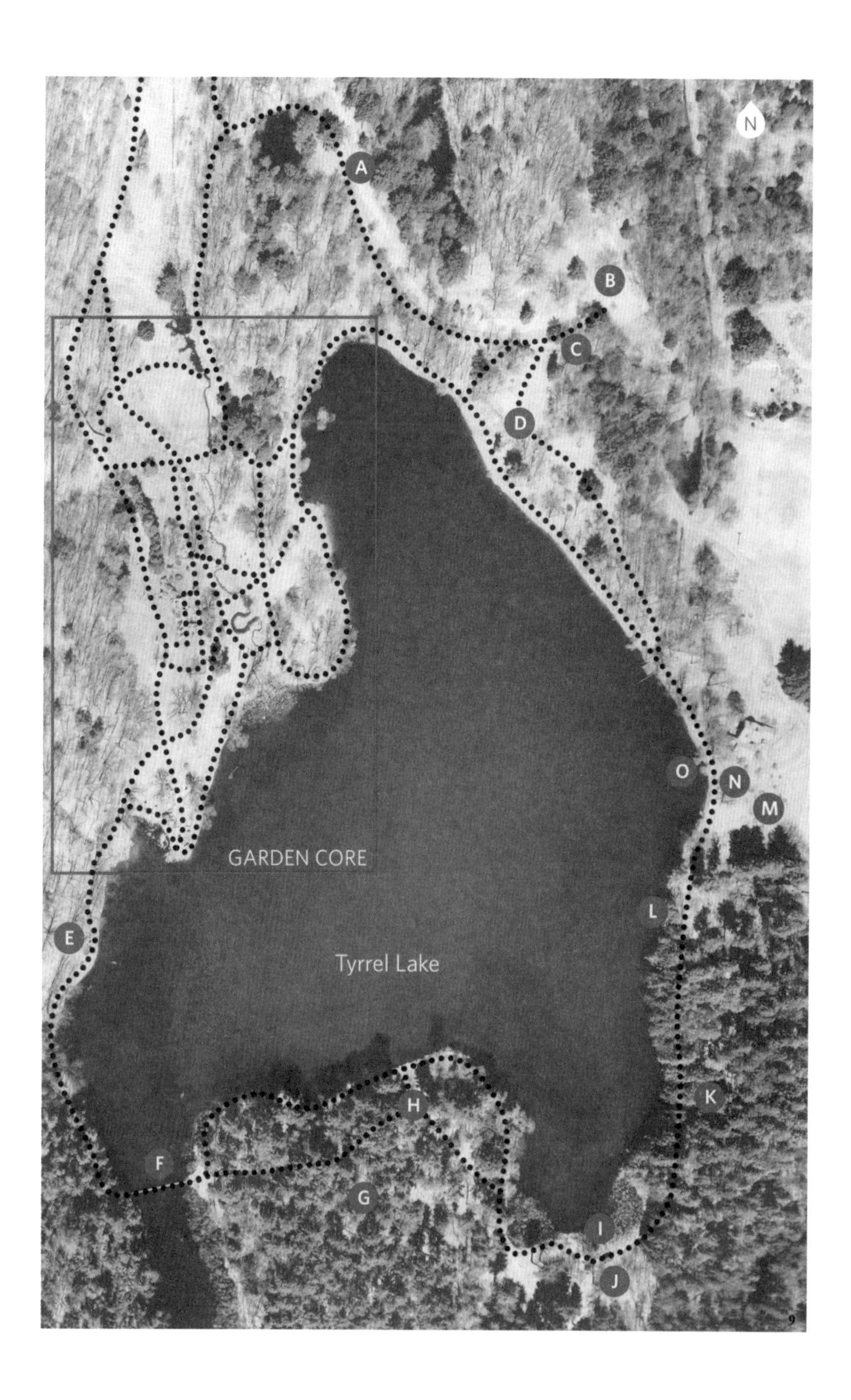
N
A
B
C
D
GARDEN CORE
E
Tyrrel Lake
O
N
M
L
K
H
F
G
I
J
9

自己以他们理解的东方风格来打点这个园林，长久乐此不疲。有东方游历经历的哈佛景观系莱斯特・柯林斯（Lester Collins）在第二次世界大战后加入了他们的设计团队。尽管园中的“石谈”（Rock Dialogue）或许直接受到日本园林的影响，他们不惮把茵斯弗雷花园的布局比喻成圆明园的手法，也毫不担心这种混杂的做法会带来风格不够纯净的责难。

“西方视角中的中国园林”本身是错位的，但这并不一定是个问题，也不一定就和我们面向生活实际的追求相悖。对于一个实践性的学科而言，实践的特征不仅是解决现有的“问题”，而是要创造出讨论问题的有趣的语境（追求“异趣”的文化当然只是其中的一种语境）而不是匆忙得到答案。就像彼得・沃克所言，美国人花了150年才对现代园林做出定义，在这其中开放性的、寻求高质量的思想的实验经历了远远不止一种可能。“异趣”和被粉饰的现实无关。它只不过证明一种普遍性的文化规律：设计只能存在于不同视角的彼此参照之中，既须有坚实的立场，也不妨时时由外而内。如此的“异趣”既可以存在于“高等文化”的显意识之中，偶然体现为空洞、浅薄、怪诞的奇观设计；也完全可以从反面衬托出一种真切可感的普通生活情境，在其中创新的推动力内在于对陌生事物的好奇之中。

章节页图 根据毛姆小说改编的电影《画幕》（*Painted Veil*），故事的场景设置于四川，但是实际拍摄的场景却是西方人更有“印象”的桂林。

奇观

作为媒体的“奇葩建筑”

试图评论一幢由“明星建筑师”设计的“明星建筑”，没有比这更吃力不讨好的事情了——尽管无一成功，大量的写作依然试图把“大裤衩”这样的“明星建筑”拉进建筑史，如果这不是传统意义上的建筑历史，由将建筑设计置换为各种崇高或卑下的意义，“明星建筑”已被锚定在艺术史家方闻所说的，具有“可校准性”的标杆位置上；在另外一方面，建筑学“内部”——我其实并不特别同情这种小圈子的“内部”——也有一种挥之不去的焦虑，一方面引起舆论争议往往使一个学科受到整个社会的关注，自此获得不安分的动力和意想不到的发展；一方面，铺天盖地的非议或美誉侵蚀了固有的边界，又使得这个学科渴望的“自体性”进一步削弱了。

图 1《癫狂的纽约》旧版书影。

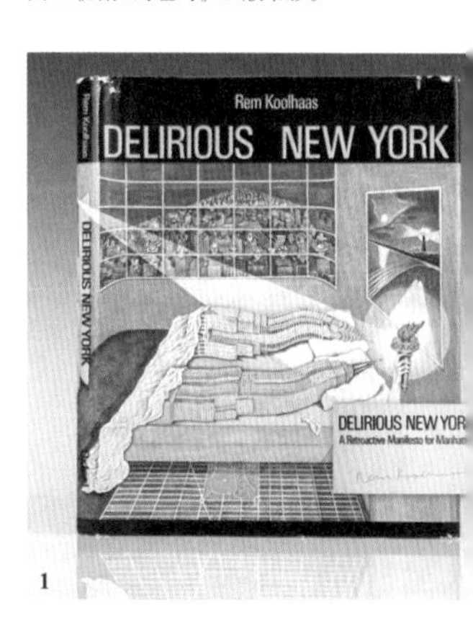

1

为了《城市·空间·设计》的中央电视台新大楼设计专辑，我又翻出了 7 年之前为我翻译的《癫狂的纽约》（*Delirious New York*）中文版所写的序言。在这里，笔者想套用一下对这本书的评价来总结这个重要的项目，那就是，就其近十年来的广泛影响而言，中央电视台总部大楼（以下简称“央视大楼”）将毫无疑问地成为一座“经典建筑”，就像库哈斯的早年写作已经成为某种经典文本一样。这样的地位并不是我们言过其实或滥加美誉——但是，值得注意的是，因为其蓄意的离经叛道，央视大楼的“经典”并不基于什么充分预设的剧本或任一种大写的“范式”，这也不大可能是建筑设计者的本意。与此同时，对“明星建筑”的评价却注定摇摆于两种极端的困境之间，或许左右逢源，但也可能腹背受敌，这是建筑师本人也无法操控的。

就像《癫狂的纽约》不是一本就事论事的大众建筑著作，不是咖啡店的纽约导览或旅游指南，央视大楼项目也不可能是一个蓄意取悦或操弄特定文化、社会群体的超级玩笑。但是，它毕竟属于一类嬉笑怒骂(seriously funny)的建筑学,和板起脸的前辈们截然不同,这样的建筑学乐见，最终也无力拒绝它的通俗影响。对这项目的声名视而不见实属短视，但如果袭用殿堂或学院的作风正儿八经地探究不太正经的“经典”里的微言大义，乃至习惯性地总结“中心思想”，也必定和这类建筑存在的主要价值拉开了距离。

一幢建筑能多么有争议?

我和雷姆·库哈斯建筑师的这幢建筑可说是渊源已久。2003年年末，还是一名设计学院研究生的我获得在库哈斯的事务所大都会建筑事务所（OMA）鹿特丹总部短暂交流的机会。时近新年，大多数人都已外出休假，当我踏进 OMA 租用的办公室时，注意到上海华东建筑设计院来的中国客人们占据了建筑的整个一层（而常规的业务设在建筑顶层），他们是在事务所不久前赢得的央视大楼工程前期配合外方的中方设计师团队。办公室里有大大的，类似中国红色横幅的字样“Realization is Great！”（项目实现太棒了！原

图 2 大都会建筑事务所（OMA）鹿特丹总部。

意大略如此）——据了解，这并不是中国人自己贴上去的。

这一口号是耐人寻味的。事实上，这幢建筑确实是为媒体而设计的，它的魔力来自媒体宣传的效应，它引起巨大争议甚至由此陷入困境的原因也正是源于媒体。众所周知，对“媒体”的熟悉和操弄原本是库哈斯及其团队的长项，它在中国的“实现”确实是个奇迹，从头到尾也充满了各种各样的“不和谐”。

库哈斯很早就将他的早期作品波尔多住宅拍摄成电影，它们是一串相互联结却不均质流动的视频，是从理解建筑的不同角度拍摄的。[1] 建筑—叙事再现的过程逆反过来，逐渐成为建筑师的工作方法。尽管来华前对中央电视台的情况知之甚少，库哈斯一上来就将它未来的工作程序设定为一个首尾衔接的、具有强烈叙事因素的“环”，并声称这是获取中国主顾青睐的首要原因——很容易想象，这种“自说自话”可能只是“多义各表”的实践，事实上：“专家评委认为这是一个不卑不亢的方案，既有鲜明个性，又无排他性。

[1] 在他的名作《印刷时代的建筑》中，马里奥·卡坡（Mario Carpo）讨论了不同时代的媒体如何对建筑设计产生影响。在决定学习建筑之前，早年的库哈斯首先感兴趣的是电影和新闻报道。他在海牙担任一名新闻记者，和别人合作写过电影剧本《白奴》（*The White Slave*, 1969），甚至还为美国色情娱乐大王鲁斯·A. 梅耶（Russ A. Meyer）创作过一个没能发表的剧本。值得注意的是库哈斯的“媒体”素质可能综合了卡坡书中谈到的所有媒体形式：1）新闻写作的，库哈斯的早年记者训练教给他以一种貌似中立的方式，并且他的报道是连续（endless）的和具备互文性（contextual）的；2）基于类型学的，库哈斯具有将功能程序（program）翻译成空间关系的超强天赋；3）图像的，对于电影的天赋；4）最后，也是最传统的一种方式，在人际交流中。Mario Carpo, *Architecture in the Age of Printing,* The MIT Press, 2001.

图 3 波尔多住宅中已经出现了库哈斯后来作品中最具识别性的一些要素：包括从构造到实际形象的全面的不对称，不均匀也充满着矛盾的结构+功能组成，表里的脱离，悬挑的体积，建筑内部的空间运动因素，等等。

作为一个优美、有力的雕塑形象，它既能代表北京的新形象，又可以用建筑语言表达电视媒体的重要性和文化性。”[2] 以上这段判语很少出现在建筑师自己对这幢建筑的评论中，却很有可能是库哈斯在该项目评选中胜出的实际原因。

[2] 2003 年 8 月 1 日《都市快报》。如同朱亦民描述的那样，中国公众对此的反应类似于："他的方案看上去很美，或者，用中国人习惯的方式，很震撼！"《库哈斯与荷兰性》，《新建筑》，2003 年第 5 期，第 11 页。

库哈斯的很多作品都具有这种多解的可能性。作为 OMA 第一个在如此规模上"实现"的超级项目，央视新大楼更是成了这段时间公司媒体攻势的主角，它的"事前预设"被"事后阐释"进一步夸大和渲染了，但依然缺乏一个各方都能认可的解释。只是在 2010 年元宵节的大火并经一年后的"色情隐喻"事件后，库哈斯本人才不得不出来灭火，使得建筑师对这幢建筑评价的调子急转直下。"其实 CCTV 大楼是一个温柔的建筑，"他辩解说，"这根本不可能是一个笑话……中国人应该看（含有大楼色情隐喻的公司出版物）实际采纳的封面，在真正的封面上，CCTV 在中间，代表着一个新时代的开始。"[3]

[3] 王寅，特约撰稿朱涛：《"其实 CCTV 大楼是一个温柔的建筑"——专访建筑师雷姆·库哈斯》，《南方周末》，2009 年 12 月 24 日第 E21 版。实际上，这本库哈斯认为应该多看封面的书的名字正好叫作"内容"（Content）。

争议也来自西方建筑学阵营内部。琼·奥科曼（Joan Ockman）

毫不含蓄地将库哈斯的建筑师形象贴上他自己设定的标签——“¥€$人”（¥€$ Man）。在她讨论库哈斯的热门著作的末尾，她的态度是明确的，由库哈斯自己发明的“¥€$”是一个文字游戏，它既是看上去像是英文的“Yes”（“yes man”指的是唯唯诺诺没有原则的人）又是实质上的“no”。即使建筑师含混地绕过了“意义”和标准，对于现实世界而言，库哈斯的“no”显然“缺乏重大的承诺”甚至带来一种“虚假的启蒙意识”。[4]

[4] 琼·奥科曼：《YES人，The YES Man》，王颖译，《时代建筑》，2006年第5期，第42页。

最大的争议最终是来自于建筑师自己，来自他本人对自己建筑实践的阐释中的种种裂缝。这裂缝不仅仅源自修辞学的不一致，诸如事后他对那个“环”所作的，它们可以“促进团结，加强协作”的辩解[5]，而且源自这一项目所凸现的OMA建筑学逐渐膨胀的多义性，它使得建筑师在公共关系发言中所有的简短声明难免挂一漏万，还使得在不同境遇里的权宜之计成了被人指摘的话柄，有些是相当致命的。库哈斯一直声称：“我认为研究怎么用尽可能少的钱创造出尽可能多的功能是非常有意思的……因为这能证明你可以用抛弃那些用来引诱大众的小趣味。”它们如果不是“廉价”的，也至少应当是一种“加尔各答式的极少主义”，和荷兰民族长期的历史和社会实践切题。[6] 但是与此同时，诸如央视大楼这样的项目在当地语境中又是和“超乎寻常”的项目成本和“标新立异”联系在一起的。

[5] 马生泓：《雷姆·库哈斯备受争议的建筑大师》，《中华建筑报》，2007年9月8日BO7版。

[6] 巴特·洛茨玛：《荷兰建筑的第二次现代化》，尹一木译，《世界建筑》，2005年第7期，第28页。

这种争议甚至也传染到一些原本相对中性的话题上来。建筑师长期的合作者塞西尔·巴尔蒙得（Cecil Balmond）既是一位杰出的结构工程师，又是深谙库哈斯心意的改写规则者。央视大楼的结构设计既是工程学的杰作又是蓄意违反常识的。看上去，它们确实符合人们对库哈斯项目结构设计一般特点的印象：“（这样的结构是）用表面替代线，用区域替代点，用移动的轨迹替代固定的中心，用分散化替代均等支撑，板可以折叠作为竖直力量的墙，梁可以分叉并改变形状，柱也可以作为梁，各个元素形成连续的结构表皮，楼板—坡道—墙作为混合的整体出现。”[7] 至于具体施用哪种结构策略，在 OMA 的作品中往往取决于机遇（chance upon）。这种技术策略既非实事求是，又不是全然盲目，它们恰恰是《癫狂的纽约》中提到的“偏执狂—批判性方法”（paranoid-critical method），以绝对理性的方法达到非理性的目的。并不中规中矩的建筑形体加上刻意的立面—结构的偏移，使得结构中的受力点不均匀分布，对它的计算变得空前复杂。巴尔蒙得设计的网格状表皮与其说是巧妙地解决了问题，不如说他和建筑师本来就是这一问题的制造者。[8]

[7] 陈强、付娜：《结构的表情——塞西尔 • 贝尔蒙德作品解读》，《建筑师》，2004 年第 6 期，第 51 页。

[8] 应该说，震撼的、不均质的视觉效果才是建筑外表的实在意义。尽管结构工程师声辩，通过对菱形图案的重新分布和局部重组，他真正做到了“形式追随结构”，但是这种结构并不是沿着巨环轴向路径分布的单纯空间网架，它同时还是反映建筑形象的“切面”——它既在三维上生长又沿二维表面延展。两种不同的结构逻辑彼此混合，异质叠加而不必定互相支持，使得这幢建筑物的用钢量超乎寻常。参见苏勇、谭建华、胡华、张沛佩、李锟、彭诚、邹哲、高新崎：《是非建筑——北京四大新建筑再思考》，《中外建筑》，2007 年第 12 期。

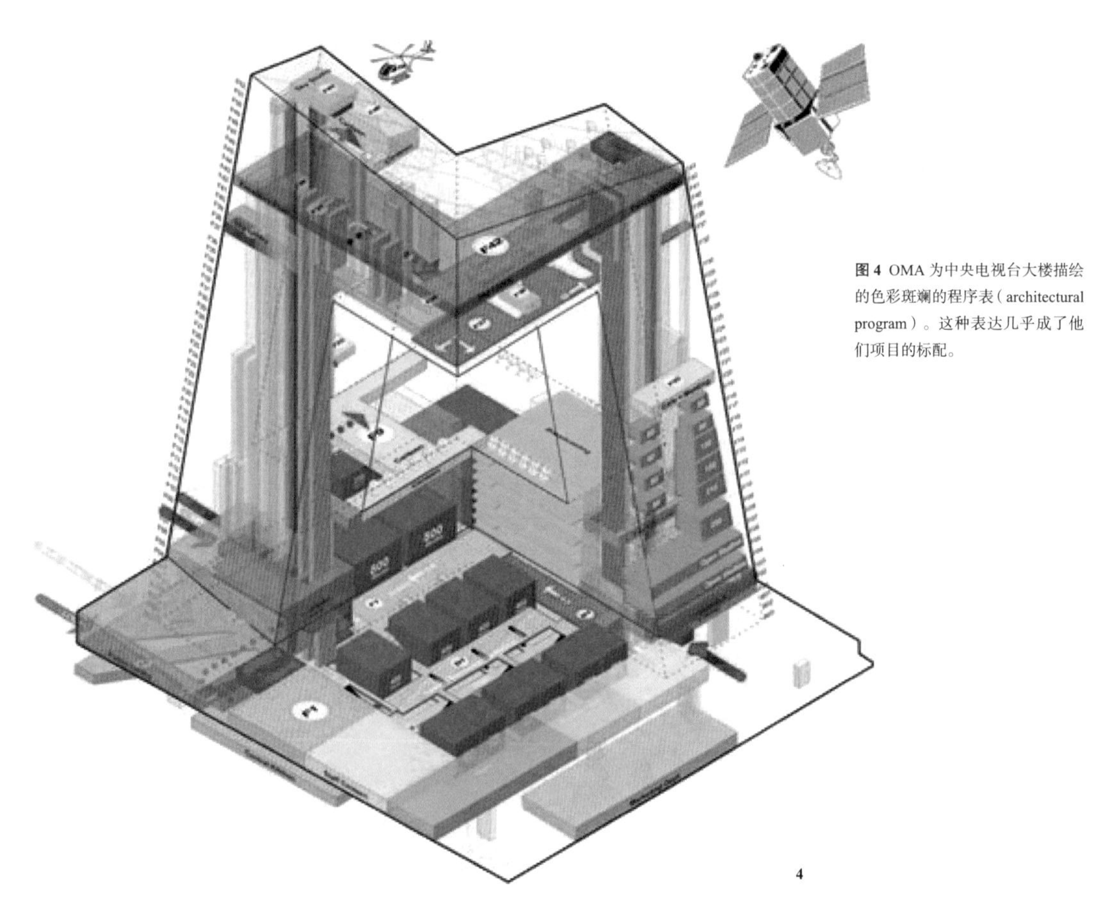

4

图 4 OMA 为中央电视台大楼描绘的色彩斑斓的程序表（architectural program）。这种表达几乎成了他们项目的标配。

类型和形象

公允地说，库哈斯绝非是传统建筑学的门外汉。只不过他的建筑类型并未假设“类型”先在的意义，也从未流连于某种类型的“经典”身份，他的作品中随意借用的类型常常是类似于波普艺术家所说的“现成品”（ready-made），而不是戛戛独造的“发明”。央视大楼也是一样，类似“巨环”或是“环状摩天楼”的造型，早有之前彼得·艾森曼的类似提议，但是同样的类型却没有库哈斯作品对应的那些“享乐性”的内容。[9] 央视大楼项目难得的媒体语境和对外宣传的期许，使得库哈斯有机会将他的异想天开（fantasy）在东方的文化里以中性的语调表述出来——当然，他高估了中国现实对这笔糊涂账的接受程度。

[9] 与此类似的例子是 OMA 的吉达国际机场机场提案。乍一看，它像是把赫尔佐格的北京奥运会体育场“鸟巢”方案改头换面，然而近似的类型对应的是全然不同的功能和程序。

就像建筑师事务所名称所暗示的那样，他的建筑“类型”最终取决于城市的上下文，它是集体亮相而非个体名词的，在都市语境之中“它们”（而不是“它”）才有自己的意义。十年之后，随着央视大楼项目的建成，人们逐渐忘却了随着“大裤衩”提出的，还有一个被中国业主拒绝了的 CBD 方案，在那个方案里面，整个街区转化为一个“媒体公园”以满足媒体制作中的诉求[10]；更有甚者，如果不是意外的大火焚烧，人们或许也会忘了，通常称为中央电视台新楼的库哈斯项目其实是被他称作 CCTV+TVCC（电视文化中心）的两幢楼。这个幽灵般的未建成城市方案和 CCTV+TVCC 合在一起才是 OMA 真正的北京项目，它的建筑类型学是城市—建筑的类型学。[11]

[10] 这种低层平铺、无先设程序的“城市”和功能程序鲜明的高层地标建筑（Icon）的组合，又出现在 2010 年 OMA 的国家美术馆方案之中。

[11] “在这种不稳定中，我们希望这个建筑不是孤立存在的，而是能够与城市的其他部分相联系。我们并不是做了三个精巧的建筑，中央电视台响应和参与了城市的其他部分。”雷姆·库哈斯：《库哈斯：我们为什么来中国》，《城市·环境·设计》，2010 年第 8 期。

库哈斯的城市—建筑思想最初闪现于《癫狂的纽约》这本书中。“以公平牺牲了美观”的纽约早期规划网格是曼哈顿建筑学浮现的前提，它有这么几个不同寻常的地方：第一，“网格”的构成，和未经开发的产业上的地形和地理条件没有任何关系；第二，它不预

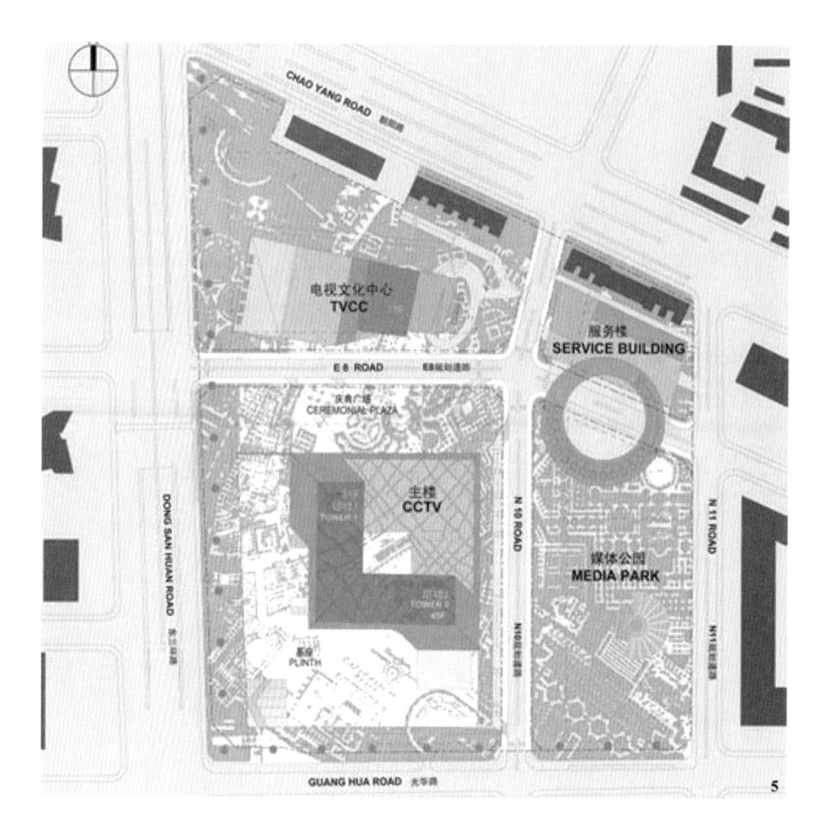

图 5 CCTV+TVCC，一个别出心裁的组合构成了 OMA 的 CBD 规划中不太对称的平面构图。它们在内涵的都市方法上实则是互补的。

见会有什么样的居民和城市生活安置在那里；第三，它不预计这个城市未来的发展，而只是在各个可能的方向上随意延展；最后，它并不指定每个街区的形象和功能，每个街区间的空间关系是均匀一致的——相应地，在后来的纽约，垂直方向上的规划机制是“地面的一味倍增”。在书中谈到西奥多·斯达雷特（Theodore Starrett）在 20 世纪初期的 100 层摩天楼方案时，作者说，这个当时骇人听闻的方案与其是（在建筑学意义上）“设计”出来的不如说是（在工程学意义上）得到“解决”的。“网格的两维法则也为三维上的无法无天创造了无上的自由”，竖直方向上升起的摩天楼和网格一样是“一种概念性的投机”。[12] 摩天楼具有“吸引眼球的能力”和“占据地盘时的谦卑”，网格则在平面上具有“完美的承受性”。“在很多方面，作为一种卓然自立的、形象鲜明建筑的曼哈顿主义历史

[12] 钢铁骨架建筑，后来反复提到的电梯，影响物理人际的网络，再造室内气候的空调。

就是这两种类型学的辩证法。”[13]

[13] 唐克扬：“译后记”，雷姆·库哈斯：《癫狂的纽约》，唐克扬译，生活·读书·新知三联书店，2015年，第514页。

库哈斯对于摩天楼的态度并未变化，央视大楼设计的意义因此建立在对于纽约和北京差异的理解之上，这差异也自然导致了项目中被改头换面的高层建筑形式。在纽约的摩天楼里存在着外立面和里面内容的分离：外面让位给形象，里面由于新的交通技术（电梯）的存在，串起了一系列不甚相关的内容程序。库哈斯批评“曼哈顿主义”后来的死亡是因为过于“干净”的现代主义使得“聚集的狂喜”（mass exhilaration）——或者说，“都会情境里超高密度中的奇观和痛苦”——失效了，而他面对的当代中国的情形恐怕是这种困境之上的困境：一方面北京存在着他称颂的“自体的纪念碑”，占满整个街区的建筑同时成了它自身的环境和上下文；与此同时，这种巨无霸式的建筑，一个庞大的“物”内里的情形却怕不是他能想象的，和纽约相比，位于华北寒冷气候中的中国首都显然缺乏足够的密度——不仅是物理的密度，还有人情的密度——以造成“拥堵的文化”。在CBD这样的“巨型街区”，由于特有的社会管制而造成的“表里脱落”和上下的“精神分裂”会是另外的一种东西。

无论如何，即使我们不去管OMA并未被采用的CBD方案，

图6 纽约早期规划网格。

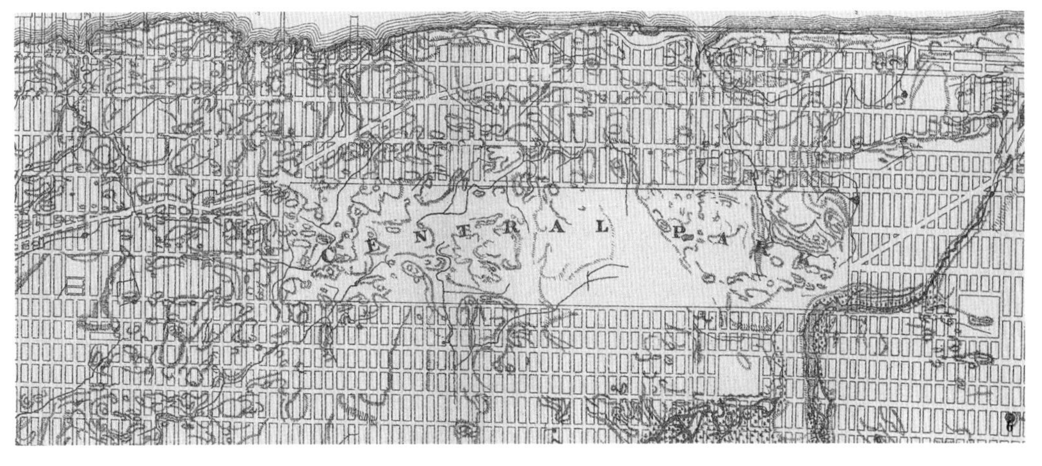

央视大楼的设计都已呈现出了“异体繁殖”（cross-fertilization）的顽强意图。一方面，那座CCTV“孪生姐妹”的TVCC建筑从类型和意义上都是它的戏仿和反转，从而在同一建筑的内部造成了巨大的差异性；另一方面，“大裤衩”自己就是两座摩天楼有点拧巴的耦合。对这位擅长“说服世界上最精英的大学与一个专门出版高级色情文学的出版商共同出版一套系列丛书”的建筑师而言，“混搭”是一种轻松而又严肃的游戏，它不仅仅是创造意外效果的外部手段，更是在城市里引入愈演愈烈的差别（Exacerbated Difference）的内设机制。如果改造中国城市对于一个欧洲设计人来说太高不可攀了，建筑师就从它最基本的单元——建筑——做起（更何况这样巨大的项目已经是一个小型社区的规模）。

“混搭”并不仅仅意味着视觉风格的多样化——这只是事后的结果——而且是功能—形式有意识的解体重组。在这里建筑师不是造型师或雕塑家，而是一个决定功能结构的程序员，而场地的特点赋予的功能对结构的影响也不是自上而下一一对应的，它们至多是程序随机编排的“触发命令”。具体说来，如果起源于纽约的摩天楼原本注定是“表里脱落”的和上下“精神分裂”的，那么前者在北京发扬光大，继续让建筑的外表与内里结构分离，而后者的“病症”却被“治愈”了。建筑师使得在曼哈顿不能并联的高层建筑在空中互通款曲，垂直方向的“环”实际上是水平方向的平面的翻转，它形成了未能尽展自己城市抱负的建筑师对孤立、清冷的大街区的抚慰方案；而与它配对的TVCC恰好相反，是把一堆功能混杂“搅和”，然后向下倒入一个容器里面，再倒过来，就成为一种蛋糕模制（cake in architecture）的建筑样式，它弥补了凿空的垂直街区在密度和混合上的缺憾。[14]OMA的杂志书《内容》（*Content*）收录了大量这样的“通用现代化专利”（Universal Modernization Patent），之所以这么叫，是因为如此的灵机一动其实也是基于一种不动声色的预谋，在一定的、常常是不相关的外部条件（开发量和“体型”的“封

[14] Rem Koolhaas, *Content*, Taschen, 2004, pp. 510-513.

图 7 OMA 的杂志书《内容》。

套”）下，类型序列被打乱重新按一定逻辑编排，并自动转为不同的形象 [15]。

如果能把央视大楼项目和这以后的大量摩天楼提案放在一起看，我们就会同意前者绝不是为“优美、有力的雕塑形象”而生的。事实上，OMA 的作品集中有海量的未能实现的“混搭”项目。为了一个同样条件的摩天楼，自动“编排”的造型方案多达数百个。它们似乎验证着这样一个印象：它们是程序化“生产”的建筑，而不是像很多人渲染的，按经典方法推理出的类型学。[16] 这其中也包括 OMA 在中国的另一个主要建筑：深圳证券交易所。人们可能轻易将这座建筑物的造型与它的功能——金融交易这一功能的主要象征物——相联系；然而，这样的造型也可能出现在 Tour Phare 这样的巴黎观光建筑上，它们毫无疑问也是深交所建筑的类型来源之一。

[15] 打乱类型序列的不仅是寻常的物理机制，还有先进的“技术”，例如在《哈佛购物指南》中多次出现的自动扶梯和空调。扶梯是对《癫狂的纽约》之中的电梯的某种延伸，空调产生的是密闭自足的室内。它们既可以出现在购物空间，也可以出现在主题公园、大型博物馆之中，甚至大学、图书馆和教堂……它们颠覆了这些样式建筑原先独备的程序。

[16] Roberto Gargiani, Rem Koolhaas \ OMA, *Construction of Merveilles*, Routledge, 2008, pp. 247-329.

图 8—图 13 结构师塞西尔·巴尔蒙德（Cecil Balmond）为这一设计提供了至关重要的结构思想。一个不对称、不均质、空前复杂的扭曲而且折叠的筒，回环相接，表皮富于装饰意义的斜撑实质也构成结构的一部分。央视大楼的用钢量，超过同在北京由瑞士建筑师赫尔佐格和德梅隆设计的“鸟巢”。

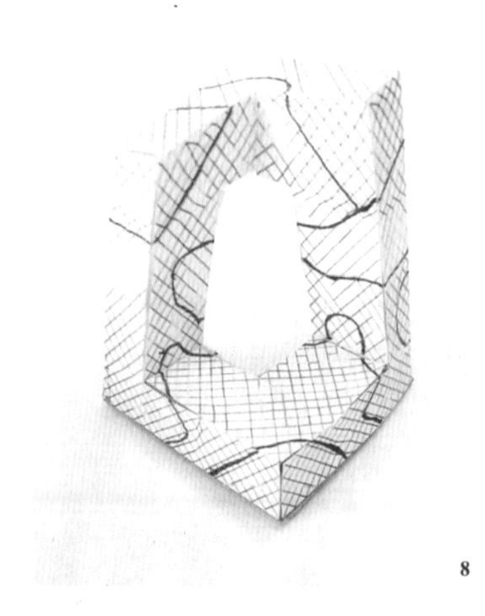

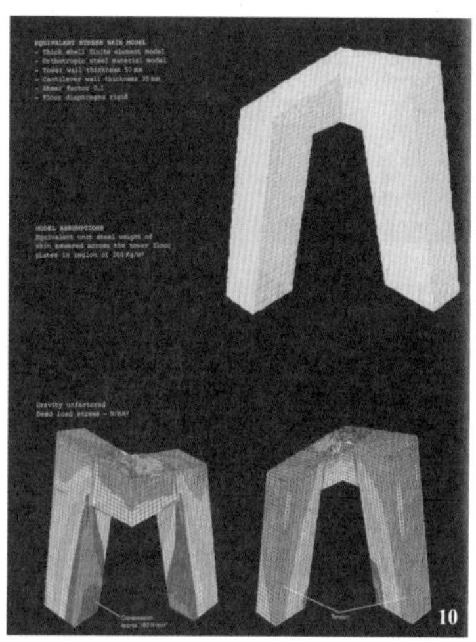

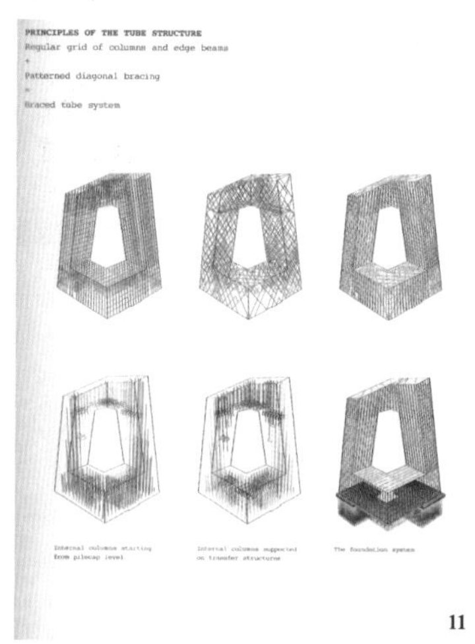

伴随着大量随机“混搭”的、无固定意义的结构，是“集成的稳定性”（composite stability）。这个说法的出现像是对央视大楼项目中富有争议的结构设计的一种回答。这种撩拨人们心跳的不稳定的“稳定性”不仅是结构上的也是就意义而言的。诸如此类的“不稳定类型”积累到一定数量之后，人们就会看到，就和“通用现代化专利”的说法一样，它既是一种蓄意的奇观，也是随机造成的常态，和一般（universal）、常规（generic）等同义。因此你也可以说这种奇观的内在机制其实是稳定（stable）的。

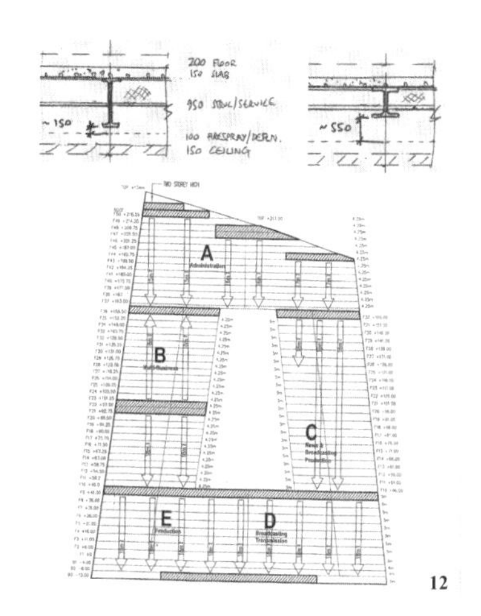

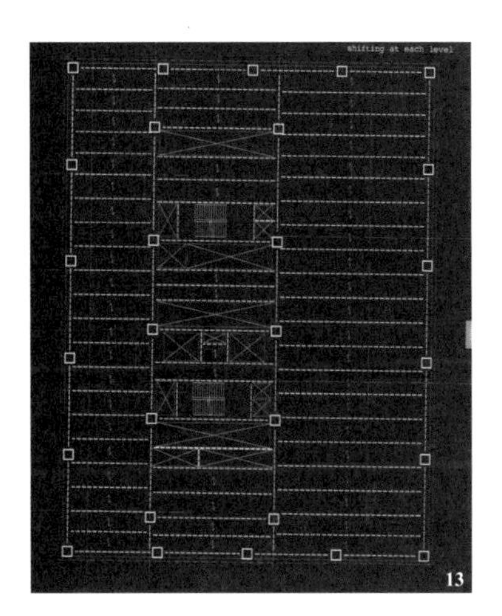

城市和偶像（Icon）

就像前几座震动北京的“明星建筑”一样，对央视大楼设计最猛烈的攻击依然来自它和本地语境的关系上。传统的城市主义渴望在不同元素中取得和谐的均衡，而真实呈现出的区域状况却是“基于它的不同部分之间有可能存在的最大差异”，这导致了“持久的策略性的恐慌”。对库哈斯而言，这种气氛中的机会主义和意外反倒成了每一天的秩序，在一个一切都是被规范好了的城市里，它会显得特别不同。[17] 建筑师自己辩解说，“基地上原来是工厂，我们不认为有什么城市的语境”——这并不能说明库哈斯是反城市的，其实恰恰相反，建筑师一直希望将他的建筑和城市策略合而为一的，无视“历史”只是反映了他打破既有的清规戒律的渴望。

[17] 琼·奥科曼：《YES 人，The YES Man》，第 42 页。

据各种报道，库哈斯到达北京的第一件事就是考察那里的历史街区，在参与中央电视台竞标的那个时期他更是热衷于“历史保护”这个题目，对此发表过很多自相矛盾的观点。[18] 然而央视大楼中显然没有我们期待的那种“历史”。第一，上面我们说过，类似于曼哈顿那样均一的“网格”，和未经开发的产业上的地形和地理条件没有任何关系；第二，城市的形式对内容没有统摄作用，不预见会有什么样的居民和城市生活安置在那里（因此“本地文化”对库哈斯也并无意义）；第三，他对“时间”并不抱特别的期待，城市未来的发展有任意的可能，造价昂贵的央视大楼只是其中一种，发展的“历史”因此也失效了；最后，从结果上而言，多样化的形象和功能是建筑师所乐见的，每个街区间在此的地位是均匀一致的，因此库哈斯心目中理想的，作为央视大楼语境的北京城并不是埃德蒙德•培根所赞誉过的“人类在地球上所创造的最伟大的单个项目”，而是一个因混杂而有生气的社会现实。[19]

[18] 2003 年，我本人参与了库哈斯主导的对于历史城市的系列“研究”。这一研究的成果陆续发表于 OMA 的出版物，并在 2010 年成为威尼斯双年展的专题展览。

[19] Edmund N. Bacon, *Design of Cities*, Penguin Books, 1976, p. 244. 据说，库哈斯在他的北京考察中看中了被他的同行称作垃圾的街头艺术品。《雷姆•库哈斯——为生活改头换面的人》，《经济观察报》，2003 年 6 月 30 日。

现实与库哈斯的期待相去甚远。作为大城市，北京最令人望而生畏的或许是它冷淡的低密度和严格的层级化，缺乏公共交流，这显然不是建筑师喜欢的。[20] 在曼哈顿主义之中，中性的“技术”并不是造就“癫狂”的唯一要素。康尼岛，曼哈顿神话的孵化器，它所发明的“异想天开的技术”才是纽约渐至癫狂之境的不二法门。曼哈顿的街区极小，偏偏在这极小极密的物理空间中人类文明的烈度臻于极限，它是“都会自我的最大单元”（maximum unit of urbanistic ego）。和 19 世纪、20 世纪之交的大城市疏散论（比如霍华德的“花园城市”）恰好相反，各种令人眼花缭乱的生活方式、意识形态和物理功能在曼哈顿狭窄的街区内凑集与叠加，成就了一种作者称为“拥堵的文化”的大都会境遇，“这种文化才是曼哈顿建筑师们真正的业务”；在这里人们可以找到“聚集的狂喜”（mass exhilaration），或者说，“都会情境里超高密度中的奇观和痛苦”。

[20] 如同王群讨论过的那样，密度既是关于物体的也是关于内容（program）的。王群：《密度的实验》，《时代建筑》，2000 年第 2 期，第 36—41 页。

对库哈斯连贯的城市—建筑提议，甲方——也许还要加上大众——做出了不同的扬弃。他们或多或少接受了建筑，但完全抛弃了或者有意忽略了其中的城市因素，或许可以称作“买椟还珠”了——这个设计整体的命运成为库哈斯职业生涯中的一个具有转折意义的时刻。中国城市的绝对规模和表面的多样性都难免使人想起纽约。一方面，规划网格的中立性加上超大城市的数量级，使得城市建筑的“程序”和“形象”彼此脱落，使得它们具备了“癫狂”的物理条件；但另一方面，由于政治中心的特殊性，类似北京这样城市的文化边界和内部层级又是非常严格的，不容“聚集的狂喜”的渗入——恰恰是中国造就了又颠覆了库哈斯的理论。因为一方面数量改变了品质——这是建筑师的敏锐眼光和高明之处，但品质最终又制约了数量的意义。私人产权和公权力之间的博弈（即使是城中之城的洛克菲勒中心也必须遵循街区的严格边界，在地面上分裂为几座塔楼）在中国是不均衡的，这里无法形成某种自下而上的“清晰的混乱”。西方意义上的呆板建筑“风格”的桎梏固然不起作用，但是与人文主义的个人紧密相系的“个性”所造成的多样性，也就是“可能性的群岛”（archipelago of possibilities），在北京也并不真的存在。这种个性导致的多样性，是不同于批发市场式的、趋向同一的单纯混乱的。

很有可能，因为这种显然缺席的城市语境，库哈斯所热衷于实现的功能程序之“环”在它理论上的起点就已经断裂，它正从特立独行的都市主义走向特立独行的建筑类型学。在一个访谈中，库哈斯谈到他一贯的主张：“……太多的钱投资于细节，漂亮、优雅。但建筑不仅是这些，建筑还包括给予，包括功能。我想我们只能做这么多，今天我们更需要来自外部的建筑话语。”[21] 但在同一个访谈中，央视大楼项目的评委之一矶崎新却指出：“通常评委对于 CCTV 的期许是代表中国媒体的未来、国家级机构的形象。但 CCTV 并不是再现偶像（作者注：Icon），库哈斯所做的本身就是

[21] 录音整理晓燕：《“重新定义我们的责任是激动人心的”——建筑师与公众对话交流》，《文汇报》，2006年6月12日第014版。

一个偶像，他把再现过程给反转了，这就是我对其他评委说的话。”[22]

从“城市之窗”到“Icon”的转变，要结合2002年之后发生的一切来看待就会更加清晰。如同乔治·贝尔德所提示的那样，库哈斯的实践分别在80年代末期、21世纪初期发生了变化[23]。作为库哈斯事务所最成功的现实项目之一，央视大楼象征着OMA一个阶段性的转折，那就是他的作品从纸上虚拟的全方位策略，演进为一座座终于“实现”——鹿特丹OMA办公室中口号的关键词——却孤立的“城中之城”。作为他的客户们喜闻乐见的巨大“Icon”，这些建筑每一个都特立独行地吸引眼球——它们的“叙事强度被降低了，成了一种（类型学的）机械过程”[24]。“我们现在并不缺少建筑，而是缺少标志性建筑，让每一个作品都充满个性是我的建筑理念。”[25] 有证据证明，这一切是设定好的，并非库哈斯一个人在设计，在央视大楼之后OMA的万千“通用现代化专利”类型和它先前所发明的“版权所有”词语一样，成为公司运转的动力源泉。[26] 这些项目放在一起形成了一个有始无终的过程，像是回到了建筑师早年的写作生涯。

库哈斯提示人们，这些支离破碎的、不甚“稳定”的“Icon”并不是雕塑性的形象，而是一种矛盾性过程的自然结果。他甚至用埃舍尔（Maurits Cornelis Escher）这样艺术家的例子来提醒他的员工，这种自我打破的开放性设计将保证OMA作品的新鲜程度。如果库哈斯的客户们不止是在北京一个地方注目于他的实践，也会同样恍然大悟：对于建筑师自己而言，这些实现或并未实现的方案其实是高度一致的，它们突破了严酷现实可能带来的保守和滞后，在每一个方案里尽可能地追求不合常情的突破，以创造出进一步“交叉繁殖”的动力，不停地“移植”是打破文明壁垒的有效手段——但是如果从另一个角度看，如果仅仅待在一处，或是随着建筑师周而复始地寻求全球性的实践，人们对这种不甚“稳定”的“Icon”

[22]《文汇报》，2006年6月12日第014版。矶崎新在2010年他的中国国家美术馆竞赛中再次使用了这个词并使之与城市“系统”对应（System vs Icon）。据矶崎新说，中央电视台新楼竞赛评委中的那些职业建筑师显出了最保守的观点。

[23] 乔治·贝尔德：《关于批评性的讨论——一些再思考》，黄凤仪译，《时代建筑》，2006年第5期，第62—63页。

[24] Roberto Gargiani, Rem Koolhaas \ OMA, *Construction of Merveilles*, p. 324. 比如，TVCC的建筑类型很快便被运用于OMA在东京新宿的垂直校园项目，后者被称为“被侵蚀了的密斯式样摩天楼”。

[25] 刘潇潇：《仅有商业不足以表达一种文化或文明——访荷兰建筑师雷姆·库哈斯》，《中国社会科学报》，2012年2月8日第A04版。

[26] Roberto Gargiani, Rem Koolhaas \ OMA, *Construction of Merveilles*, p. 324. 据《大跃进》作者之一刘宇扬的解释：“版权所有”(copyright)的原义不是把名词专利化，而是把这些平时习以为常的字眼转换为“技术或策略用语”，以重新定义或描述，又可加强现有名词的能量。换句话说，这些“专利”并不是确认和稳固现有的概念，而是另一种“不稳定的稳定”。王辉：《“误读”〈大跃进〉》，《时代建筑》，2006年第5期。

图 14 央视大楼的观景层所见，作者摄于 2017 年。

的结局也难免趋于悲观，因为每一种先锋的姿态并不是总能在建筑师的身后自动更新，相反它们会形成新的独断的势力，被商业消费文化买单的“Icon”也是如此——“除了购物，我们将无事可做”。通过以Icon来打破偶像—再现的僵化机制，一方面，（平庸的）建筑消失了，一方面，它们变得无处不在。[27]

[27] 朱亦民：《1960年代与1970年代的库哈斯(2)》，《世界建筑》，2005年第9期，第105页。

开放的阐释

央视大楼对于城市产生的影响固然和早期的明星建筑——比如国家大剧院——有所不同，但是它依然无法与珠江三角洲、台北、香港的南方语境相提并论。对于库哈斯这位早年在东南亚度过生活的荷兰人而言，这座中国北方的大城市或许是他始料未及、最终也无法理解的。库哈斯或许意识到，中国城市其实是个既特征鲜明又内部混杂的所在，在他过早收获成功后的十年，OMA已经面临着在中国的全面撤离。在专访之中建筑师提到过，也许十年之前是预测中国城市走势，但是如今已经有这么多的城市被建造出来，与其去预测，还不如去观察——而非大胆地再次干预——值得观察的一个层面当然是如何建造，另一个层面就是更广泛的层次和概念上“城市”本身如何在发生变化。这里有种复杂的私人和公共领域之间的矛盾，是建筑师无法独力面对的。一方面，像他期待的那样，通过“明星建筑”的实践，私人领域激发出不同寻常的创造性；另外一方面，私人又侵占了公共领域，“最后你看到的是大量的妥协和失败”[28]。

[28] 王寅，特约撰稿朱涛：《“其实CCTV大楼是一个温柔的建筑”——专访建筑师雷姆·库哈斯》，《南方周末》，2009年12月24日第E21版。

对库哈斯这样独特的建筑师而言，比“复杂性”更准确的形容词是“矛盾性”。他站在高处不胜寒的职业顶端，既着迷又抵制着商业世界。建筑师提道：“建筑师要做建筑的话，不得不专注于理想化的方面……其次，在建筑之外，我非常完整地看到了中国的现实……中国真正吸引我的就是它生机勃勃的内在生活，有很多矛盾，但这些矛盾至少可以抗拒巨大的均质性。”他的朋友马克·莱昂纳德（Mark Leonard）写过一本书叫作《中国在想什么？》（*What Does China Think*？），我们感兴趣的似乎也正是同样的问题：建筑师到底在想什么？显然，他已经很快地意识到，这个文化并不真的看好他的哲学。“我们的动机实际上是隐藏的，这样实际上可以让我很安静地干我自己想干的事情。”

最后我想再次回到《癫狂的纽约》——在今天，如果人们想更好地理解央视大楼这幢建筑和北京城市发展的关系，就必须平视它，离它不远也不近——用作者自己的话来说，“不要太当真，但也不容忽略”：至关紧要的是，就像《癫狂的纽约》首先是一本有趣的书，其次才是一本产生意义的著作一样，央视大楼蓄意而肆意的有趣，关系到我们如何恰如其分地理解这种建筑创作的“作者”和“文类”；设计作为文化批评对象的这一意义超乎于建筑学之外，如果我们不能站在一个更广阔的角度理解当代建筑学，这个有时实际得近乎刻板、有时又散漫不着边际的领域，如果我们不能够理解个人创造力的神话和一般的、当下的社会实践之间的关系，我们就无从了解这幢建筑和历史现实的交集。

章节页图 中央电视台新台址是库哈斯及其大都会建筑事务所（OMA）在中国设计的最有名的作品。很少为人所注意的是这幢建筑和其配楼共同从属的建筑用地总规划。一个在空中扭曲的巨环，建筑的投影构成象征性的基地满铺，表达了作者对于建筑在城市中扮演角色的某种期待。

理论

多即是少
——日本建筑的理论表达

作为一个实践性的学科，“写作”在建筑学中的地位一度是非常尴尬的。近年来，随着人们对于媒体影响力的重视，中国的建筑批评水涨船高，但是“建筑批评到底是什么？”这个问题似乎并没有得到认真的讨论。建筑批评是建筑设计的说明书吗？建筑批评只是“批评”建筑吗？建筑批评可以或者有必要教给人们具体的设计方法吗？更有甚者，建筑批评和建筑理论的关系是什么？

日本建筑师的成就有目共睹，但是除了“新陈代谢”学派之外，日本建筑的言说却不易概括。“建筑批评家”这个职业在日本或许不是不存在，但他们产生的影响却绝不同于欧美学界的同行。[1]

判断这种现象的起因并不是唯一目的，笔者更感兴趣这种现象的后果——因为同样的现象中国也普遍存在；对后果的兴趣并非意味着简单的臧否，相反，在结尾笔者会指出，需要摈弃的恰恰是潜伏在大多数建筑写作中简单的“因果”和二元论，转而着眼于看上去有些“虚”的写作议题对于现实的意义。

[1] 在学习西方的初期，日本留德、留英和留美的学生要求学习所在国的语言。直至1915年，日本大学建筑学科的毕业生仍需要以英语写作毕业论文。但是从一开始，日本建筑师就对于外国语言和建筑的“文法”存在某种程度的忽视，觉得它们是第二层面的东西，是工具而非建筑学的核心。日本建筑教学的草创者、英国人康德尔就警告他的学生们，不要借鉴日本的那些所谓欧洲建筑，因为尺度、功能、光线、温度等只有通过“直观”的感受才能学习。现代日语更是将外来词转音吸收在日语词汇中，客观上削弱了对于“翻译”中“转义”以及“原文”的重视。下文将更详细地分析这种缺乏“情境”（context，同时也是语言交流的“上下文”）、不重视“原文”的建筑学的后果。

实践和言说

日本建筑言说的突出特点，是相当一部分著名建筑师都有自己的“理论”，准确地说，是“我用我法”的“创作论”代替了术语共享可以公共讨论的“理论”——事实上，他们的理论笼统地称之为建筑的“言说”可能更加恰当。[2] 本文所要重点谈到的篠原一男即是如此，他既是作品颇丰的建筑师，又同时是一位具有重大影响的教育家和理论家，他似乎从来没有想要区分这些身份：“这种单纯的平面样式……就是日本传统构成的本质之一……它时而表现为

[2] 以美国为例，狭义的建筑批评通常指在著名公众媒体（例如《纽约时报》《时代周刊》）的文化版上刊登的文章，建筑批评的写作者未必是著名建筑师而可以是专事建筑写作的专栏作者，他们多数虽有一定建筑教育但未必有很多实践经验。这些作者的观点独立于专业建筑界，和后者至少具有相同的权威。

图 1 密斯的范斯沃斯住宅。
图 2 坂茂无墙宅。
乍看它们有着某种类似甚至相通的观感，但是它们也可能是两种相向而行的思维方式的巧遇。

强烈的日本形式，时而则是现代主义。”“如果说现代主义的玻璃的空间是‘实’，那么日本近世的开放空间就是‘虚’。”[3]

[3] 篠原一男作品集编辑委员会：《第一样式》，《建筑：篠原一男》，东南大学出版社，2013年，第74页。

在简单的陈述中我们看到：篠原的“理论”既是独立的形式分析（“单纯的平面样式”），又是依赖西方建筑学的术语才成立的“比较建筑学”（“日本传统”和“现代主义”）。他通过一个符合直观印象的判断（“单纯”），一步跨进了西方建筑学的抽象之中（“空间”的“实”和“虚”）[4]。如果密斯的名言“少即是多”可以理解为以较少的表达达到实质的“多”，那么日本建筑师的“理论”似乎意在以多样性的陈述达到实质的“少”——它正好颠倒了密斯的格言。

[4] 日语为中国建筑学，乃至整个东亚地区的建筑学贡献了大量翻译词汇，但是这些已经广泛使用词汇的文化含义并未得到详细讨论。建筑学科使用频繁的“空间”就是如此，建筑师时常以“空间的营造”为交流的话题，但事实上大家对于“空间”的理解并不一致，在其他一些有具体文化含义的例子里。这种现象更加明显。例如篠原一男等喜欢使用的“象征”一词。在《象征的图像》中，E.H. 贡布里希明确指出，西方艺术中的“象征”的很多做法都是东方艺术所不具备的，所以篠原所指的“象征”是为何物仍有待澄清。参见 E.H. 贡布里希：《象征的图像：贡布里希图像学文集》，杨思梁、范景中编选，上海书画出版社，1990年，中文版前言。

通过某个建筑师的寥寥数语评论整个日本建筑已冒着泛泛而论的危险，为了让这种“评论的评论”有点意义，我们不得不再次冒险涉及另一个大到不能解决的问题：建筑“学”到底该包括什么？建筑理论、建筑历史对于建筑设计的意义分别是什么？我们无法在这里讨论以上问题，但是必须看到，在这一至关重要的问题上依然存在着重大的分歧。进入大多数人视野的建筑设计实质是一种“愿望如此”的设计，“研究”也是为创作的“研究”，只在愿望兑现的基础上它才是“实质如此”的，但是对于“愿望”的批评却常常是以“实质”的面目出现的。[5] 换而言之，一种主观的设计问题，常常被归结为没有上下文却有优劣的规律、技巧——以至于设计分析最终升级为设计之“道”，代替或者囊括了建筑历史和建筑理论。建筑原本是一个综合性的问题（多），在实际讨论中却往往抽离了具体的情境变得抽象（少）——理论于是成为一个设计师以不变应万变的“品牌”。

[5] 丹纳·卡夫（Dana Cuff）在对建筑设计的社会学研究中将设计分为寻常设计和“非常设计”，在他看来后者只是整个建筑行业总量的极少部分，但是却构成了我们所说的建筑学的极大部分。Dana Cuff, *Architecture: The Story of a Practice*, The MIT Press, 1992.

假如这种现象只是西方当代建筑学的一角，如此的尴尬却从日本建筑的一开始就已经注定。首先，同我们一样，日本建筑发源于

[6] 宗泽亚：《明治维新的国度》，香港商务印书馆，2014 年，第 417 页。

[7] 当时新建的建筑学科普遍以巴黎美院的教学模式为模范。或许是出于以上所述的实用目的，日本是少数采用英国模式而不是法国模式的建筑学院体系，它的教育格局是工学院的，但它的绘图课又不能不受到如日中天的波杂模式的影响。

极端实用的文化转型之中，在明治维新的洋式建筑风潮中，日本的传统和现代日本建筑的使命并没有必然的关系[6]；其次，历史发源期的“实用”已经把一种低调的物质文化和建筑设计联系在一起：少量开支（不浪费），有效（投入产出的比例），不夸张（去除不必要的装饰）。在伊东忠太（Ito Chuta）的笔记中，日本建筑的最初教师，英国人康德尔（ Josiah Conder ）强调说，“即使是最简单的建筑，如果能以真正的智识设计，用最简单的现成手段也可以变得漂亮”，“建筑的职责就是造便宜的房子，尽可能地好看”；最后，“造家术”一开始就安置于工程学院之中，主要的工作手段脱离了文化判断（唯一的例外是建筑制图和美术学院的训练有关）。[7] 以上的一切使得包括理论和历史在内的建筑写作都不受实践者重视，除了记录性的建筑文字，就是事后感受的“美学”或“礼赞”，它们本质上是“评估”（appraisal）而非“批判性的”写作（critical writing）。

图 3 在库哈斯和小汉斯为《新陈代谢》展览编写的画册中，为丹下健三坐在桂离宫地板上的照片配发的说明是：日本现代建筑图景的创始者回到了源头。

现代日本建筑：多即是少？

本文试图调和两种不同的思路。粗放的看法是：对于一个研究者而言，建筑师的个体创造不可能独立于大的情境，这个情境既包括物理条件、使用的工具等，也包括在一段时间相对稳定的社会价值系统，比如什么才是建筑设计的“有效”和“有力”。正是在这个地方，我们看到日本独特的社会和文化环境乃至行业状况，对评论建筑和表述建筑的方式做出了自己的创新。也正是在这个地方，我们看到建筑批评的机遇所在：就是只有在建筑意匠总体契合建筑情境的前提下，对建筑设计的个人意见才可以出落成特别的“设计之道”——前提是主观基于一定的客观之上。

要走出这一步，首先需要实事求是地评估日本建筑师的创作论，看到他们的丰富后面掩藏着的语焉不详。依然以篠原为例，在他创作的第二阶段转向“少”是以传统为借口的：“日本传统空间构成的最大特征之一，就是对极简主义的表现……作为其中的构成方法，日本的极简主义尤为突出。从而这也就成了日本的象征空间的主角。”[8]

[8] 篠原一男作品集编辑委员会：《建筑：篠原一男》，第 15 页。

由本应立体完满的外部世界（多）导向简省（reductive）的设计原理（少）——这种思路走向日本建筑的极致时，“极简主义”便成了建筑设计的最高境界——这显然不是密斯格言中“少”的原意，但是它反映了此类建筑言说的一般逻辑。中国文学的研究者刘若愚看到，在中国文学的传统里，一般意义的“批评家”（critic）的伙伴总还有“文学本论理论家”（theorist of literature）或“文学分论理论家”（literary theorist）。通俗言之，主持“话语正义”的批评家也有可能是闭门造车的理论家和拿话茬子当“工作”的创作家。翻译到建筑领域，它可能对应着三种不同的建筑评价的角度：

一种是完全主观的，批评家往往不用为他们说“好”说“坏”负全责，这突出地体现为对于建筑趣味、意识形态等的盖棺论定式的判断；一种是研究构成建筑学科普遍思想体系的“理论”，相信建筑意匠甚至风格高下都有其“逻辑”，设计手法不妨具有局部的技术性和个人化风格，但是最终依然可以归结为自上而下的哲学思想，两者可以彼此沟通；还有一种则以某个建筑师的创作为一切的旨归，是一种自内而外的事后总结，典型口径是，“假如我（XX）来做就对了”。

就像刘若愚所说的那样，文学批评中这三种角色从来都没有清晰地分离过，建筑这行当中“批评建筑家”“建筑理论家”“理论建筑家”的关系也不例外。在现实之中，窄小的日本建筑评论的三种趋向也是如此。日本的建筑研究以资料梳理和案例记录的详备著名于世（例如《GA日本建筑》那样的实录性杂志），产生出的真正“理论”却比较少，由此有了三种不同的建筑写作：1）印象式的日本建筑，发端于《阴翳礼赞》那样的“日本观察”，在当代的日本建筑师那里“日本设计”更臻于大成；2）有条件从事建筑实验的先锋建筑师自成系统的建筑“理论”，这是一种由内而外的“抽象”的“创作论”；3）为日本建筑师的实践作总结的比如桢文彦，是一种由外及内，具体的“创作论”。试着举出以下例子：

1）（密斯所代表的现代主义建筑）……这种富于流动性的透明的高质量平面设计在很大程度上是受了日本传统建筑的影响。[9]

2）（青木淳在纽约设计的路易·威登店）将街区整体的气氛变成休·弗里斯所描绘的世界……建筑不是为了看到而设计的东西，而是通过体验到的东西……[10]

3）谷口吉生很少著文讨论他设计后面的哲学和技术，相反他更愿意简洁地，置身事外（sachlich）地解释已经完工的建筑。[11]

[9] 藤森照信：《人类与建筑的历史》，范一琦译，中信出版社，2012年，第161—162页。日本建筑研究者历史“研究”的出发点很有特点，西方研究者敏感地注意到日本建筑师对于日本传统的真正重视并不是在现代建筑兴起的阶段而是在第二次世界大战以后，所以他们是在此刻“返回”了自己的原点。可见Rem Koolhaas and Hans Ulrich Obrist, *Project Japan: Metabolism Talks*, Taschen, 2011, p. 100。然而，日本建筑师对于传统的研究是实用的、点状的“援引”而非社会全景式的“研究”。不难理解，对篠原和一大批类似藤森那样也关心当代建筑实践的建筑师而言，最终，历史“传统是出发点而非回归点”。

[10] 青木淳：《蜕变的现代主义2：原本即是多样的，原本即是装饰》，薛君译，中国建筑工业出版社，2004年，第15—18页。如果说藤森和其他一些历史研究者心目中的“日本第一”是基于一种基本的文化自豪感而产生的先入为主的“印象”，青木淳试图使得这种印象得到理论上的印证，但是这种理论依然基于建筑师的“愿望如此”而非本地条件，因此依然是一种自我循环的“创作论”。虽然是在纽约，青木淳设计所催发的“理论”和休·弗里斯画作中“水晶束般的摩天楼”反映的20世纪上半叶纽约的都市状况并无太多交会之处，它是一种缺乏深度的日本式观察，“不是基于……体积，而是体积本身的呈现”。

[11] 桢文彦同时用“静穆”和“丰沛”来形容谷口吉生建筑的“少”和“多”，这典型地体现着日本老一代建筑师对于言说和实践关系的看法。Maki Fumihiko, “Stillness and Plenitude: the Architecture of Yoshio Taniguchi,” in *Japan Architect*, No. 21, winter 1996.

从不同的角度导致的设计思考，其结果却具有惊人的“日本设计”的共识，但将以上的特点仅仅归结为日本人的“民族性”会是十分误导的。如上所述，在此我们无法详细讨论“日本建筑理论”的发源问题，只能试图从整个日本建筑现象的周边，并且结合日本建筑师自己对于这一现象的态度，来间接地分析这种类型的“理论”导致的后果——值得再次强调的这并不是简单的“决定论”，也即原因 A 必然导致原因 B，即使以上已经交代的历史“起源”问题也不是完全“决定论”式的，而是有着各种各样的客观条件和主观意愿的交叉，充满着这样那样灵活的，甚至是蓄意的错解。

如上所说，在康德尔等人的主持下，日本建筑教育起源于政府大力扶植的国立大学工学院（工部大学校），这让日本的建筑学院从一开始就非常“综合”。但是这种综合是政府主导下的生产协同体系的综合，而非社会领域各部门之间的综合。Don Choi 评论说，日本建筑学的“综合”和德国以及瑞士的建筑学校，比如森佩尔参与创立的苏黎世高工（Zurich Polytechnikum）不可相提并论。[12] 在带着实用目的的日本建筑教育起源中，建筑专业的思想没有可以与之配合或者抗衡的机制，没有同等程度的从业人员、评论家、博物馆、建筑图书馆以及彼此竞争的建筑学院。如果勉强有一些，他们也是为了达成基本的合作，而不是彼此抗衡。[13]

大学任教的建筑师因此天然具有理论的权威，成为一枝独秀的“学院建筑（理论）家”。类似于篠原那样的建筑教育界宗师，或者桢文彦那样有过欧美留学经历的建筑师，本有条件成为纯粹的建筑理论家，这样他们的理论便可以和欧美学界无缝对接；但是由于大多数人的主要目的还是先锋建筑实践，他们的理论最终也归结为由外及内的“创作论”，是建筑理论更是创作理论，二者混杂在一起，并且时时渗入日本“民族性”的神话。

实质的后果是：1）创作“理论”和一般实践的脱卸——脱卸

[12] 日本建筑教育的欧美草创者对于不同教育体系的长处采取的是一种“拿来主义”的态度。在以德国和瑞士的学校为“务实”的楷模的同时，日本建筑学院向他们学习的“综合”绝非基础学科意义上的“综合”，而是为完成实用目标的工种上的“综合”。他们之间的意见分歧最终也只能以这种貌似“综合”的方法来“调和”。最初到任的亨利·戴尔（Henry Dyer）认为建筑是职业学院，不应该讨论文化问题。他的继任者康德尔一方面比起戴尔来更像个教育家，一方面对于文化也抱着一种实用主义的态度。例如在哥特式的平面和立面中混入日本的浮雕元素。在同一时期发轫的美国建筑学也面对着类似的局面，美国建筑中同样没有那些杰出的先发案例，欧洲建筑的文化积累在这里微不足道，但是因为没有语言和文化的障碍，他们几乎是不费什么力气就在这方面后来居上。

[13] 日本文化中的师长学派之争带来了建筑实践的多样化，但它也防止了建筑思想之间的真正交流和开放性竞争。

图 4、图 5 英国人康德尔（Josiah Conder，图 5）为日本建筑带来了第一批“和魂洋风”的现代建筑（图 4）。

并不意味着完全不相关，而是功用上的彼此独立，“一般而言，教授主要就和工程有关的理论观点开班授课，并不考虑它的实际应用，学生离开学校时，对于实际工作的理解常常比他们进来的时候好不了多少”（亨利•戴尔在日本主持最初的西方式样建筑学科时的印象）；2）创作“理论”和历史的脱卸，不深谙历史的建筑设计师也可以随意发表对于历史的看法：“在东京工业大学建筑学科的建筑史课程中……都对我纷乱复杂而又充满主观意识的关于历史性的理论研究宽容地给予了指导……”[14] 学术上的“宽容”和一般实践为“学院建筑家”留下的一定“理论”空间，形成了“学院建筑”和“普通日本建筑”的分野。

[14] 篠原一男作品集编辑委员会：《建筑：篠原一男》，第 75 页。

而另外一方面，尽管评论“对错”很无聊，建筑师的言说不必和其广泛的社会效用完全挂钩，无从构成对他作品的检验手段，客观地造成了对不同建筑思想进行比较的困难——它鼓励了有讨论对象而无共同“议题”的现象的出现，继主观式印象式的建筑判断（日本的“美学”）之后，又出现了各种不同阐释的建筑理论“抽象”（闭门造车的个人化理论）。这使得每个建筑师都可以拿出他自己作为理论写作的对象，要么他的生活经历和后来的知名程度构成“传记式建筑理论”，要么不停地攫取个人化的概念，戛戛独造独立无情境的“创作理论”，变成某种可爱的“宠物建筑学”（借用犬吠工作室的说法）。相对于20世纪西方建筑学的丰富（不同思想）的多样（不同的建筑方法论），日本建筑学似乎是单一（类同思想）的极大繁荣（不同的形态）。

矛盾的多和少

在老一辈的日本建筑师那里，这样的“少”依然是基于一种极其实用的技术理性。随着当代文化侵入建筑领域的强势，设计理论逐渐转化为一种盛行的寻求个人化创作的主动意识——现在时尚的创作“理论”本身就是这种建筑学存在的理由。但是这种状况是否全然是单维的，而它对当代日本建筑的影响是否又是全然负面的呢？试着考虑如下更大的问题：假使对一幢建筑的批评总要在学科乃至社会范围内寻求某种共识，而个人化的建筑设计并不具备这种共识，那么确保最终产出质量的最低度客观要求是什么？

显然，这个问题对于同样理论积弱，同时实用理性又占了上风的中国建筑有很大的参考意义。

对于日本而言，和建筑方法论的“简省”（reduction）相对的是实践模式的“多”，这种现象也决定了产出的“多”。丹纳·邦特雷克的文章，详细地讨论了日本实践模式中的专业合作和美国的不同：由于日本建筑师在实践中并不是唯一的强势群体，专业合作者具有同样的地位——对应着匮乏清晰理论的，是大多数日本建筑师在设计伊始只有粗放的想法，其余的部分是通过建筑师和专业合作者动态磨合慢慢实现的。在这个过程中，建筑师倾向于鼓励他的

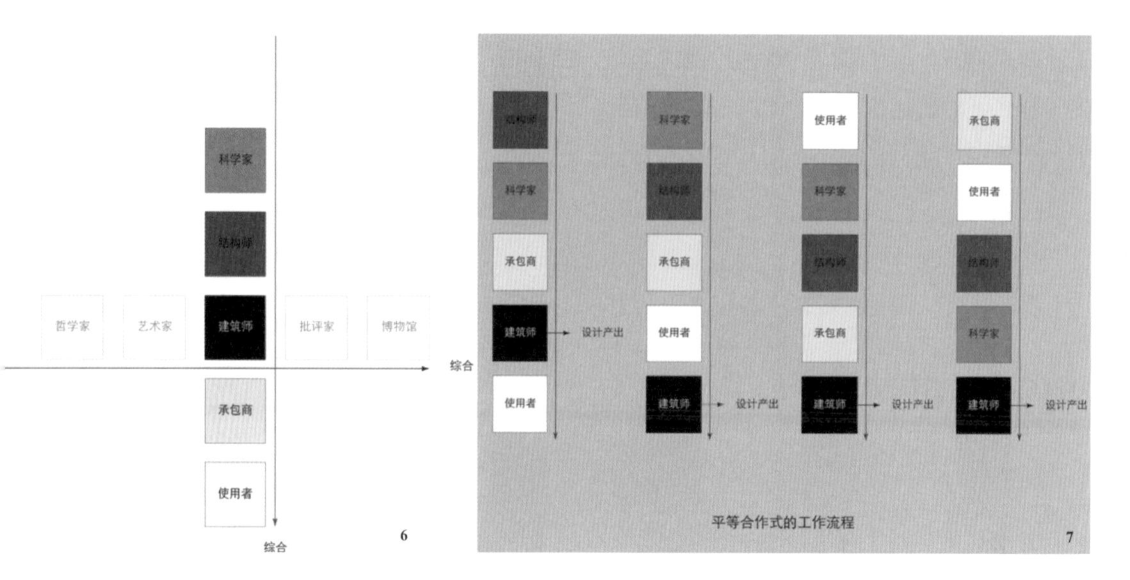

图 6、图 7 两种不同模式的建筑专业合作，一种（图 6）以建筑师为中心或者以建筑师为建筑生产的关键环节，建筑师很少受到和他处于同一层级的其他专业权威的质疑和挑战。在另外一种情况中（图 7），建筑生产的起点可以来自任何一个工种，比如富有远见的研究者、新的材料的供给、不同的用户要求等，建筑师只是这个环节链条上同等重要的一环，甚至不是最后的一个环节。作者分析图。

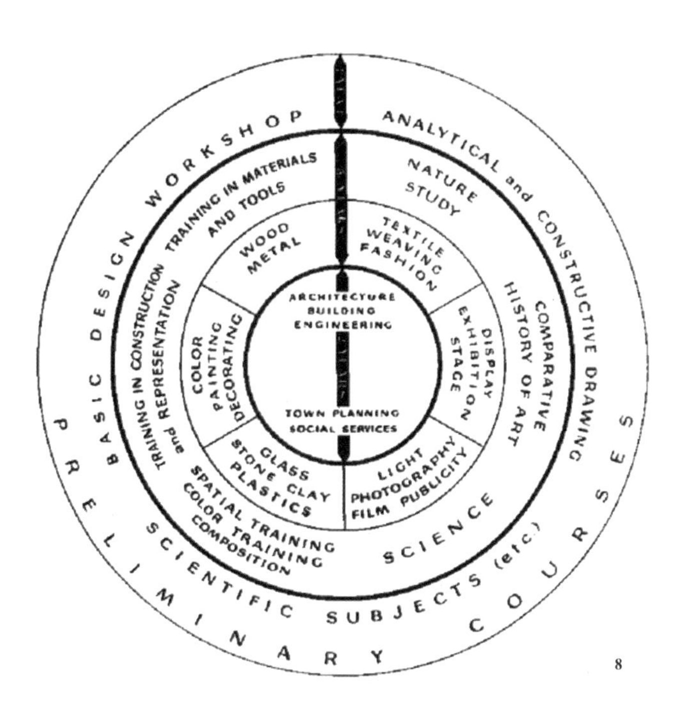

图 8 包豪斯的教育思想典型地体现在它的课程设置上，然而，这张著名的图表最容易让人误解的地方，在于我们容易认为其中存在着核心和边缘的差异，以及理论（中心）和实践（外环）的脱离。

合作者提出新的想法而不是解决问题，从而带来了建筑设计中“创新的‘垃圾桶模式’：取代固定的解决问题模式，这一方式允许不同次序的问题、解决方案、参与者和改变机遇的并存”[15]。

[15] Dana Buntrock, "Architectural Practice Today" and "The Roots of Collaborative Practice," in *Japanese Architecture as a Collaborative Process*, Spon Press, 2001.

值得注意的是以上所述的两个“脱卸”恰好助长了这一切的实现：为了寻求共识，解释设计涉及的机理，建筑师并不是带入自己的抽象——它们并不太好解释，而是寻求一种更直观的解释方法，比如形象、构图是否合理，可以达到什么样的效果，等等，然后向专业配合方提出自己的要求。在目标实际过程中建筑师并不去清晰地解释自己的“理论”，所谓“历史”与“文化”也更像是交流的必要而非研究性的诉求，这进一步造成了事后解释和实现手段，核心概念和技术支持的背离——虽然表面看上去它们并没有矛盾，但这又进一步鼓励了建筑师可以随意解释自己的设计。

日本独特的合同模式决定了项目执行过程中相对大的灵活性，缺乏清晰和准确的理论前提意味着一种“开放性”的设计。在英美的文化中，这通常意味着建筑师声誉受到影响，在日本却不会。建筑言说的语焉不详弱化了一致的、系统的理论探讨，后果却并非全然消极，而是产生了有趣的积极意义：第一条是印象式的、事后的建筑批评，比如极简的技术“美学”倒回去“暗合”了现代主义，这种自日本现代建筑发源以来就有的阐释传统自不必说，它有效地对应着现代日本建立自己身份的需要[16]；第二条有关实践系统的开放性问题，由于日本是一个狭小的岛国，它的经济规模决定了合理的创新成本—成本回收（至少从现状看来是这样）[17]，实践的效果相当依赖于建筑师圈子的个人沟通，而不是事先构造出的一套难以修改的理论；第三条，日本建筑总体上缺少高屋建瓴的理论教师，但是绝不缺乏广义上的“享乐文本”，或者自我发明的“创作理论”，事实上，新一代的日本建筑师已经成功地创造了随文化消费而增长的“媒体建筑”[18]。在这样的总体氛围下，如上所述的三种评说方式中“评价”性的批评，“系统”性的言说都变成了第三种：“创

[16] 更重要的一点是西方人对于日本建筑中存在的异国情调的浓郁兴趣，这种现象自从芝加哥博览会的凤凰堂以后就普遍存在。值得提及的是西方人并不只是对于日本存在这种兴趣，在美国20世纪初期的建筑实践中也可以看到对于希腊、埃及乃至中国“风格”的兴趣。

[17] 日本的民族性包括日本实践者具有超乎寻常的耐心，日本民族普遍喜欢“和谐”等通俗说法。其实类似的成功设计—工程合作也出现在另外一些规模的小国家，但是并未获得类似的巨大声名。参见斯坦福·安德森编：《埃拉蒂奥·迪埃斯特：结构艺术的创造力》，杨鹏译，同济大学出版社，2013年。

[18] 日本现代建筑真正获得国际性的声誉是在20世纪70—80年代的经济腾飞时代。日本建筑实践中的合作方式并不是绝无仅有，事实上，作为一个包容性更强的大系统，美国的建筑实践中也存在着类似日本式的合作方式，但它们无法成为孤立的“现象”，而只是整个系统多样性中的一种。参见矶崎新对此的讨论：Isozaki Arata, *The Island Nation Aesthetic*, Academy Edition, 1996。在一个开放性的依赖能源进口和文化出口的后工业国家里，对于作为一种消费对象的建筑文化的集中消费模式又是另外一回事。参见上注。

作”性的言说。

当然，其后果也就是设计本身进一步变得抽象了，因为“创作论”本质上是一种主观的“研究”，是否一定与某种情境挂钩就无所谓了。在日本建筑学发源的早期，也隐约可以看到这方面鲜明的日本特色。比如在现代设计之中引入“日本”的母题时，他们绕过了“英国是什么”的问题，研究的是英国建筑师使用英国母题的方式，也就是A—A’等效于B—B’的逻辑。当他们琢磨火盆（hibachi,火钵）的换气问题的时候，他们使用的都是从汤姆林森（Tomlinson）和其他主要英国作者的书中找到的概念和术语。[19]在向国外学习的过程中，日本建筑并不十分擅长直接“翻译”，他们的做法是首先建立起某种中性的、标准的功能，它更多地依赖于间接、模糊的“拟似”“等效”，而不是有着明确文化情境的判断。这也可以解释，为什么篠原实验性的日本建筑会集中在家居“住宅”的抽象空间上，因为它既不一定需要全然传统，也不像其他现代建筑一样有着过于确定的功能——“文化”和“功能”两者都是明确的外部限定，在先锋日本建筑师的“创作论”中却常常成为事后解释的工具。

[19] 转引自 Don Choi, “Educating the Architect in Meiji Japan,” Author’s draft, p. 19。

建筑是由漫长的体验过程获得真切的物质属性的，这种体验过程受到了复杂的社会和文化机构的影响。日本现代建筑的独特在于：它既在体验上细腻具体，又在理论上有一种简化、淡化和脱离情境的趋向，是“全面”与“单一”、“生动”与“抽象”的共存。日本建筑教育的“全面”和“生动”或是必然的，这其中既有历史的原因或许也缘于它独特的教育和社会哲学：无所不包也几乎无所不能的“全能建筑师”居于实践的金字塔尖，在别的领域几无挑战，造就了大批出色的明星设计师。一方面他们受制于并不是全然自由但十分优良的实践情境，一方面他们又有几乎任意阐释自己作品的广阔的自由。创作论的蓬勃和大量（多）和难以归并整理而形成的真正理论的稀缺（少）形成映照。

日本建筑比中国系统学习西方要早了至少半个世纪。然而，日本建筑理论的“单一”和“抽象”是否是它的短板，或者说：单纯以这样的言说不加反思，是否就能在不同的情境中带来同样的绩效？如果我们能用一种批判性的眼光观察这样的现象，个中也许有很多东西供中国的建筑学参考。

章节页图 石上纯也，日本栃木县水上公园。

图 9、图 10 石上纯也，日本栃木县水上公园。即使代表了日本建筑中相对异类的石上纯也的作品，也体现了日本建筑中那种无所不在的“复数”特征，在这个艺术气息浓郁的项目中，一片森林被整体移动到一个新的建筑和景观语境之中。它们之间变化的关系，自然与自然的，人工与人工的，人工的和自然的，就构成了建筑师不动声色的“作品”。

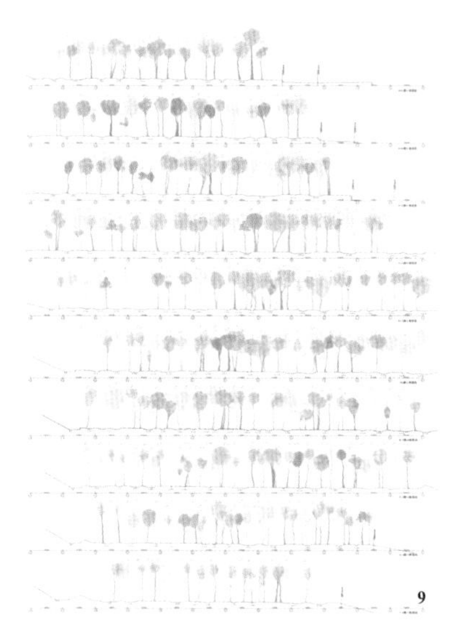

9

10

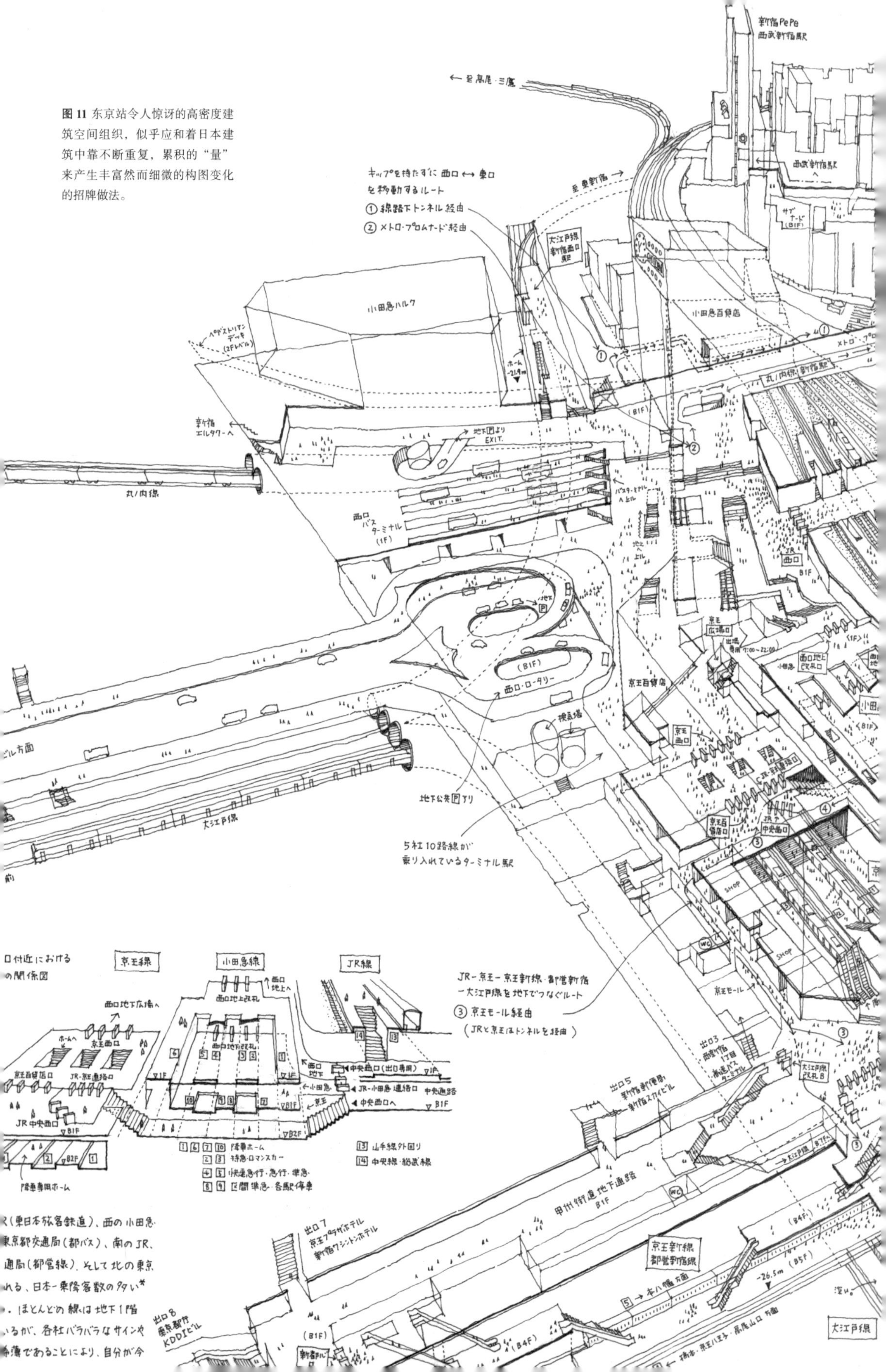

图 11 东京站令人惊讶的高密度建筑空间组织，似乎应和着日本建筑中靠不断重复，累积的“量”来产生丰富然而细微的构图变化的招牌做法。

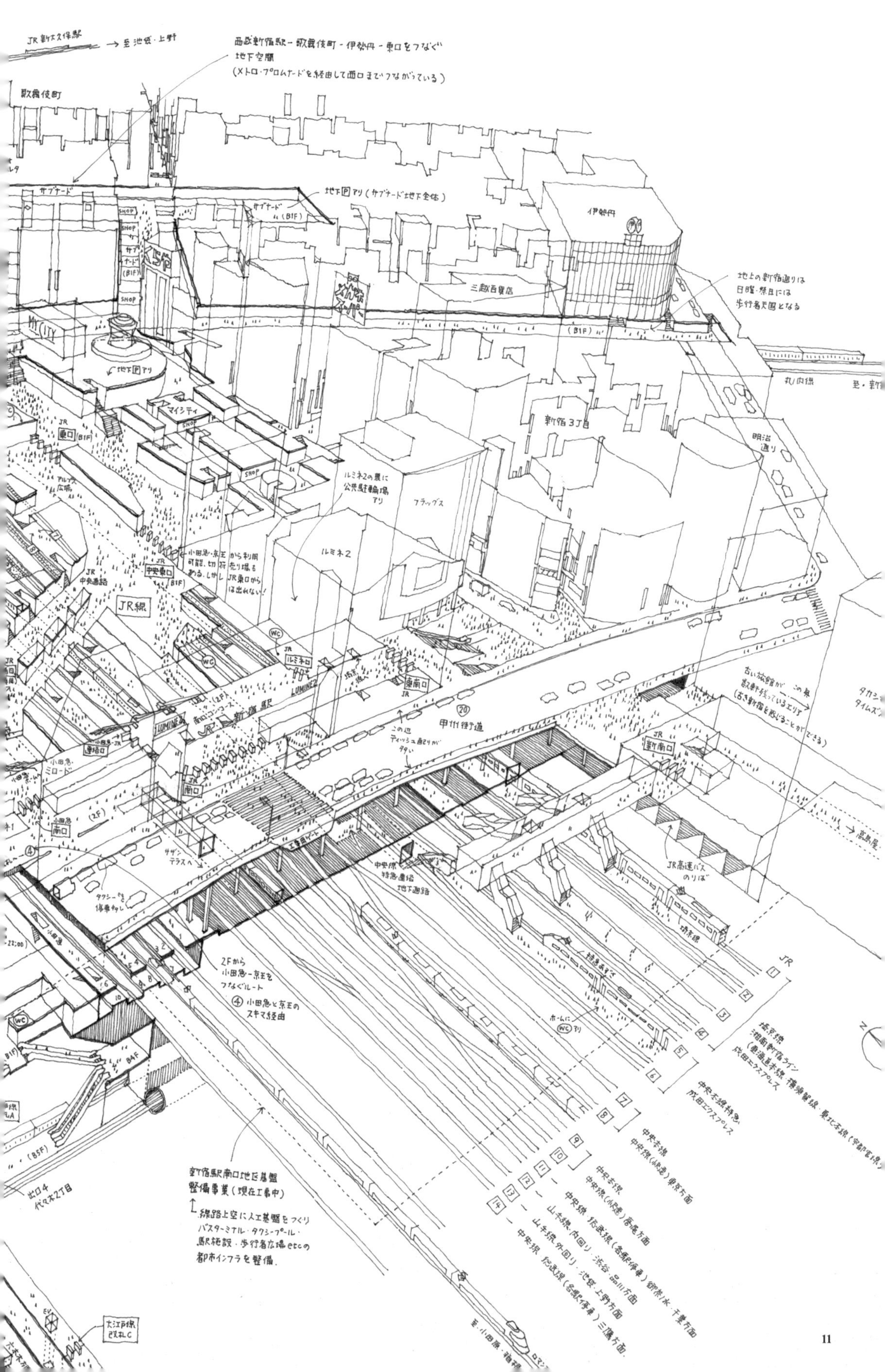

JR新大久保駅
至池袋・上野
西武新宿駅－歌舞伎町－伊勢丹－東口をつなぐ
地下空間
(メトロ・プロムナードを経由して西口までつながっている)
歌舞伎町
サブナード
地下Pアリ(サブナード地下全体)
サブナード(B1F)
SHOP
伊勢丹
三越百貨店
地上の新宿通りは
日曜・祭日には
歩行者天国となる
(B1F)
丸ノ内線
MY CITY
地下Pアリ
マイシティ
JR東口(B1F)
アルプス広場
新宿3丁目
明治通り
ルミネ2の裏に
公共駐輪場
アリ
フラッグス
ルミネ2
小田急・京王から利用
可能。切符売り場も
ある。しかし JR東口から
は出れない!
JR中央東口(B1F)
JR中央通路
JR線
WC
JRルミネ口
LUMINE2
東南口
JR新宿駅
南口コンコース(2F)
20
甲州街道
この辺
ティッシュ配りが
多い
古い旅館が散見しているエリア
(古き新宿を感じることができる)
JR新南口
高島屋
JR高速バスのりば
小田急ミロード
小田急南口
JR南口
サザンテラスへ
工事用ゲート
中央線特急連絡地下通路
2Fから
小田急・京王を
つなぐルート
④小田急と京王の
スキマ経由
埼京線
特急あずさ
ホームにWCアリ
JR
埼京線
湘南新宿ライン
(東海道本線・横須賀線・東北本線(宇都宮線)
成田エクスプレス
中央本線特急
成田エクスプレス
中央本線
中央線(快速)東京方面
中央本線
中央線(快速)高尾方面
中央線・総武線(各駅停車)御茶ノ水・千葉方面
山手線内回り・渋谷・品川方面
山手線外回り・池袋・上野方面
中央線・総武線(各駅停車)三鷹方面
新宿駅南口地区基盤
整備事業(現在工事中)
線路上空に人工基盤をつくり
バスターミナル・タクシープール・
駅施設・歩行者広場etcの
都市インフラを整備。
B4F
(B5F)
出口4
代々木2丁目
大江戸線
改札C
至・小田原・箱根

历史

空间建构时间

如何建构历史的空间？经历了30多年新馆的设计竞赛和建设历程，本身也有一百多年历史的雅典卫城博物馆是一个鲜活的案例。在雅典，一座本身就是不断延续发展的“历史”的著名城市中，还有必要格外强调城市这样宏观的“上下文”（context）对于历史书写的意义。

博物馆本身是一种历史观的现实再现。在博物馆，当标签解说“XX时期的XX作品”的时候，已经意味着从历史“上下文”中抽离和孤立出来的片断空间。

难得的是，一个有关“浓缩历史”的例子中同时集成了空间和时间两个维度。2009年完工的雅典卫城博物馆恰恰选址在一个与卫城，也就是它所展示的原型对象两相遥望的敏感位置上，这自然有关空间中的某个特殊“战略点”（strategic point）。与此同时，希腊人对于自己历史的定义也处于现代社会的一个转折时期。

雅典历史的前后与上下

最早的两座卫城博物馆动议于19世纪后半叶，选址就在卫城的山顶平台上。[1] 在博物馆的发展历程上，这段时间是一个尤其敏感的阶段，兴建“国家博物馆”对于那个时期的新旧资本主义帝国都是一件大事——这其中体现着某种特殊的历史“时间”。不妨借用罗兰·巴特（Roland Barthes）在《明室》（*Camera Lucida*，1980）中所使用的两个术语“知面”（studium）和“刺点”（punctum）[2] 的关系来说明这种历史时间的显现。这种“刺点”也正是我们上文所说的“战略点”，关于空间中的个别与一般的讨论可以转移到时间领域。19世纪末西方文明所感知的历史，似乎不过是文明之“流”中截取的一个片段，但是这种片段其实不等同于人们熟知的整体历史的一部分。相反，在博物馆中堆积而且井喷的“文明”，正反映了一种陌生的对于文明自身结构的新看法——卫城卓然自立的地质构造使它成了一座露天的博物馆，它不再是历史的象征，其自身就成了历史。

[1] Dimitrios Pandermalis, “The Museum and its Content,” in Bernard Tschumi Architects (ed.), *The New Acropolis Museum*, Skira Rizzoli, 2009, p. 24.

[2] 整体把握的历史和通过细节把握的历史二者是不等价的，后者并不仅仅是前者的一个切片，通过重组历史的某些“证物”事实上构成了新的历史。Roland Barthes，*Camera Lucida: Reflections on Photography*，Farrar, Straus and Giroux, 2010，p. 144.

图1 “卫城”（Acropolis）原意为“上面的城市”，并不是仅仅雅典一地才有“卫城”。

由此刻回溯，希腊的历史体现出不一般的复杂性。首先说这块土地上承受古典遗产的主体，虽然是一个有着悠久历史的古老民族，经过了东罗马帝国和奥斯曼土耳其帝国的千年统治，现代希腊人的血统已经不复“古希腊”，在他们与周边区域不断融合的过程中，希腊的文化“地层”也显得空前地庞杂。简单地回溯一下这段历史我们就可以看到，在罗马帝国时期，希腊人已经和欧洲其他区域，特别是南欧诸国彼此融合。文明史上的后来者罗马人和希腊人逐渐难分彼此，而随后和奥斯曼土耳其长达四百年的纠葛又为希腊文化注入了东方和伊斯兰的因素。[3]

[3] 随着西方主体及其殖民进程的变化，空间的观念一直也在随着历史而变化。例如，曾经是古代地中海世界的主角之一的埃及人最终成为19世纪西方文明概念中“东方”的一部分。参见本节注18及有关李格尔的讨论。

这种历史的分层甚至在一个城市的空间上也脉络分明。在雅典，除了考古学一般意义上自下而上的地层累积之外，代表着久远过去的卫城——人们一般所熟知的希腊“历史”——反而高踞于混杂的现实之上。就像古典时代另一些文明中心比如罗马一样，卫城是在平地上升起的。不仅如此，它的确是一块巨大的岩石（Sacred Rock），四面陡峭有利于防卫。古典时期雅典城的范围比卫城所在的区域稍大（主要集中在卫城北侧的区域），但是这种上和下相峙的态势已经奠定了城市的基本格局。进入拜占庭时期乃至后来的奥斯曼帝国，卫城的功能颠倒过来，变成了孤立于世俗生活之外的边缘。与此同时，在现代人的历史保护观念形成之前，这片山岗并不是当代生活的禁区。17世纪，威尼斯人短暂占据卫城期间，它一度被作为军火库使用。战争期间的火药爆炸，严重地损毁了今天一砖一瓦皆弥足珍贵的建筑。

希腊民族意识的觉醒必然伴随着时间和空间上的重整，随着19世纪初期希腊的独立，卫城又重新成为古代希腊乃至整个希腊文明成就的象征。[4] 就在第一座卫城博物馆得以建立前，当时在希腊享有特权的英国外交官额尔金[5]将帕特农神庙众多的山墙板，加上另一些重要雕塑、饰物盗出了希腊，放到了大英博物馆中展示，

[4] 现代民族国家的一般情形就是在时间上努力塑造一个连续的共同体（虽然事实上并不一定如此），空间上的诉求通常只会扩大而不缩小。作为现代民族国家的希腊也声索奥斯曼帝国疆土上希腊人聚居的区域，塞浦路斯分治而发生的种族冲突问题就和此大有关系。

[5] 指托马斯·布鲁斯（Thomas Bruce），额尔金这个称号的第七位继承人。他的后代是1860年烧毁圆明园的英法联军的指挥官之一。

这批不太光彩的收藏统称“帕特农大理石（雕像）”（Parthenon Marbles）。第二次世界大战后的20世纪50年代，大量新兴民族国家的兴起带来了第二波博物馆事业的高潮。不断发现的希腊遗物已经不再是旧博物馆的两座小房子能够容纳的，1975年，新成立的卫城文物修复委员会决议将所有放在露天的雕像转移到一个室内的博物馆；与此同时，对于古希腊文物的展示也渗入了高度政治的议题——只有希腊，只有雅典，才有资格展示“帕特农大理石”，因此希腊政府在这一时期正式提出，大英博物馆理应返还他们的国宝。

图2 现藏于大英博物馆的“帕特农大理石”。它们陈列的方式实则脱离了建筑最初的空间语境，也为屈米的重新演绎提供了依据。

新卫城博物馆

在决定新卫城博物馆的建筑设计之前，雅典人同时面临着选址和展览结构的挑战。绝非巧合的是，它们都和博物馆建筑的基本文化命题有关：如果展览的对象是和主体对立的客体，当它进入观众的视野时已经脱离了它们的“原境”，再精心的设计也不可能准确模拟出当时人的感受；但是，与此对立的观点是博物馆应该尽量再造“原境”，包括类似的空间感受和文化、礼仪的上下文，因此展示卫城文物的博物馆自己也是一座新造的“卫城”，当代文化的神庙。[6] 旧的卫城博物馆就在卫城之上，它的作用绝不是代替卫城原有的建筑遗址而是尽量少地干扰它。在那样的情形下，卫城本身才是一座露天的博物馆，而新的博物馆和卫城已经没有什么空间上的必然联系，它是一座历史的“冷藏库”。相形之下，失去了雕塑等文物的卫城变成了一个没有具体内容的空壳，两者都或多或少地不那么完美了——前一个有实质而缺乏真实的空间，另一个依然是原址但却失去了“灵魂”。[7]

[6] 巫鸿：《美术史十议》，生活·读书·新知三联书店，2008 年，第 34 页。

[7] 两种博物馆原型都和此有关。一种博物馆是“仓库”，另外一种则是“遗址”（或者“废墟”）。

长期以来，一座新的卫城博物馆是追索卫城文物的重要环节。某些英国人更以希腊没有条件展示“帕特农大理石”为由而拖延和希腊人的谈判，这促使希腊政府把卫城博物馆的建筑竞赛提上议事日程。前两次竞赛在希腊本国的建筑师之间进行，结果都不尽如人意，按照博物馆馆长的回顾，其中一个重要的原因是因为建筑基地的面积过于有限了[8]。1989 年的第三次国际竞赛由意大利人赢得，但是竞赛的结果最终无法成为建造方案。由总统亲自选定的旧军营—警察基地下方有从远古时期一直延续至今的建筑遗存——博物馆面对的挑战不仅是如何在平面上的展开，还有怎样处理它可能覆压的历史地层，考古发现雅典人一直在这里不停地建设。卫城脚下的现状城市其实已是很晚近的 19 世纪奥斯曼帝国的格局了，这里却显示出了笼统的“大历史”保护在现实中的自我矛盾。即使今天的人们对它们好恶有别，但事实上物质历史的层次也是彼此相连，互相承接，其中任何一个层次都难以轻易地、独立地移去。

[8] Manolēs Korres (ed)., *Dialogues on the Acropolis: Scholars and Experts Talk on the History, Restoration and the Acropoplis Museum*, Skai Vivlio, 2010, p. 465.

图 3 新卫城博物馆北立面外景，清晰可见博物馆下的考古挖掘现场和博物馆自身自上而下的三个层次。在北立面可以看到与原址一起保留的 19 世纪建筑物。©Peter Mauss-ESTO

20 世纪末的第四次国际建筑竞赛最终决定了卫城博物馆的新方案。这次一个重要的基地策略是把整座建筑的基座提升，同时也“提升”了博物馆的观念。建筑下存在的考古遗址大部分被完整地保留了，考古学家们首先确定基本的勘探区之后，然后建筑师得以相当精确地择定建筑的若干支撑点，混凝土柱子直接立在岩层上，以滚轴支点（roller bearings）与之连接。如果遇到强烈地震，这样的支点让结构具有伸缩性，可以确保建筑和展示文物的安全，但更有理论意义的是它们使得新建建筑和原地表的接触极小化。看上去的庞然大物却对基地没什么改变，新嵌入的博物馆整体“悬浮”在依然被掩埋的“历史”之上，它一劳永逸地解决或是悬置了现实历史地层孰轻孰重的难题，从而专注于“向上”。

最终赢得竞赛并建成博物馆的瑞士人伯纳德·屈米（Bernard

Tschumi）是著名的建筑理论家和教育家，他最终可以在希腊赢得这次竞赛的原因也许并不复杂。不太以建筑形态为意的屈米反而迎合了这次竞赛的情境：新的博物馆不需要在造型上和西方文明中最著名的一所建筑比肩，相反，它需要呼应今天的历史博物馆所面对的挑战。屈米一口气提出了三个有关卫城博物馆竞赛的问题，充分证明了他对竞赛要求的深入理解[9]：

[9] Bernard Tschumi, *Architecture Concepts: Red is Not a Color*, Rizzoli, 2012, p. 498.

1. 如何处理帕特农神庙和建筑的关系？
2. 如何处理博物馆和脚底下基地的关系？
3. 如何在新博物馆中展出帕特农失去的雕塑中楣？

博物馆和脚底下基地的关系——事关被掩埋的“历史”——已经以上述的方式顺利得以解决。而新卫城博物馆面临的新老建筑的关系其实还是有关“历史”的问题，只不过历史和现实的方位——“上”和“下”现在调了个个儿，一味覆压的关系现在也转换为上下和异置的并存。新博物馆的个头和它肩负的使命典型地体现了当代博物馆的两难，一种被具体空间所结构和物质化的“历史”中的矛盾：第一，卫城的东南坡的上下是两种截然不同的物理现实，往上数百米是巨大孤立的历史遗迹，而往下则是稠密细碎的近现代街区，博物馆需要找到某种办法将它们衔接在一起；第二，博物馆在功能上也得集两种不同品质于一身，尽管没法再挖地下室，新的博物馆依然还得是个足够大的“仓库”，它甚至还得为希腊人希望英国人未来归还的那些大型雕塑腾出地方，同时又不能不和当代公共生活的仪式融为一体，带来向古老的古代文明中心致敬的观众体验。

屈米通过博物馆建筑自身理论的讨论给出了他的答案。在他看来，作为“盒子”的博物馆和作为“遗址”的卫城是可以统一在他的作品里的。他的具体做法就是不寻常地把“历史”的地表、作为故事展示的“历史”和作为空间情境体验的“历史”上下叠加起来。

如此，整体性的、未经分割的“盒子”空间和首尾相接的展厅流线，也就是作为清晰叙事结构的卫城历史，加上参观者个体的、多样化的空间感受可以并存在一种博物馆体验里。在不同的层高上的三段博物馆空间[10]各有各的朝向和建筑语言，彼此物理上并不完全连续，只有通过巨大扶梯穿行其中的人的活动和一部分垂直透明的楼板，将它们上下“贯穿”在一起。

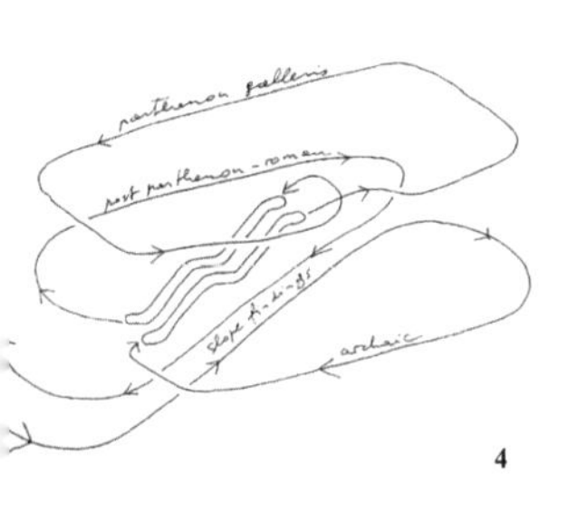

图 4 新卫城博物馆不寻常的参观流线。

[10] 这里说的概念意义上的“三段”和建筑图纸楼层的实际标注并不完全一致，而基于对于地形的理解，尽管没有真正意义的地下室，博物馆的最下面一层有时也被称为负一层。

观众从入口处就可以看到第一层和“历史”的明显联系。卫城的岩石山坡成一定角度“侵入”了建筑的室内，并延续成为建筑外面城市的地面，和博物馆的内部装修风格形成对话，显示着它们浑然一体的关系。博物馆的第二段落是容纳着一部分永久陈列的主体展厅，从原始时期、古希腊（古典时期）、罗马和基督教时期直至近代的通史陈列和一般博物馆的没有太大的区分。比较特殊的是建筑师自己设定的流线概念，在其中参观者先去的应该是最顶端一层，然后才有机会观看通史展览。一部巨大的扶梯把他们首先送到博物馆的第三段。在这里，另一种“历史”显眼地成为设计的重中之重——和金字塔一样，这是一个从顶端开始发生意义的建筑物。

博物馆最高层是一个四面透明的玻璃盒子，它的平面比例和形状基本是卫城顶端的帕特农神庙的原样复制，甚至建筑朝向都一模一样。里面展出的主题正是雅典人念兹在兹的“帕特农大理石”，只是其中空缺的部分要靠色泽有别的复制品来暂时填补。观众从这里回望雄踞于山顶的神庙后，再下行至博物馆主展厅其他的陈列，脚下的材质也由大理石转换为素朴的混凝土。这样的安排使人产生了不同寻常的联想，就好像他们的参观本身是希腊文明衰落的历程，其中涌现了两种不同的对于历史的理解：“现实”的物理的历史是被淹没或摧残的遗迹，建筑顶部和在那儿遥遥望见的才是真正的黄金时代，是遥不可及的“巅峰”——过去在上而现实在下（未来“缺席”了），它改变或者动摇了“进步”的一般空间观念。

尽管得体地营造了与文物陈列相衬的色调和环境，从外观上而言，这样的卫城博物馆并没有特别难以忘怀的形象，或者是对于技术细节的太多炫耀。屈米在事后总结他的设计理念说：“设计过程与其说是确立一个概念的情境，不如说是使得一个情境概念化。”[11]他认为建筑学蕴含的三种可能——空间、事件、运动，分别对应着建筑预设的秩序、最终的使用和调和两者的努力[12]。卫城博物馆先天受到的制约因素：地形，建筑初步的功能程序，预算，甚至政治议题[13]……只是设定了这些可能的出发点，在卫城博物馆的设计中，屈米更看重的是挖掘这些条件的新解，是历史所包含的问题及其解答，而不是历史“是什么”或者“看上去是什么”，要做到这一点就不能执着于一成不变的结构或是自上而下设定的僵化的建筑功能，更别说明信片式的建筑“形象”了。

[11] Bernard Tschumi, *Architecture Concepts: Red is Not a Color*, p. 502. 屈米将它们的区别解释成是“设计其情形”还是“使得设计合乎情形”（design the conditions 或者 condition the design）。

[12] Bernard Tschumi, *Architecture and Disjunction*, The MIT Press, 1996, p. 4. 空间、运动、事件对应着的更抽象的品质，可能是结构、行动和程序。结构（structure）是属于空间的，程序（program）是属于时间的，居间的个人行动调和了空间和时间。

[13] Sergei Eisenstein - montage structure of a sequence from Alexander Nevsky (1939).

“使得情境概念化”

似乎只有如此才能解答当代历史博物馆中的类似问题：一种历史的概念导向物质化的“风格”“样式”，建筑师成了为它们强作说辞的裱糊匠；另外一种就像卫城博物馆的设计那样，想要努力产生积极的新意，使得博物馆既是文明的“仓库”又存在着被重新解释的可能。为此，博物馆既要有足够的、可信的物质细节（就像一般琳琅满目的博物馆展厅一样），还要有真实空间那般，可以整体感受的结构和“气场”（就像大多数遗址对参观者的意义一样）；最后，两者都不能做得太“过”，填补得太过充实的历史博物馆，证据确凿气势汹汹的陈列成了一种历史的假象，它扼杀了不同使用

图 5、图 6 基地平面（图 6）展示了卫城和城市的关系，新卫城博物馆和卫城的距离，以及新博物馆基地和城市肌理的对比。与此同时，基地剖面（图 5）展示了上下不同“历史”空间体量的对比，最上面的帕特农展厅和帕特农神庙平面相似但是空间品质并不雷同，博物馆“悬浮”在地表之上，卫城的山坡穿过博物馆成为城市的地表。

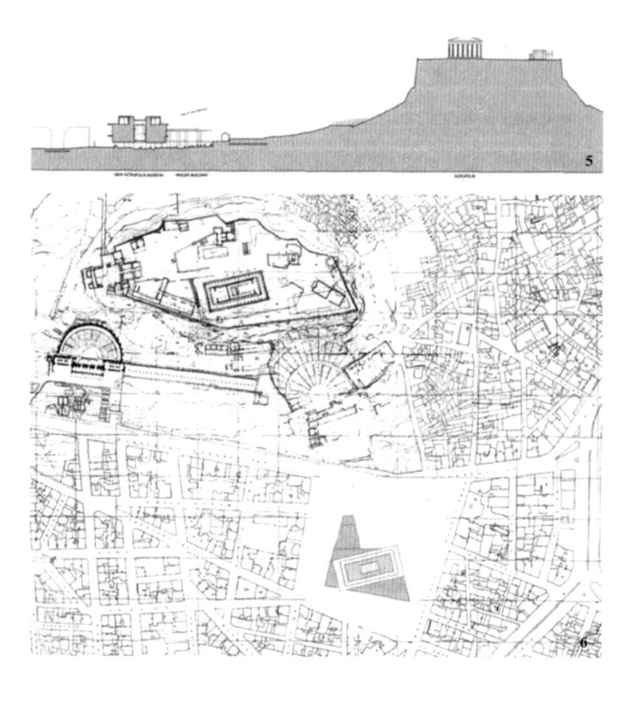

图 7 建筑的基本概念是上下叠加但空间品质并不相似的三个段落，它们向上向下分别呼应着山顶上和山脚下不同的“历史”。

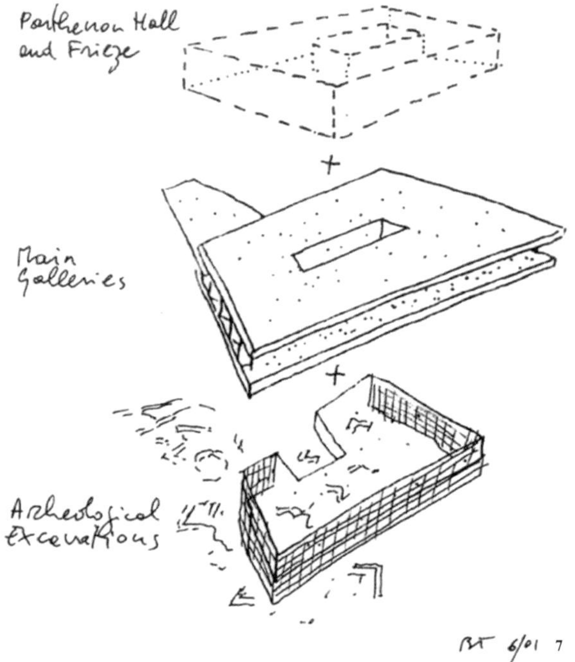

者千变万化的想象，从而也杜绝了后来人对这种历史进行重新考古和发现的机遇。

屈米显然在这方面深思熟虑，他的设计手法总是在和历史对话但又不至于完全混同。一方面建筑师说，顶层的“帕特农展厅”和山巅神庙的朝向完全相同，洒在展厅里的阳光还是像两千年前它在山顶上一样，这样人们就可以在新的位置用同一种方式追怀古意。[14]但它在沿袭神庙长方形的朝向和形状同时，事实上又比原型平面要略大一些——严格说来，这是一个试图唤起当代参观者对“帕特农大理石”的新感受的展厅，而不是帕特农神庙内部的模型。仔细看来，顶层盒子的雕像陈列方式与其说是建筑原境的复制，不如说是一种概念化的当代新情境，陈列在那儿的帕特农的一圈中楣（frieze）——有些被复制品代替的尚待从大英博物馆索回——不是像真实情况那样在视线的上方，而是像绘画作品那样，在人的视平线上排列成一个线性的序列。在其中屈米看到了类似爱森斯坦拍摄的《亚历山大・涅夫斯基》（*Alexander Nevsky*）电影中的战斗场面，换句话说，他用电影般的叙事手法瓦解了帕特农坚实的体积[15]——这正是建筑师既分析，承继又瓦解现状的典型做法。尽管此刻面对的是一种如此强大的建筑原型（prototype），他至多只是利用了古建筑

[14] Bernard Tschumi, *Architecture Concepts: Red is Not a Color*, p. 502. 这种手法是从建筑＋雕塑到电影再回到建筑。它很好地阐释了理论家屈米一贯的建筑设计手法，其中理论充当了某种只是暂时存在的中介物，而这种中介物撤除之后，起点（现状）和终点（建筑设计）未必有严格的对应关系，至少感受上是如此。

[15] Ibid., p. 514. 建筑师之所以能够这么做的条件之一是因为建筑的上下文残破了，而（电影）图像在这空白之中乘虚而入。但是这种做法在希腊本地引起了轩然大波，无论是保守的博物馆学理论还是骄傲的希腊民族情绪，都不是完全赞同以复制品取代一种“残缺的美学”。

图 8 透过丝网印刷玻璃，“帕台农展厅”和卫城的对话。为此采用的全自然光照明方式是所谓“古典”的博物馆所罕见的。© Christian Richters

语言一部分的修辞学，目的是重新构造引导人们观察世界的物理“情境”——通过“帕特农展厅”的一圈中楣，他带人们回到了希腊的黄金时代，但是由于和“原境”截然不同的感受情境，更由于那些被替代掉的失去的“帕特农大理石”造成的微妙的幻觉，屈米似乎又在暗示着一种属于未来的时间。

既然“运动”和“事件”代替了“空间”成为建筑的关注，建

图 9 按照常规展示方式展示卫城雕塑的博物馆中段展厅。© PeterMauss-ESTO

图 10 帕特农展厅。如果说中段展厅的展示对象是单个、分离的“艺术品”，那么帕特农展厅里展出的中楣构成了一部特殊的电影，它们代替了原先中楣的含义。

筑的整体性也就大为削弱了。屈米博物馆中的历史同时呈现为“上”和“下”，“历史”既是悬挑基座下考古发掘的深度，也是“帕特农展厅”向山巅眺望的远景，硕大的体积内并不存在一个唯一的形式逻辑。卫城博物馆的参观流线虽然还算清楚，可是空间品质和展品序列又有偶尔重复的可能，比如帕特农展厅的精华陈列就和通史中对它的叙述有所重叠。更不用说这其间还有若干穿插渗透的物理要素，比如那部停靠楼层上下有别的电梯，以及透明度逐渐变化的跃层天井。在整体空间、连续的故事和个体经验的歧路里，屈米认为一座博物馆是物理的也应该是感受的，所以他又在这里加入了半圆形剧场、虚拟博物馆和临时展场。至此，看似可畏的建筑物的形象已经不那么清晰了。

新的卫城博物馆在批评家和公众那里得到了褒贬不一的评价。[16]虽然时常被诟病为一个“建构主义者”，屈米的这幢建筑物对于当代博物馆而言却是切题而有意义的，因为它至少是提出了一系列的核心议题，特别是建筑中看似矛盾的时间和空间的并置，关系到人们对于博物馆制度和艺术史本身看法的变化——值得指出的是，“地点”在这其中扮演了有趣的角色，卫城本身就暗示着一种有别于晚近的博物馆文化的更古老的传统，使得基于古典主义布局上的博物馆设计的“流线”“中心”“对称”等概念顿时失效。勒·柯布西耶实地观察过这种古希腊建筑学中的“误差”而备受启发，在他之后，越来越多的人开始接受古典遗产中具有的这种矛盾性——究竟什么样的古典才是当代希腊人理应遵奉的“经典”？[17]像新的卫城博物馆一样，在当代，越来越多的公共建筑物不一定再有线性唯一的流线，也未必被一个单一的秩序和完整的结构所统摄。

博物馆最终也是关于对艺术传统的理解。在《罗马晚期的工艺美术》中，艺术史学科早期的名家李格尔（Alois Riegl）已经指出，不同时期人们的感受是不同且无法通约的。从当代人的角度看来，

[16] Anthee Carassava, “In Athens, Museum Is an Olympian Feat,” in *New York Times*, June 20, 2009. 雅典市民对这座建筑的批评主要是着眼于城市设计角度的，《纽约时报》总结说，从某些角度看来这幢建筑的问题就和纽约中城的港务局（Port Authority）交通枢纽一样，灾难性的后果既是与传统城市尺度相去较大的形象，也是它引起的周边房价飙升。

[17] Robin Evans 讨论过这种“帕特农效应”（Parthenon effect）。在《走向新建筑》之中，柯布西耶已经引用了法国工程师奥古斯特·肖阿西（Auguste Choisy）的透视图和平面图，他的解释是帕特农和厄瑞克修姆神庙和雅典娜神像的不对称关系会造成一种紧张的“节奏”。“The whole composition is massive, elastic, living, terribly sharp and keen and dominating.”

希腊的艺术是尊重自然的，但是一个拜占庭时期的圣像作者也许会觉得，现在看上去呆滞无神的宗教作品比希腊人的更加“自然”，因此不能将考究相对“关系”的现代艺术史和基于截然命名的古老图像学混同在一起。[18] 当代的博物馆文化遇到的挑战也正是这样：一般博物馆采用的照明方式都是过滤了的室内光线，陈列方式的标准原型其实源自19世纪的资产阶级文化，而这种基于晚近视觉传统的发明并不能原封不动地搬到有关古代希腊的情境中。在大都会博物馆的希腊塑像可能依然是在幽暗中被照亮的，但是21世纪初设计的卫城博物馆已经尽可能地展示了更加“透明”和开放的空间，这种透明和开放和希腊本地向后看的保守气氛不可思议地共处，寓意着不同而冲突的文化“现场”，造就了同一个社会里不同的心理时间。[19]

作为一个在“五月风暴”中受教育成长的建筑师，屈米不会觉得当代博物馆中潜伏的这种矛盾性有什么问题。相反，他所提出的问题是，建筑能不能“主动”为它的使用者提供新的叙事可能？一旦如此，它便具有了“和平的社会改造工具”的潜力，可以成为物理现实中一味“改变的催化剂”。[20] 它便是走向未来而不是消极地表征过去。

[18] 李格尔将对古代艺术的考察基于一种历史的观念上，从而建立起一种相对的艺术观，这对于没有具体情境的艺术哲学而言是一大改变。但是，李格尔的时代也不可能预见类似于卫城博物馆这样的案例，在其中相对和绝对的对于古典艺术的看法彼此混融。参见 Alois Riegl, “Leading Characteristics of the Late Roman ‘Kunstwollen,’” in Donald Preziosi (ed.), *The Art of Art History: A Critical Anthology*, Oxford University Press, 2009, pp. 536。

[19] 新卫城博物馆不仅仅意味着崭新的博物馆学议题，它也动摇了希腊人自己对于历史的“看”法，比如博物馆陈列中“看”的惯例和卫城神圣图景的冲突，参见 Christina Ntaflou, “The New Acropolis Museum and the Dynamics of National Museum Development in Greece,” in *Great Narratives of the Past. Traditions and Revisions in National Museums*, Conference proceedings from EuNaMus, European National Museums: Identity Politics, the Uses of the Past and the European Citizen, Paris, June 29 - 1 July & 25-26 November, 2011, pp. 103-104。

[20] Bernard Tschumi, *Architecture and Disjunction*, p. 7.

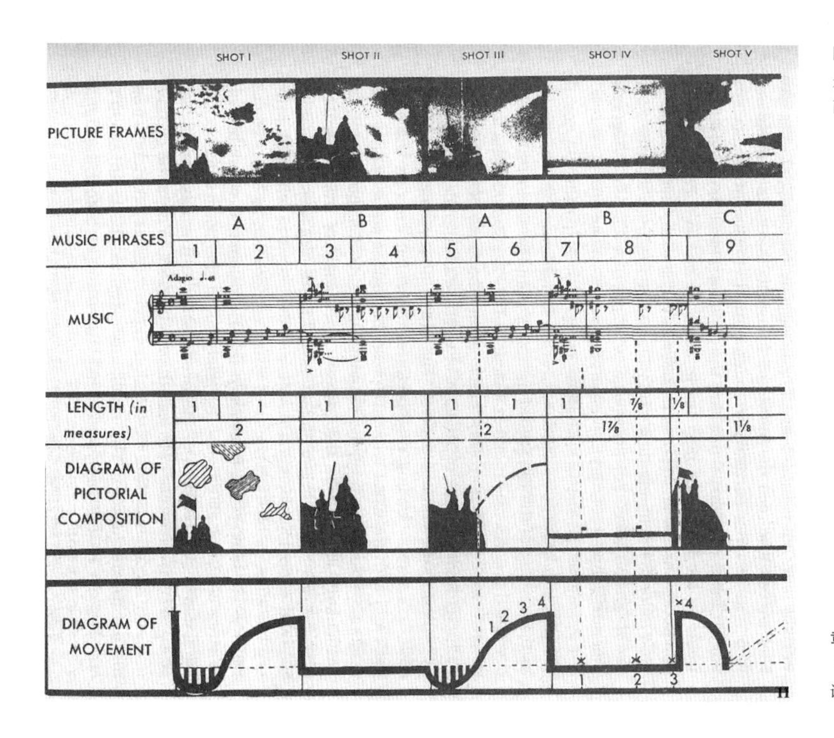

图 11 爱森斯坦的《亚历山大·涅夫斯基》电影中所演绎的战斗场面，构成一个音符的序列。

章节页图 雅典卫城。Acropolis（“卫城”的英文）一词最早的语源就是“上面的城市”。

保护

一种建筑时间的最近十分钟

最近十分钟

如果将整部建筑史串联在一起播放，我们将会看到一部“情节”不甚均匀的影片。“历史”观念的形成本身源远流长，但建筑领域的“历史”观念形成则是晚近的事，它并不严格对应消逝的史事，而是和即时的“记忆”有关——法国历史学家皮埃尔·诺阿早已说过，记忆不是消极地表达重构过往的愿望，而是不断更新的生命对当下的认识。在过去一个世纪里，不同的“历史保护”案例也在竭力地构造它们专属的“现在时”。[1]

此处写到的“最近十分钟”有关于人类建造史上的某种新经典（new classics）——纽约，也牵涉到一种记忆术中有待细辨的时间观念。在《经典的终结》一文中，彼得·艾森曼（Peter Eissenman）提示了三种时间的区别：如果说 Classical 指代的是与现代相对的古典，是大写的“永久完成时”，那么 classic 则是“现在完成时”，这个小写的一般性形容词揭示了一种相对的时间观念，

[1] Pierre Nora, “Between Memory and History: Les Lieux de Memoire,” in *Representations*, no. 26, Spring 1989, pp. 7-26. 工业化对于历史遗存的破坏由来已久，但无论是在英国古纪念物法案（Ancient Monuments Act，1912 年通过）还是在美国国家历史保护基金（National Trust for Historic Preservation，1949 年通过），制度性的历史保护动议都是晚近的事情。当然，做出这种判断的前提是我们认识到，维护（conservation）、保护（preservation）和修复（restoration）是不同的概念，它们对应着的是不同的对于新和旧关系的认识和再现。详见本节后两个部分的讨论。

是相对于此刻的过去，而 Classicism 比以上两者都要复杂得多，它是“完成的完成”，是既新且旧的，是注满了现在的过去。[2] 同样，我们可以在历史保护的理论和实践之中找到类似的区分和表达：一种是真正的、心向往之而不可至的“黄金时代”的遗存，通过考古学实践和建筑学研究而确立的古代建筑的范式；一种是具有上述建筑品质的近当代建筑；还有一种是随时随刻都在产生的“古迹”，它们因为承载了历史主义者所珍惜的人类经验和情感——这些经验和情感或许永远也得不到充分的消化，在汹涌而至的更新热潮中，一切都亟须得到“保护”。

[2] Peter Eissenman, “The End of the Classical: the End of the End, the End of the Beginning,” in *Perspecta*, the Yale Architectural Journal, v. 21, 1984.

成为建筑理论中大写篇章的纽约永远是“现在时”和“完成时”的混合，它的历史时钟设定具有上述第二种和第三种定义的特征，因此讨论它的“最近十分钟”是非常恰当的。这样的“最近十分钟”既构成历史的一部分，又是元历史，一种具有魔力的记忆术，因为这种历史自身便揭示了建筑历史产生的机制。

作为一个匮乏真正意义上的“经典”的年轻国家，现代美国对于“历史保护”的关注，竟然是从它最时髦的大都市开始的，这一事实本身或许就可以说明问题。1963 年由原宾夕法尼亚火车站 [3] 案例萌生的建筑保护法案宣称，美国的历史保护应该“基于和反映在历史过去中的国家的精神和方向”。可是，正如戴尔•厄普顿（Dell Upton）所看到的那样，美国的历史保护和消费社会的发展是亦步亦趋的，它们的连属之处在于“能指”和“所指”几乎没有差别 [4]。文化领域固然如此，在建筑领域，大规模建设和拆建的变奏尤其是一种美国的行为方式，它是美国人对于一种现代性观念的简洁、形象、动人的表达。“历史永远是动荡不安的，新的开始也属于未来，过去的辉煌只是对更加辉煌的恒久的现在的预演。” [5]

宾夕法尼亚火车站的兴衰引发了全美关于建筑历史保护的讨论，它是以上历史观的实例图解。大约在 19 世纪末叶，从新泽西

[3] 除非另作说明，本节对宾州车站的指称一律为“旧的”宾夕法尼亚火车站，以区别于现存的宾州车站以及新近提案的“新老宾州车站”。

[4] Dell Upton, *Architecture in the United States*, Oxford University Press, 1998, p. 80. 在此建筑所具备的物质性是它和一般文化议题之间区分的重要来源。

[5] David Samuels, “Bring Down the House,” Harper’s, 295, no. 1766, July 1997, p. 37. 在此之前，时代都是以政治、君主的名义而命名，比如“维多利亚时代”“开元盛世”，可以以普通人生命盛期（大约是 10—20 年左右）更始度量的“时代”正是现代美国文化的发明。这种风气大约起始于“战间的一代”（Interbellum Generation，1900—1910 年）并逐渐反复，最著名的新世代比如“登峰造极的一代”（Greatest Generation，1911—1924 年）、“垮掉的一代”（Beat Generation，1950—1960 年代），“新沉默世代”（New Silent Generation，1990 年代或 2000 年代—?）是对 1925—1942 年间的“沉默的世代”（Silent Generation）的反复。

来的宾夕法尼亚铁路的运营商，想要在曼哈顿修建一条把岛东西的原有铁路连接起来的干线，从而将从宾州到新英格兰去的轨道交通连贯一气。[6] 这条铁路于 1901 年开始建造，四年之后的 1905 年，作为未来曼哈顿下城主要客货运枢纽的宾夕法尼亚火车站正式动工，它的主要建筑师是盛极一时的麦基姆、米德和怀特（McKim, Mead & White），相比至今仍在使用的大中心火车站（Grand Central），这座以“波杂”（Beaux Arts）风格闻名于世的建筑相当短命，只存在了不到 60 年就被全部拆毁，只剩下若干雕刻零散于纽约周边各处。

[6] 长期以来，纽约都是一个私人利益垄断的新型资本主义城市。或许正是这种强有力的利益才导致了城市草创初期的两种现象的古怪的并行不悖：规划上的公平和城市内部的缺乏协作。曼哈顿东西两部分的轨道交通，尤其是两个区域性的铁路系统的枢纽之间直到今日也未能有良好的沟通。

尽管同样有建筑文化“熔炉”的美誉，只有像宾州火车站这样“褪色”甚至消失的“波杂”才构成了今日纽约的历史。[7] 如同象征人类学所讨论的那样，历史的书写不仅仅是发生在真空之中，它所标定的不仅是具有可观长度的历史过程，还有只有对于“当下”才产生意义的历史感。这种历史感反过来会产生出一种“即时”的历史，它既具有“此时、此地”的前定，又是和面向未来的生活经验拉开距离的“已经发生的过去”。

[7] 当 2001 年世贸大楼倒塌之后，在东河岸边遥望纽约的天际线，那些最引人注目的地标多半依然是建成于 30 年代初期的波杂建筑；七十年之后，纽约最高建筑的前三名依然是帝国大厦、克莱斯勒大厦和美洲国际大厦（American International Building）。这一状况只是随着和克莱斯勒大厦等高的纽约时报大厦（2007）这样建筑的建成才有所改变。

图 1 旧车站的入口（左下建筑立面正中）以柏林的勃兰登堡门为灵感，后者又受到了雅典卫城的城门的启发。但是这种显在的运动并不能表达建筑内部的动态的特点和实质。

旧的新和新的旧

表面上看来，建筑具有新旧是很正常的事情。因为和生命发展类似，建筑的“发展”（development）一样是基于物质循环——孕育、成熟和朽坏——的过程。[8] 可是，作为一种物质文化，建筑同时也是类型学影响的产物，这种影响既包括间接的风格上的借用、承继，也包括直接的物质层面的更动和替换，在这一意义上体现的“新”“旧”便同时带来了时间的顺延和空间的交叉，也就是隐喻和转喻的并存。同样是象征人类学家们所指出的，经由某种特定历史感再现的历史并非是文化所给定的一味沉默的东西，它还包括了卷入其中的行动者，这些行动者遵照着集体的意愿对历史进行着结构化的组合（structuration of the past）。

[8] 比拟于有机生命的“老化”（aging），建筑“生命”的喻义建立在同样不可逆的“折旧”（weathering）的实际进程上。但是不同文化和不同建筑史时期对于建筑“老化”的认知是不一样的，相应地也导致了对于历史建筑“遗存”和“废墟”的不同看法，例如现代主义的“白色”建筑就显著地区别于“老朽”的传统建筑，前者似乎是“不死”的。参见 Mohsen Mostafavi and David Leatherbarrow, *On Weathering On Weathering: The Life of Build*，The MIT Press, 1993, p. 86。

纽约的“新古典主义”首先是对于旧大陆的历史符号的抄袭。宾州火车站的主设计师查尔斯·富伦·麦基姆（Charles Follen McKim）本身是个欧洲风尚的爱好者。他虽然生活在日新月异的世界大都会，却对纽约的现代建筑深恶痛绝而对拼贴各种人类早期文明的遗物乐此不疲，他用以装点车站主立面的 22 个巨大的罗马鹰头就是明证。这些鹰头是凯撒的标志，由雕塑家阿道夫·亚历山大·魏因曼（Adolph Alexander Weinman）创作，在不久之后类似的形象也将出现在克莱斯勒大厦的尖顶上面。

但是，作为一座火车站，“旧”也不可避免地掺杂着“新”，而且新旧的混杂是以建筑师不太意识到的方式完成的。麦基姆尖锐地批评纽约的高层建筑，例如 47 层的辛尔（Singer）大厦和大都会人寿保险大楼。他一度提起，约 213 米高的后者让丹尼尔·布南姆（Daniel Burnham）的熨斗大楼（Flatiron）都相形见绌，约 1.6 千米方圆内的城市建筑都被笼罩在阴影之中了。[9] 虽然“波杂”建

[9] Jill Jonnes, *Conquering Gotham: A Gilded Age Epic: The Construction of Penn Station and Its Tunnels*, Penguin Books, 2008, p. 274.

筑师的火车站设计也包括一座8层的旅馆，他竭力说服铁路的老板亚历山大·约翰斯顿·卡萨特（Alexander Johnston Cassatt）不要追随当时的风尚，在古典外表的火车站上面建造一座摩天楼——有趣的是，同是尺度上体现的新的纪念性，麦基姆不感兴趣“高”，却不反对“大”。

他的朋友回忆说，麦基姆为宾州火车站设定的古典形象范本是“英格兰银行的立面，贝尔尼尼为圣彼得大教堂广场的环廊”——这种来源已经暴露了他的“古典”已经是“现在完成时”——同时这种“古典”气质也不妨与一座火车站的功能切题。建筑师坚持“车站该为纽约大都会带来一座完全纪念物尺度的‘门’”[10]——在此，他可能是实指车站主要立面的陶立克柱廊和希腊山花构成的“门”的形象，它的范本是德国的勃兰登堡门，主轴线上和所有四边的主要入口都出现了这种雄伟的城市之门的形象。但是，麦基姆也更有可能在隐喻他构造的那座巨大的横跨多个轨道的“桥梁”所呈现的“门”的意念，这种门所欢迎的是和旧时代的马队不同的钢铁巨龙。[11]通行两种门的是完全不同的肉体经验和机械原理，它突出地展现出麦基姆、米德和怀特别的作品中不曾尽现的功能与形象、意义与尺度之间的矛盾——这其实也是“新”和“旧”的矛盾。

[10] Jill Jonnes, *Conquering Gotham*, p. 148.

[11] Ibid, p. 149.

“罗马式样的优雅，约4000平方米的石灰华和花岗岩，84个多立克柱式，特殊而大气磅礴的壮丽，罗马浴场为原型的古典奇观，坚实石工的丰富细节，珍贵材料的建筑水准……”车站如此庄重、古意的外表一定迷惑了人们对它实际功用的揣测，粉色的米尔福德（Milford）花岗岩贴面和多立克柱廊蕴涵的纪念性，使第一次莅临的乘客或许不明就里。事实上，和地面建筑等量齐观，也是作为建筑师和业主交换条件之一的，是地下独自成立的火车站庞大隧道—轨道系统的建设，在车站建筑动工前若干年就已经开始了。地下地上这种不太协和的关系被《财富》杂志日后看成纽约人并未真正接

图 2、图 3 车站等候大厅（图 2）以罗马的卡拉卡拉大浴场（图 3）为蓝本，气质和内部活动也非常近似，只是车站地面下面并没有浴场靠千百奴隶烧热的炉火，而是另外一种来源不同的能量。

受宾州车站的一个标志。对很多纽约人而言，这座身形矮胖的车站正是“身在第七大道，心在费城”。但是在日后的雷姆·库哈斯看来，这种蹲在纽约繁忙地下世界上的无关的古典形象才是“曼哈顿主义”的精髓，除了在地面古怪的只有一层是重大差异之外，它几乎具有“癫狂的纽约”的全部特征：里外的无关和上下的脱离，整整两个街区的容量——因此是一种彻头彻尾的现代品质。[12]

与“旧的新”相映照的是“新的旧”：除了古典符号拼贴的外表，宾州火车站也有现代条件下重新阐释的“古意”，车站内部是和圣彼得大教堂的内穹顶差不多高的拱形钢铁骨架，支持着轩敞的主候车大厅，号称当时纽约最高的室内空间，这候车大厅的灵感却是来自古罗马的卡拉卡拉浴场。和大多数“波杂”的建筑相仿，建筑师在空间中杂糅了数种不同的古典柱式，如各种比例的陶立克柱式和柯林斯柱式。其中的一部分柱式徒有外表而并不承担结构功能，而铸铁骨架模拟浴场的交叉筒形拱肋构成建筑的内部结构，同时具有新奇的现代观感，是尤其特别的。[13]

严格地说来，主候车大厅并不仅仅是一座“等候大厅”——如果你去往今天的大中心火车站，就会明白，等候的价值只是其中的一部分，这个巨大无比的整一“房间”事实上放不下什么安静的座椅，以分钟为单位繁忙地出发、到达的车流和人影，随时都在让整体的空间崩解成眼花缭乱的动态，而这种动态和它的罗马原型也不无相似之处。在设计宾州车站之前，麦基姆特地造访了卡拉卡拉浴场，雇用模特儿在现场供他目测和感受建筑的壮丽尺度。[14] 给合伙人的儿子莱瑞·怀特（Larry White）写信的时候，麦基姆再次表达了他对于“规模”的重视：“当你……回国准备从业的时候你会发现无与伦比的机会在等待着你，它们是现代任何国家都无法提供你的。规模堪比罗马帝国。”对于他而言新的纪念性是“大”，而不是“高”。车站因此可以和三个另外近代大建筑相提并论：圣彼得大教堂、杜

[12] 关于华尔道夫大旅馆这样占据整个街区并包罗万象的巨型建筑，库哈斯写道：“……在这里，所有曾经在外面发生的歇斯底里和破坏神经的活动，比如地铁，现在全部都被吸收到建筑自己的内部了；建筑现在吞下了从街上移去的拥堵。这座城市是永久性的，没有理由替换这些建筑了，脑白质大切除保证了它们古怪的冷静的外表；但在里面，垂直的分裂主义安置了所有可能改变的地方，生活变成了一种连续的疯狂状态。”（以上译文见笔者未刊翻译稿）在一层的宾州火车站中缺席的，是摩天楼在垂直方向上互不联属的品质，但宾州火车站超强的地上—地下的悖反和承接关系弥补了这个不足，地面的拥堵（congestion）为地下绵延的巨型网络所吸收了。

[13] 拍摄拆除宾州车站的彼得·摩尔（Peter Moore）观察到，古典柱式是对隐藏在内部的现代结构的伪饰。

[14] Jill Jonnes, *Conquering Gotham*, p. 274. 和它们的罗马原型类似，宾州火车站这样新和旧的古怪嫁接既充满了私人利益赞助的虚荣，又意外地成就了充分融入城市功能的“公共建筑”。《逝去的伟大宾夕法尼亚车站》一书的作者洛兰·迪尔（Lorraine B. Diel）这样描绘这座建筑物不同寻常的动感：“每一处地方都能激发你的想象力。譬如，你从八街走进去，能看到巨大的车库，中央大厅，由铁柱撑起的广大空间，玻璃天花板。飘浮在空气中的尘埃似乎凝结住了。你会感觉这是一座旅途大厅，还没有上车，就已经在旅途上了。”

伊埃里宫和冬宫。

同样是戴尔·厄普顿的看法，自从殖民地时期以来，美国的建筑和城市实践就开始创造出一种复杂的语法，在其合成的逻辑之中掺和着貌似无厘头混搭的新旧。如果说麦基姆、米德和怀特的建筑是通过职业成就获取社会地位，客户则希望通过建筑师的帮助获取特定的文化资本增益他们的社会特权，“财富快速增长，随之，这些旅行的富人渴望在旧世界中获取文化和艺术的地位”[15]。在20世纪上半叶很长一段时间内，新世界和旧世界的势头正好相反，在旧世界的先锋字典里就没有“历史保护”这个名词。

[15] Dell Upton, *Architecture in the United States*, p. 256. 值得指出的是，麦基姆、米德和怀特首先是向企业家和商人销售堂皇的大厦起家的，美国建筑中“现代”的因子——比如摩天楼——并不是他们的发明，至少不是他们擅长或首要坚持的东西。

灵晕（aura）

三种不同的新旧更替都曾在人类历史上出现并且同样畅行无碍：第一种是疾风暴雨式样的“新”完全淹没“旧”，第二种是“新”以“旧”的名义出现，第三种则是号称修旧如旧的“时间胶囊”的制造——定义严格的“历史保护”是最后一种意绪的产物。[16]

[16] 建筑的新旧观也关系到人们对于城市的理解，经建造的、如同有机生命一般自然发展的城市（built city），或者是规划出的城市（planned city），在经济需要里播下种子，在文明的理性中成熟，在管理中开花结果。

很显然，直到1963年宾州火车站的拆除，美国人都不甚介意“新”和“旧”之间界限的实质模糊，这是如此重要的近代建筑遗产居然能被拆除的重要原因之一。在宾州火车站之后兴起的地标建筑保护委员会一度的主席，肯特·巴维克（Kent Barwick）议论说，和大众的印象相反，所谓“有价值”的建筑并不总是那么容易识别，因为寻常建筑的生命周期都很相似，由光鲜靓丽到暗淡无光，人们通常只有等到拆建的大锤抡向建筑时才能感受到这个问题的急迫性。[17] 换而言之，在当代，只是由于一种不可逆的后果所带来的焦虑，而不是清晰的对于历史问题性质的认识，才导致了历史保护议题的提出，也正是这样的心理原因使得情况类似的纽约大中心火车站得以幸免于难。[18]

[17] Jeff Byles, *Rubble: Unearthing the History of Demolition*, Harmony Books, 2005, p.143.

[18] 纽约大中心火车站的案例参见本节注 22。

什么才是贴上“历史”标签的建筑的真正的“灵晕”（aura）？在英文中 conservation 和 preservation 完全不是同样的词，它们也代表着人们对于历史建筑性质的不同看法。conservation 泛指对有价值的人工制品（无论是可移动的还是不可移动的）的保管和修缮：首先，把环境对人工制品和其材料的腐蚀破坏减少到最小；其次，采取措施防止劣化，并对可能继续损坏的地方实施加固。这样的做

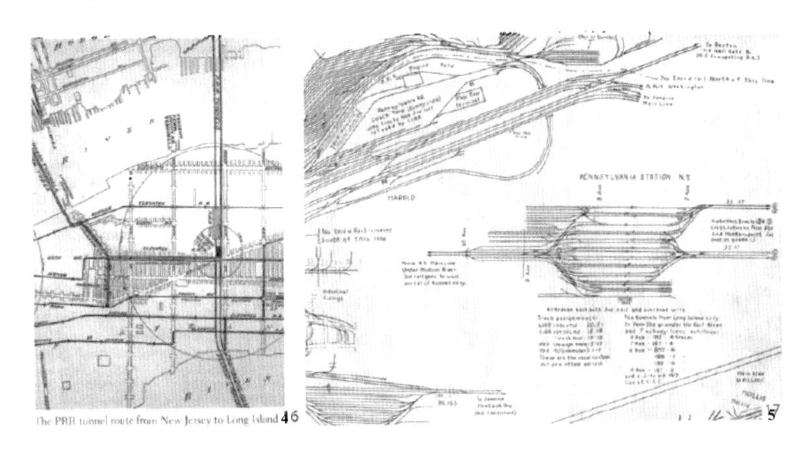

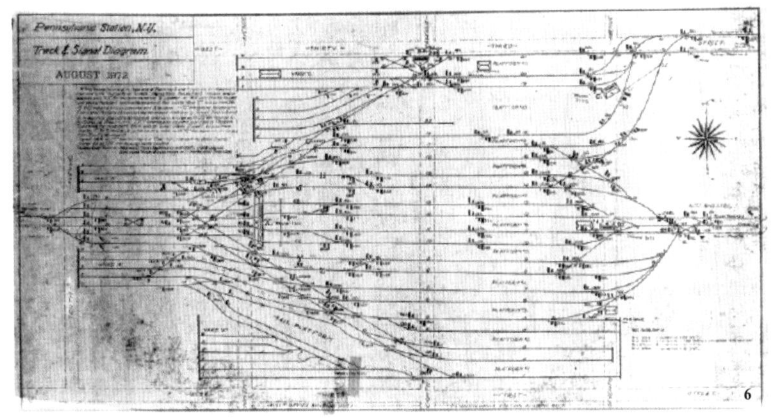

图 4、**图 5**、**图 6** 看不见的网络。车站下面隐藏着的列车轨道编组图解。

法或许叫作“维护”更为准确一些。“保护”和 preservation 的意涵更贴近一些，它已经开始显示“时间胶囊”的脆弱性以及它和现实生活的距离，而程度最甚的 restoration“是后一过程（conservation）的延续，即在保护措施不能满足需要时，在不伪造的前提下，将物体原状恢复到可以展现的形态”[19]。

[19] 尤嘎·尤基莱托：“丛书编者序”，《建筑保护史》，郭旃译，中华书局，2011 年，第 5 页。

建筑师参与起草的《威尼斯宪章》是基于考古学、建筑学和城市规划的相关问题而提出的，但是它分析方法的基础则是国际博物馆藏品保护学会（IIC）认可的一系列原则。也就是说这些宣言针对的对象原是缺乏上下文的“物体”，当我们不具体地考虑原来使用者和原有的使用情境的时候，历史保护的问题也就变得语焉不详了。例如，在具体的历史保护操作中有著名的“可逆性原则”，同时加上“尊重原物原则”普遍认为建筑的“灵晕”其实隐藏在内部，后者指出“原始材料经过老化之后而产生的变化（如铜锈，包浆）不应该被掩饰或者清除”——问题是，在这样的“真伪”辨别过程之中建筑不可撼动的“本体”在什么地方？除去“附加”的东西，它的“真实的物质性”的“起始”在哪里？[20]

[20] 库哈斯提出的“整体性”（one single block）或是“大”（bigness）都与此有关，这个概念的核心条件是自我指涉（self-referential）而不是向外援引。如同罗伯特·斯特恩所说的那样，描绘纽约的文化著作之中典型地带有一种自我欣赏甚至自恋的趋向。1977 年，纽约州经济发展部雇用威尔斯·里奇·格林尼（Wells Rich Greene）展开了著名的公共关系计划“我爱纽约”。这个项目的官方网站骄傲地宣称：“在纽约沉浸五分钟，你就会看到为何它和世界任何别的地方都不同。只有在纽约，你才能同时找到所有美国最好的品质……纽约为此自豪……”

历史上，即使那些最开明的保护主义者也时常基于“灵活”的原则做出自相矛盾的事情。比如教皇尤金四世（Eugenius IV）曾经下令保护罗马的大斗兽场，但是他自己依然持续将其石料源源不绝地运出这个采石场。宾州火车站的古典来源之一，著名的卡拉卡拉大浴场，本身也是一个千年以来的巨大采石场。在被野蛮人破坏后，对于中古的意大利人而言浴场已经没有价值了，因为和历史保护主义者相反，他们看重的其实是“外表”，是那些产生建筑真正形象的大理石贴面；但是，在浪漫主义时期，丧失了原来外表的古代建筑重新得到重视，它们的价值甚至超过原物。阿尔伯蒂重视的是古代建筑在当代的“美感”，他认为由于历史建筑物固有的建筑质量、坚固性、美观、教育价值以及历史价值而值得保护，对于历尽沧桑的历史建筑无需杞人忧天，只需警惕“不必要的破坏”[21]——他同样没有给出“必要”的边界在哪里，但是这里我们可以看到，在保护古物所需严格遵守的那种表面—内里的原则已经被自内而外地打破了。

[21] 尤嘎·尤基莱托：《建筑保护史》，第37—39页。

宾州火车站正是被这种自内而外的力量摧毁的。刘易斯·芒福德曾经天真地以为这座建筑是“不可撼动”的。和巴黎大火车站相仿，这座城市中心的建筑不仅有着古典意义的纪念性，它还连接起一种史诗般的新经验，象征着得到解放的普通人，借助技术的革命性力量而抵达一个新时代，因此麦基姆说服了卡萨特在一个完全基于功能的地下结构上加上一个看似大而无当的纪念性罩壳。在他生命的余年，芒福德完全不能接受纽约客为了实际利益就可以牺牲他们城市堪与古典时代相提并论的地标建筑，他完全不能想象“这座

图7 宾州车站夜景。

城市建造了这座伟大的火车站，却无力维护它”。

“遂其所愿的城市总是愿意付出代价，最终也无愧于所得。”（“A city gets what it wants, is willing to pay for, and ultimately deserves.”）——《纽约时报》的社论则显得相对冷静，他们承认，经济上逐渐增长的孤立过时（obsolescence），加上今日建筑的低标准—高造价，这二者不协和的搭配才使得其城市越发丑陋和庸常。对于纽约而言，麦基姆所构思的仅仅一层的等候大厅确实是相当奢侈的：“没有人敢于相信纽约会允许如此大规模的毁弃发生……但是这完全有可能，完全有可能，如果动因足够，在这个例子里，我们已经看到，利润空间是足够的……”[22] 拆迁公司的逻辑更加冷酷直接：“如果谁严肃地将它称为艺术，他们应该筹钱将它买下来。”“城市的某一部分土地价值实在是太高了，不能充分利用就承受不起。”[23] 伴随着最后一堵墙倒下的，不是“梆”的一声大锤或残响，而是现金流算计的“咔哒咔哒”的声音。[24]

从现代主义建筑师的角度来看，和麦迪逊花园项目的开发商合作的宾州铁路老板斯图瓦特·T. 桑德斯（Stuart T. Saunders）并没有完全“拆除”宾州车站，他只是更换了地面以上的结构，把一座“交通的多立克神庙”换成了容积率更高的地产开发，不产生效益的仰望穹顶变作了冰球比赛；更何况，在新旧更替的过程中现行的铁路事务并没有中断，因此这一切不能看成哥特人对古典文明野蛮的摧毁——但什么使一座“真的”纽约的车站的消失令人叹惋？[25] 要知道宾夕法尼亚火车站本来就不是一个古典建筑，它也从来没有纯正的功能，也许可以称作是一个地道的“装饰的棚子”，但是它所触发的历史保护问题却不同于后现代主义的驱魅诉求。安东尼·维特勒（Anthony Vidler）在 20 世纪 80 年代的一次理论会议上提到，形式不可能追随功能，但是也不能说两者截然无关。事实上，只有功能找到了一种形式的表达之后，它才是功能。[26] 同理，历史建

[22] 纽约式样的资本主义城市开发的一个明显后果就是城市中心土地的急遽升值，相映之下，中国前现代的城市即使在市中心也可能有大片空地。土地利用和土地价值之间的差距使得当代城市的历史保护代价相当高昂，在大中心火车站的案例里结果是种妥协。格罗庇乌斯的高达 59 层的大都会人寿大厦虽然遭人诟病，但让它脚下的新古典主义式样的火车站最终得以保留。

[23] Martin Tolchin, “Demolition Starts at Penn Station,” in *New York Times*, Oct. 29, 1963.

[24] Ada Louise Huxtable, preface to Lorraine B. Diel, *The Late, Great Pennsylvania Station*, American Heritage, 1985, p. 8.

[25] Upton, *Architecture in the United States*, p. 80.

[26] Harvard Design Magazine. 经由“装修”（没有严格对应的英文翻译）和“finish”（中文翻译改变了原意）这样的术语，在中英文中关于建筑边界和物质性外观的理解是相当不同的。

筑的灵晕是什么，并不如它感受起来是什么样的来得重要。这种感受像艾森曼所说的那样不仅仅是狭义层面的使用，它是广义的文化“功能”，只有对当下有效。

历史的再现

如果阿兰·科洪（Alan Colquhoun）来表述他心目中三种不同的时间，他罗列观念的顺序恐怕正好和我们习惯的相反：他首先关心的是观念的再现方式（representation）[27]，其次是导致这种再现方式的特定的理智（reason），最后才是那个似乎理所当然存在的、人们所熟悉的“历史”（history）。在启蒙时代里实证主义的兴起，使得相对的历史观念取代了完美和永恒的过去——科洪接着声辩说，带大写的历史的是一种“历史的”态度和纷然杂陈的艺术实践，

[27] 再现的理论。

图 8 宾州车站不是一幢建筑，而是它周边的庞大客物流网络的聚合。

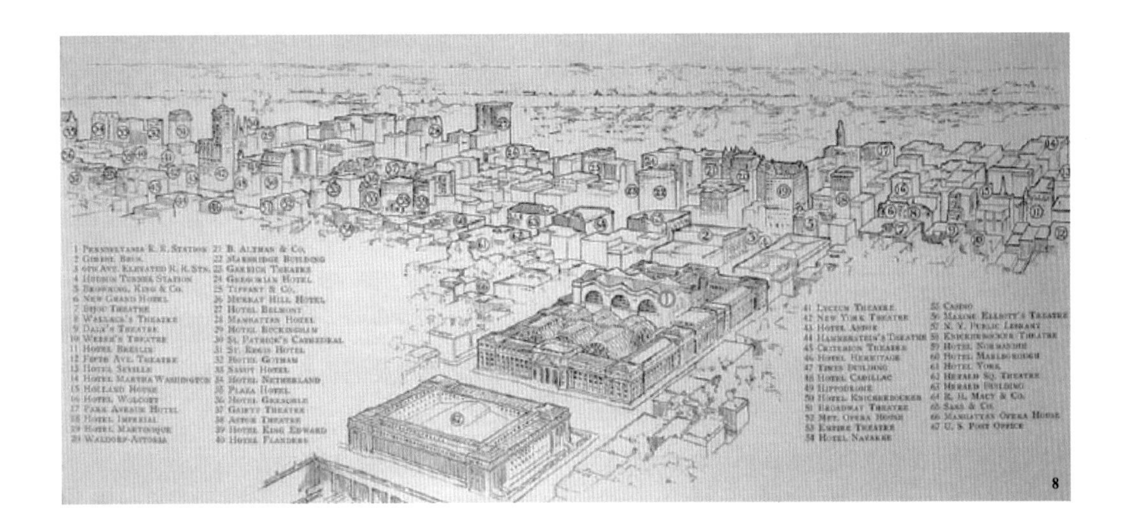

不管我们是否将它叫作后现代主义，这既是关于如何呈现历史建筑的讨论，也是建筑历史本身的眼花缭乱的显现。

甚至在现代主义莅临之前，一些案例已经显示出了美国建筑师群体内部对于“时间”的复杂态度，这种态度有时出人意表。据说，有人在路易斯·苏利文临终之前告诉他，你的特罗斯歇大楼（Troescher Building）可能要被拆除了，苏利文却回答说，如果一个建筑师活得足够长的话，就可以看到他所有的建筑都会被摧毁——毕竟，只有想法才是管用的。[28] 一些20世纪初仍在“向后看”的建筑师当时就不喜欢宾州火车站，因为他们觉得这幢纪念性极强的建筑过于拙大（behemoth）了[29]；而半个世纪之后另一些立论平实的建筑师，比如后来设计了世贸大厦的山崎实，却觉得“中心火车站风格老旧，并不是特别能够表达我们今天所有的激动人心的材料和施工技术”[30]。到头来，倒是现代主义的追随者显示出了对他们先前所反对的事物的仁慈，尽管他们的作品和就连自称“我绝对是一个密斯派”的菲利普·约翰逊也是如此，他就是1963年反对拆除宾州火车站的游行队伍中的一员。

[28] Steven Holl, “Idea, Phenomenon, and Material,” in *The State of Architecture at the Beginning of the 21st Century*, Monacelli Press, 2004. 这则轶事可能不准确，因为位于芝加哥的特罗斯歇大楼实则在苏利文死后半个世纪才被拆除。

[29] Richard Cahan, *They All Fall Down*, John Wiley & Sons Inc., 1994, p.117.

[30] Robert Stern, *New York 1960*, The Monacelli Press, 1997, p.1139.

什么样的“历史”是需要“保护”的？在宾州火车站的例子里，“历史”以一种空前复杂的方式得以再现。在文艺复兴建筑以来的传统中空间的“再现”首先是和眼睛的文化有关系，它联系着“风格”（尤其对应于那些强调立面的建筑实践），也喻示着看与被看的关系（由罗马人的“论坛”［forum］肇始，经由巴塞罗那那样的巴洛克城市变得更明确了）。但是，作为美国人创造的新都市类型，按照预设的栅格在短暂的时间里规划出来的纽约有着非同寻常的特殊性。纽约没有统一的城市“意象”，排除了特定历史式样的形象，也没有经过演变的城市逐渐过渡的层次，或是秩序明确的开放空间，可以把新旧的关系清晰地剥离出来。[31] 甚至，就建筑本身的物质性而言，一方面宾州火车站确实有别于那些不会产生沧桑

[31] 麦基姆时代的纽约规划者已经着手“改善”均质的栅格城市缺乏城市形象的问题。他们的举措包括拓宽主要大街，使得主要的“布杂”风格建筑更好地创造出巴黎、柏林那样的街头景象。但是缺乏开敞空间的曼哈顿本无所谓“形象”，它或许导致了凯文·林奇将纽约从“识途”城市的名单中删除。

图 9 简・雅可布斯（右三）参与反对拆毁宾州车站的抗议活动。

感的“新新建筑”，比如使用玻璃幕墙隐藏内部结构的摩天大楼，另一方面它也并不真的是一幢表里如一的“旧旧建筑”。和抗议队伍打出的口号“别拆毁，打磨它”（Don’t demolish it, polish it ）相悖，这里并没有什么“灵晕”可以剥离出来，因为麦基姆的设计本来就不是里外一致的，可以像希腊神庙的废墟一样由时间雕琢出它的“基质”[32]。

[32] See Michael Bell and Jeannie Kim (ed)., *Engineered Transparency, Engineered Transparency: The Technical, Visual, and Spatial Effects of Glass*, Princeton Architectural Press, 2008, p. 65.

典型的保护主义者们自己也分成了两个阵营。在《美国大城市的生与死》一书中，雅各布斯首先强调了保护在各色经济性乃至“功能性”方面的理由。她声称，经过历史选择，旧的城市街区已经具备了既混合又合理配置的首要使用（mixed primary uses）：城市中不同年代的建筑可以满足不同的经济使用，不同职业和服务互补的居民们，可以将他们的出行时间和对公共设施的依赖，分散到一天内的各时间段，提高城市运作的效率。按照她的意见，这种意义上的“旧”甚至也是当代经济运作之中最合理的“新”，只有在一种熟悉的既成的物理环境之中，商业上的新创意才能安全而有效率地实践。

与其说巨硕的宾州火车站本身，还不如说它吸引来的巨量人流以及在34街周边形成的小商业分布更能支持雅各布斯的理论。在此“新”和“旧”并不仅仅意味着现代和传统的美学对立，事实上它还是一个针对具体时间的具体的政治问题。在麦卡锡主义的年代，雅各布斯写道：“我相信，事实上对于我们传统安全的威胁恰恰来自我们自己，它就是我们对于极端思想和提供这种思想的人们的恐惧。我对左或右的极端主义者都不感冒，但是他们应该有言论和出版的权利，这不仅仅是因为他们自身有这样的权利，更是因为，如果他们丧失了这样的权利，我们其他人也不会安全……”[33]

雅各布斯的政治经济学的“历史”和抗议队伍中另一个引人注目的人物，热情澎湃的纽约学者刘易斯·芒福德所说的不完全是一回事。自认为是这座城市精神的捍卫者的芒福德对于宾州车站的认知里显然有一种英雄主义的情节，对他来说，一个仅仅是非古典式样的问询台都是对于这幢建筑的冒犯，它恰恰是“卢浮宫里的热狗摊子”[34]。此处，经“再现”的历史为雅各布斯的普通人的宾州车站赋予了形而上的理由，它是“现在时”，是一种历史意义在当下的自我呈现——这种“现在时”显然被火车站本身的功能和它在纽约城市空间中的特殊性强化了，它也因此和建筑学有关。

建筑史家文森特·斯库里（Vincent Scully）说过一段著名的话，来形容新旧两个宾夕法尼亚火车站给访客的感受：“那一座（老车站）使人们如上帝般君临城市，而另一座（新车站）却使他们鼠行而至。”他所比较的不是两种不同方案的优劣，就像米开朗琪罗设计的现圣彼得大教堂代替康斯坦丁时期的那一座，或是反过来[35]，而是新旧车站本质的不同。旧的火车站多少还是从一个宏伟的穹拱——城市之门——下进入纽约的，而新的火车站的到达全设计在地下，基本上没有给人们观看城市天际线的机会。

这种转变的重要原因当然还是土地价值的利用，但是它和纽约

[33] 雅各布斯对落后的纽约西区的迷恋在于她深信不疑的“自发的多样性”。“新”和“旧”的对比因此成为单调集权与丰富民主的对决。在她看来，不喜欢旧建筑，依赖强有力的地产商的大规模开发的迈阿密，永远也产生不出新英格兰那样的“多样性”，在那里有着传统社会的细小结构和错综复杂的政治运作。小体量的旧建筑，拼合成了紧凑的街区，不仅仅有利于街区间往来的行人，实际上也增加了公共区域的数量和面积，增加人们接触和交流的节点。这种基于密集人口的城市，之所以需要建筑尺度和使用上的“多样性”，不仅仅是为了一种因人而异的“舒适性”，更是因为这样可以有效地防止经济垄断和政治，防止少数人可以轻易地支配大多数人的生活。宾州火车站和雅各布斯理想的契合因此完全是偶然的：纽约的小街区出自土地投机的规模和多样性的平衡，私人利益博弈的需要却意外地造就了资本主义城市难得的公共空间。一方面，宾州火车站的历史价值来自它虚假却在社会学意义上有效的古典主义立面；另一方面，它之所以能够维系自己的活力并不是因为这些古典主义的符号和庞大容积，而是因为其预设的充满活力的功能。

[34] Lorraine B. Diel, *The Late, Great Pennsylvania Station*, p. 25.

[35] Andres Duany, “Nine Questions about the Present and Future in Design,” in *Harvard Design Magazine*, no. 20, Spring/Summer, p. 37.

图 10 颇为寒酸的新宾州车站入口。

城市的特点也不无关系。纽约的 1234 个栅格是同时规划的，除了被哈得逊河和东河限定的地理特征，这些栅格间并没有形成显著的差异性，没有可以形成“城市的终点”那样的东西，或者是像西欧城市火车站那样，铁轨把城市一分为二造就站前一站后的“双城”布局。另一个重要的历史事实，就是因为纽约这样一座“私人城市”的土地投机，不仅在一开始造就了栅格城市的原型，而且也将曼哈顿在垂直方向上分成不相干的“精神分裂”的两部分。这或许是前述车站的新古典主义风格和本地文脉不谐和的根本原因，也是后来的新车站方案成为可能的原因。

换而言之，从建造原有的宾州车站的一开始，这种地面的、直观的人际感受和地下的、抽象的建筑程序的运行就算是并行的，也注定会发生矛盾。在这里通行的“形式追随功能”或是“形式造就功能”的信条都失效了，因为这座车站并不是单一的建筑物，而是一个巨大无比的系统（整座宾夕法尼亚铁路）和一个用历史形象装点的城市节点无厘头的嫁接。人们之所以能接受这样的嫁接，某种意义上也正是因为车站从来不是一个边界明确的房间，而是一个出发和到达的“临界点”（threshold）。这种无始无终的空间同时涉及两种语言学现象——由功能程序表达出的转喻和象征符号代表的隐喻。[36] 相形之下，新的火车站的设计其实并没有什么明显的功能漏洞，但是它为人诟病的地方不是因为更换了旧火车站的（历史）形象，而是取消了这种形象。

[36] 如果说旧有的城市设计机制无视使用者的感受，20 世纪 60 年代以来那种对于“自发”力量的迷信，却容易要么导致一种有机式样的乌托邦设想。比如有机建筑的另一鼓吹者雨果·黑林（Hugo Häring）认为，城市可以自己“修复”自己。在真实的世界中，这种一厢情愿的“自我”修复，往往要么导致一种无政府主义的混乱，要么干脆无所作为。

最新的旧

1963 年，也就是拆毁宾夕法尼亚火车站的前夜，《纽约时报》就曾经发表过题为《别了，宾夕法尼亚火车站》的著名社论：

> 纵使我们依然拥有宾夕法尼亚火车站，我们却无力保持其整洁。（当下）这个浮夸的文化使得我们需要，也活该有罐头盒式样的建筑。将评说我们的，不是那些我们所建造的纪念碑，而是那些我们所毁弃的。[37]

[37] “Editorial,” in *New York Times*, October 30, 1963.

这件事情最终导致 1978 年纽约市通过了新的保护法案，也让城市开发的强人罗伯特·摩西（Robert Moses）无边的影响力逐渐退潮。与其说，保护法案为纽约抢救了更多的历史建筑，不如说它极大地影响了人们对“发展”和“历史”的看法。游行者的另一句著名口号是“别撕裂，更新它”（Don’t amputate, renovate）——这种“更新”并非简单的“保护”，事实上它很可能是对二元对立的“新”“旧”的一种否定，对于“未来”的恐惧不一定导致回到“过去”；如同艾森曼所说过的，从此历史不再是均匀延续的，活在永远的当下导致了即刻的历史，这是起源的消失，也是终结的终结（the end of the beginning or the end of the end）。

最新的发展来自“9·11”之后的美国，由国会议员丹尼尔·派特里克·莫尼汉（Daniel Patrick Moynihan）首倡，纽约市决定在宾夕法尼亚火车站的原址上建造一座更大的火车站。[38]

[38] http://www.moynihanstation.org/newsite//2005/08/project_timeline.html，访问时间：2020年8月20日。

图11、图12 不同时刻的“新”：20世纪初的宾州车站剖面图（图11），与21世纪由莫尼汉提议的宾州车站剖面图（图12）。后者愿景中的中庭空间是宾州车站之后资本主义城市的另外一种发明。

章节页图 旧宾夕法尼亚火车站，由等候厅通往列车站台的舷梯（gangway），庞大整一的体积通过这些装置被转化为无数线性的平行运动。

再造

中国国家博物馆的改扩建

理解当代博物馆建筑的一个重要前提是理解博物馆的独特功能，不得不说，这是建筑师普遍忽视的一个方面。人们总是倾向于把大多数博物馆看作“公共建筑”（就其“外在”的规模和功能而言），但是在建筑史上，现代博物馆的起源却和私人化的建筑类型密切相关（就其“内部”的尺度和经验而言）。更确切地说，最早的博物馆建筑曾经和“住宅”的功能相差无几，这种“内”“外”的差异性和博物馆的历史伴随始终，并延续到极为特殊的“国家博物馆”的实践。

在内向的前现代城市走向开放的演变中，博物馆要成为一类重要的公共空间就不能不对这种与生俱来的差异性做出解释，这其实也是现代建筑所致力的一般任务。即使远在50年以前，中国革命历史博物馆（在我们的讨论中亦简称“革历博”）的设计就已经显示出，富有纪念性的国家博物馆同样面对着调和建筑形象与程序的使命——在寻找一种具有中国特点的新的纪念性的道路上，中国建筑师做出了具有本地特点的贡献，同时也面对着独特的挑战。我们的讨论试图在回顾西方博物馆的发展历程和原有革历博设计的基础上，追索中国国家博物馆（在我们的讨论中亦简称“国博”）设计中的核心问题由来，并就其中的几个节点议题做更进一步的探讨。

空廊和内院："内""外"的差异与调和

没有收藏就没有博物馆，现代意义上的博物馆起源于文艺复兴时期的私人收藏，阿拉贡的阿方索家族、佛罗伦萨的美第奇家族收藏都是其中著名的例子。他们的兴趣包括希腊和罗马时期的古物、名人肖像等，严格说来它们并不都是"艺术作品"，这也导致了这些朴茂的"博物馆"空间上的含混性：不像现代人司空见惯的"白盒子"[1]展厅，在那时的"博物馆"中，错落地放置在柱廊间的雕像，或是应赞助人请求特别创作的壁画；它们到底是家具性的室内装饰品，是一种空间构成的必要手段，还是独立的艺术创作，在"住宅"的情境之中我们已经很难区分了。[2]这也是我们篇首所提到的博物馆起源中蕴含的矛盾。

[1] "白盒子"基于以下的假设：1）将展品和它的环境清楚地区别开来，同时也清楚地区分了"主体"和"客体"之间的界限和距离；2）把展览对象看作性质类似的"物品"，对它们的来源和"原境"（context）不加区分，同时展览的环境力求中性化以和展品拉开距离。

[2] 这样著名的例子如帕拉迪奥的巴巴罗别墅（Villa Babaro）。

但是人文主义的精神恰恰来源于此，这种矛盾的混合体被恰如其分地称作"私人的万神庙"：一方面，艺术品是人类精神的催化剂，这种认识不可能来自君主和封建贵族，而只能在独立的"个人"基础上萌发，在这个意义上发展出的鉴赏是亲密的活动；另一方面，文艺复兴人对于"殿堂"的崇敬感延续了古典建筑的传统，甚至和当代美术馆也相去不远——博物馆的功能是什么？它既包括展现、谕示、（公共）交流，也包括学习和沉思。如果说展现和谕示是自上而下的宣教，学习和沉思的功能却是依赖于精神上的自觉。介于这两对功能间的公共交流是注定有别于大众娱乐的，它只能是人际尺度和纪念性尺度的平衡，而无法仅仅是其中一种。

图 1 建筑内部的艺术作品顺延建筑结构，形成一个亦真亦幻的整体内部空间。

如何把“住宅”和“殿堂”的气质予以结合？这看上去是个不容易完成的任务。在百废待兴的 20 世纪 50 年代的中国，对于把建筑看成“内外两层皮”也就是美观包裹功能的建筑师—工程师们，很容易将“纪念性”理解成“外面”的事情，而人际的感受蕴集于内——尽管这符合 20 世纪上半叶新古典主义建筑给人们的印象，在西方建筑史发展的实际中，公 / 私分野与内 / 外关系相系的特点却是逐渐发生的。初期并行的两种博物馆类型中，并没有特别考虑人际感受和崇高感的分离：一种“博物馆”是中心会聚的房屋，平面是正方形，希腊十字或这两种形式的组合，“圆厅”（rotunda）往往成为建筑的中心和高潮所在；另一种是所谓的“艺廊”（galleria）样式——图卢兹的中世纪学者波纳迪勒斯（Bernardus Guidonis）曾解释说，“艺廊”就是“通道或走廊”——将艺术品错置于“艺廊”的柱间，有利于形成一种行进中的观感。值得注意的是，因为文艺复兴城市的规模，无论是圆厅还是“艺廊”都是住宅尺度的，这和后来国家博物馆中习见的巨大中庭和高大柱式截然不同。这样的博物馆空间紧凑人际，缺乏现代公共空间期待的品质，它也不是城市的一部分。这样的博物馆的“内部”和“外部”不存在分离的问题。

1959年建成的中国革命历史博物馆面对的是一个不同的情境。粗略地说起来，这样的变化并不是一夜之间发生的，而是辛亥革命以来逐渐的近代化进程为纪念性建筑设定了新的基调。[3] 北京城市中心的变化首先是开阔广场的出现，天安门前千步廊和长安左、右门定义的狭长T形广场，演化为近似正方形且尺度空前的天安门广场；这一变化，不仅仅是开放空间的出现，而且带来了传统城市中未见的不受遮蔽的视点——天安门广场宽度为500米，使得建筑物的高度不可能再局域于大屋顶建筑所及，并且让革历博的西立面成为最主要的形象因素；由立面四合的建筑所独占的“街区”，使得“国家”的表达成为一个去神秘化的、公开的形象。[4]

[3] 新兴的现代民族国家建设规模巨大的城市广场还有另外一些例子，最著名的如位于新德里的印度门广场，其尺寸接近天安门广场。

[4] 据有关当事人讲述，最初总图设定广场两侧的建筑为人民大会堂、革命博物馆、国家大剧院和历史博物馆四座，两两相对分立于人民英雄纪念碑东西两侧。这样每座建筑的地块为150米×220米。后来，国家大剧院迁出天安门广场，移至人民大会堂的西侧，广场东侧的规划内容确定将历史博物馆与革命博物馆“合二为一”，广场西侧的人民大会堂、宴会厅和全国人大常委会办公楼“三合为一”。它的直接结果是突出了广场相对两座建筑的东西立面（革历博的东西长增加到原来的近1.5倍），广场东西侧南北留有的余地减少，而独栋巨型建筑占有整个“街区”的品质大大增强。参见陶宗震：《天安门广场揭秘》，《文史博览》，2008年第6期。

2

如果重要纪念性建筑的出现总是应对着新的城市境遇的话，革命历史博物馆的使命和 2004 年进行的国家博物馆竞赛其实面对着类似的任务。要而言之，在 1959 年时的国家博物馆是单一街区内的独栋建筑物，和传统建筑群落的“一座建筑，多幢房屋”的模式完全不同。它在将抽象的“国家”做了具体呈现的同时，也意味着它的外部和内部不得不采取分而治之的策略，要强调立面的“一层皮”特征难免会造成内外的脱节：由于要与广场西侧的人民大会堂形成某种平衡，纪念性建筑物的门窗尺寸让博物馆内部形成空前高敞的空间，可以和任何西方建筑物媲美。另一方面，在博物馆内，用于图解中国历史的很多展品遵循的其实是另一种“纪念性”的原则，须知，被称为“重器”的青铜礼器也远远谈不上巨大，尺度大多不超过 1 米。[5]

图 2、图 3 圆形的万神殿（图 2）和线状的“画廊”（图 3，乌菲齐美术馆内部）构成了西方展览建筑最主要的两种空间类型。

[5] 参见巫鸿：《中国古代艺术与建筑中的纪念碑性》，上海人民出版社，2009 年。巫鸿的观点之一是，所谓“重器”依赖的不仅仅是物理尺寸和视觉印象中的“大”，相反，它们的“纪念碑性”是通过“不见之见”间接地获得的，和现代博物馆文化的公共性原则正好相反。

当时负责设计的北京市规划管理局设计院以一种出乎意料的方式解决了这个问题，它完成了人际感受和宏大外观的平滑过渡。据说，这个解决问题方案的思路来源于周恩来总理的提示，那就是革历博体量上要和人民大会堂平衡而实际建筑面积则不必向其看齐。[6]按照当事人的解释，采用“内院式”布局的好处是可以用“较小的体量来获得较大的外形轮廓”。在具体做法上，就是外立面保持连续和完整，而在内部将建筑“挖空”并分成南北的三段和高程上的三层（局部四层），辅之以回环分列的线性展程。这样做的好处是保证了建筑内部人际感受的舒适，展览空间和展品尺度的恰当对应，同时从外部维持一幢巨型建筑的整体感。

[6] Wu Hung, *Re-Making Beijing*, The MIT Press, 2006, p. 117.

这个方案的精彩之处还不仅仅在于院落式的布局，而在于入口和南北内院边际处的复柱柱廊（建筑师称为“空廊”），共同围合了一个三合的“到达庭院”。它使得革历博的“内”“外”并没有严格地分离开来，而是保持了一定程度的沟通，同时又不影响西立面的完整；由于柱子形态的原因，当观众在门前移动的时候，立面

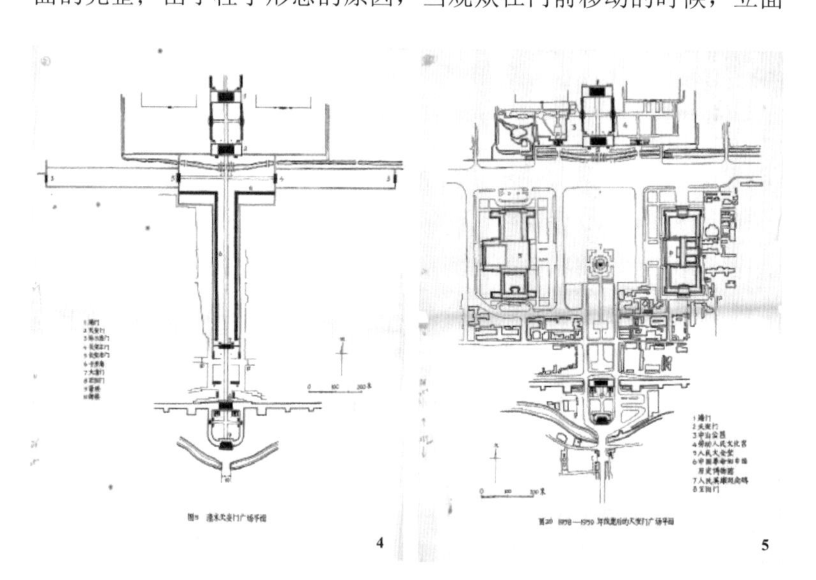

图 4、图 5 天安门广场 1949 年之前的布局（图 4）和它改造后（图 5）的对比。

图 6、图 7 图 6 和图 7 显示了毛主席纪念堂建成之后这一区域的进一步变化，广场的面积显著地超过它周围的任何一座建筑。

[7] 柱廊的柱子形态和比例经过了仔细的斟酌，一方面强调竖直方向的运动而略显瘦长，另一方面特意选择方形而不是圆形的柱子，周恩来就此问题曾向张开济问询，得到的答案是："大会堂的柱子是圆的，怎么看都这么粗，而革历博的柱子是方的，真正看的时候不可能只能看到一个面，都会是两个面，实际上看了就不会显细了。"事实上这种选择也加强了立面在成角度观看时的变化，见张永和与国家博物馆馆长吕章申的对谈。

[8] 北京市规划管理局设计院博物馆设计组：《中国革命和中国历史博物馆》，《建筑学报》1959年Z1期，第38页。

方向的"空廊"和分隔南北庭院的"空廊"成角度，形成了错动变化的阵列，进一步丰富了这种效果。[7]

这一手法的实质是利用视差，用似实还虚的空间，在运动之中形成既"完整"又"变化"的形象，从而调和了铁板一块的巨大西立面，同时也多少暗示了博物馆内部的线性展览空间。在《建筑学报》的专题文章中，设计者特别地解释了"空廊"的用途："这个高度达33米，宽度逾100米的大空廊，它既非使用面积，也非交通面积，甚至连聊避风雨也谈不到，究竟要它干什么呢？"[8] 的确，在当时而言这实在是非常富有新意的创造。

"运动"中的博物馆

由于它内设的功能，在内"虚"外"实"之际，国家博物馆建筑有着另一重特殊的矛盾，那就是它不仅仅是一座静态的神庙，它还隐含并逐渐凸显出"运动"的特征。

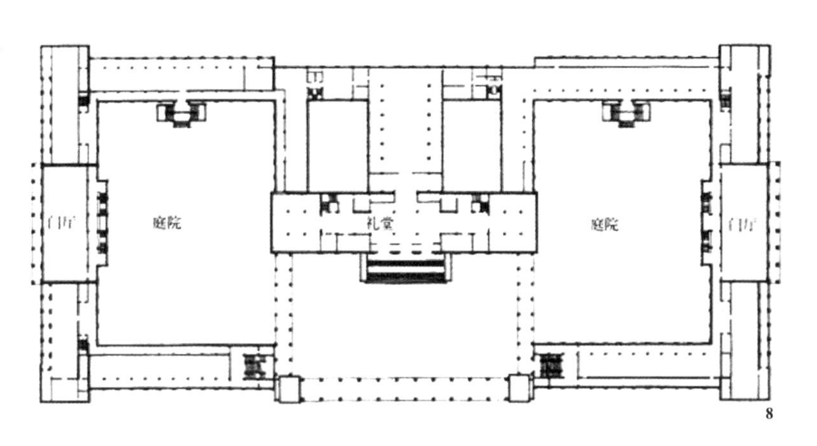

图8 中国革命历史博物馆一层平面。

图 9 中国国家博物馆扩建部分正面的新柱廊。理论上它和入口处的原有柱廊构成了复杂的二重奏。但是观众并不能由此自由进出建筑，博物馆方也不鼓励他们在此停留。

图 10 Etienne-Louis Boullée 1783 年博物馆方案。

早期的galleria几乎都是用来放置雕像的，这有可能是源自罗马人的传统。比如老迈腾斯（Daniel Mytens the Elder）笔下的阿伦德尔伯爵（Earl of Arundel）身后的“艺廊”，柱间均置有半身雕像。放置绘画作品的艺廊被特别地称作picture gallery（画廊），同三维的雕像不同，绘画平面只有在正面观看才是富有意义的。不仅如此，同文艺复兴画家创作出来的透视空间与建筑细节合而为一的情形相比，“画廊”中的空间要复杂得多：首先，人们观看绘画作品的方向和行进的方向是不一致的；其次，由于展示理念的不同导致了不同的建筑布置，同时这些布置又反过来形成了对于展品的新的理解。

[9] 比如巴伐利亚的阿尔布莱希特五世（Albrecht V）在慕尼黑为自己建造的Antiquarium，同时呈现了数种意义不同的绘画性表面，而且这些表面也和雕塑性的室内空间元素相结合。

具体说来，在一些画廊中，建筑利用内部装饰形成了展品和空间一体的情态。例如，在无忧宫（Sanssouci）中，有纵贯檐部的三段式柱式形成壁龛形的空间聚合，在其间可以放置艺术品，这种手法在图书馆中也经常可以见到——这些建筑元素实际上起到了“画框”的部分作用，它使得观众的观看形成某些确定的段落，段落与段落连缀成有意义的运动；但是与此同时，初期的“画廊”也有相当多将画一幅幅密布在墙面上，使得它们几乎形成一个完全连续的表面。这样的做法也许和许多“画廊”也是绘画交易场所的功能密切相关，无论如何其结果是第一种情况的反面：这些展览场所中空间的“段落”和节奏变得模糊，“运动”的趋向让位给整体性的静态感受了。[9]

图11 “观看”和“行动”的矛盾。

博物馆发展的大势是“行动”和“观看”发生了一定的分离，静态的“住宅”中小范围的观赏演变成匆匆而过的人流，这很难说是绝对的巧合，而是私人博物馆普遍向公共开放的

图 12 纪念性建筑的巨型体量和它隐藏着的线形流线构成鲜明的对比。

结果。[10] 当建筑的公共性增加的时候，早先独自成立的中心汇聚式布局不能满足观众的需求了，“圆厅”和“艺廊”这两种展示方式多少结合在了一起。如同革命历史博物馆的设计者们认识到的那样，加以折叠的线性回廊可以在外面获得较大的建筑周面，同时保持一个大致的对称中心——另外一方面，由于纪念性建筑的城市地块多半是矩形，而现代照明技术之前的建筑进深不允许太大，线性的“艺廊”折合形成内院，博物馆整体的体积依然呈现方形。

[10] 一般认为法国大革命建立共和国是公立博物馆制度的开始，它带来了英国作家保罗·约翰逊（Paul Johnson）所说的“艺术的民主化”。事实上，在 18 世纪早期和中期，已经有一大批具有公共性质或至少向部分公众开放的博物馆。因此博物馆空间的公共使用应该和它作为公共空间的品质有所区别。

在整体感受的类型（圆厅）和个人体验的类型（艺廊）合而为一的同时，“行动”和“观看”的功能彼此分离，建筑外部的观感和内部逻辑也产生了某种脱节。建筑体量越大，艺廊的周边越长，线性展程和矩形平面—体块间的矛盾也愈发突出。回过头去看小型的展馆，“圆厅”和“艺廊”的差别相对人的尺度不明显，这样的脱节也就可以忽略不计了。

让我们再讨论中国历史—中国革命历史的专题陈列。它采用的是无须返顾的“单面环行”式展程，观众入门后，“分南北行，进

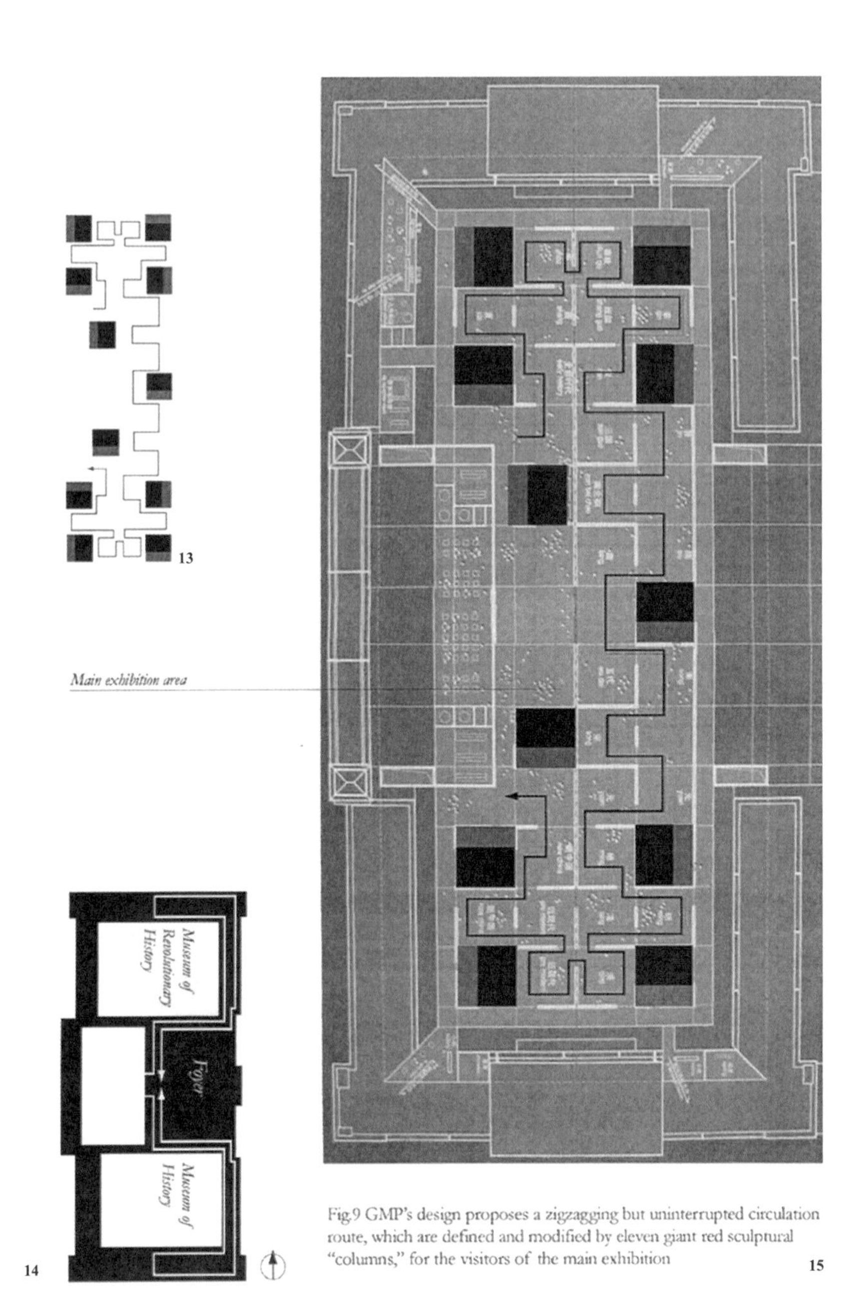

图 13—图 15 GMP 的最初中标方案（图 15）中，建筑内部并没有显著的空间前后层次，若干巨型中空，含有交通设备的巨筒，并未分割而只是点缀在相对自由的大空间之中，不曾彻底脱离的参观区域，而不是现状中界限分明的封闭式画廊，构成了松散的连缀关系。图 13 为笔者根据 GMP 方案作出的示意图。图 14 为中国革命历史博物馆原有的参观流线示意。

入序言厅3段，由此再经各段陈列厅至第10段陈列厅……由（此处楼梯）上楼，再按原路线背道而行，最后回至3段交通厅，至此参观全程完毕，由此下楼，仍经原入口出去”[11]——沿着南北两条展程的线性展开，是“进步”并且“线性”的历史观的形象图解。它们“连贯”“系统”，不互相交叉与重复，只要沿着“艺廊”走下去，就可以清晰地纵览整部中国历史。值得注意的是，长安街与前门大街、天安门广场和公安部大楼之间的方形基地本并不适于这种线性布置，但是庭院式的内部布局使得“一站式”的展程变得比较自然了，而且这种运动的特征已经在立面上给了隐约的交代；这座端庄的“中国式新古典主义”面貌的纪念物也许不是刻意如此的，但是特殊的城市区位和博物馆功能间的罅隙，使得它的设计手法带有了某种超前于自己时代的意味。

[11] 北京市规划管理局设计院博物馆设计组：《中国革命和中国历史博物馆》，第35页。

说到这里人们无法不想起弗雷德里克·辛克尔著名的柏林老国家画廊。巧合的是，德国建筑师不仅帮助完成了中国国家博物馆扩建项目，而且在“国家博物馆”发展的历史上也曾经扮演了举足轻重的角色。这绝不是因为德国建筑师为博物馆独创了某种纪念性建筑的类型，而是因为包括建筑师在内的德国人文主义者曾怀着异常的热情探索博物馆的文化功能，在18、19世纪之交西方建筑类型发展的关键阶段，德意志国家的形成为这种探索提供了恰逢其时的动力。[12]“国家”博物馆的内涵在此再一次变得非常重要了。

[12] 德国现代国家形成的历史发端可以大致追溯到拿破仑战争后成立的日耳曼邦联。而这正是老国家画廊设计酝酿并最终建成的时间段。

辛克尔的前驱者们已经在思考超越于单一民族之上的世界文化概念，博物馆的“收藏”因此不仅包括绘画、雕塑等以“年代史”“风格史”分类的艺术作品，还包括一切能被纳入“自然史”的物体。事实上这两种观念都对老国家画廊的空间设计和陈列观念有影响。例如，伟大的人文主义者洪堡便对博物馆的结构提出了自己的意见，其焦点在于艺术品的排列是应该按照“主题”还是“时间”，前者对应着博物学者们获取“信息”和“学识”的好奇心，而后者则昭示着国家博物馆陈列具有的强烈叙事性。

德国人文主义者的分类学提示着博物馆的双生功能：“展示”还是“收藏”？——这实际上也对应着博物馆设计中的动静两大类区分，除了带给人们整体性体验的形象（立面）、纪念性空间（“圆厅”），还有一般为人们所易于忽视的服务功能（库房）。“收藏”是新兴民族国家世界观的物理模型，它通过撷取人类文明的样品，为之设置完满的结构来昭示自己的位置，它强调空间的各个组成部分地位的平等；而由于观众浏览展品的历时性特点，“展示”带有显然的动态，在空间表达上展程越长（对“廊”的特征的进一步强调），同一时刻的并行因素越少越好（“单面环行”的策略由来）。

图 16—图 18 辛克尔 19 世纪初设计的老国家画廊平面（图 18）。在建成的时候，这座博物馆的各种图绘再现中还可以看到它的侧立面（图 17），但在 20 世纪，由于城市环境格局的变化，它的视觉表现已经一边倒地注目于它的正立面（图 16）。

这两者在辛克尔的设计之中得以重叠。老国家画廊同样体现了德国人文主义者的分类企图：建筑长边中央入口隐藏着一个中央圆厅，它是辉煌的“统一国家”的向心特征的物化；但与此同时，内部的展览空间是分层的，在主立面方向形成狭长的通廊，应和着辛克尔在主立面上一气排列 18 根爱奥尼亚柱式的大手笔。除了将方形建筑体块的外在形象“拉长”的效果，与革命历史博物馆的主立面手法类似，更值得一提的是入口处与立面平行的两处巨大梯级——辛克尔在建造这座德国新兴国家神庙的同时，对其时诞生的新建造技术也有浓厚的兴趣，这两座楼梯便是他在英国参观铸铁防火构造后的创造。

图 19 辛克尔自己表达的由老国家画廊的内部出望城市景观，在这里更重要的同样是建筑和城市彼此平行又互相渗透的关系，随着相对位置错动双柱廊构成观看者获致的动感的来源。

斯坦·艾伦注意到，当人们扶级而上的时候，正厅入口处的

[13] Stan Allen, "Mies' Theater of Effects: The New National Gallery, Berlin," in *Practice: Architecture, Technique and Representation*, Routledge, 2009. 艾伦认为密斯和辛克尔的区别之一在于，老国家画廊中的幻觉性机制是隐藏在建筑的"形象"，比如新古典主义装修的外表后面的；而密斯的"少就是多"，带来了一座没有"所见"、只有"见"的建筑，也就是说，通过极简的建构和精心调配出的光学品质，隐匿了建筑本身的形象，而把它意欲张扬的体验推向前台。

四根柱子与最外面一排柱子交错，形成一种变幻中的全景阵列（parallax），从一侧往外望去，城市的水平街景为不断变化的柱间距所分割，形成一种电影画格式的过渡。由此这座新古典主义的博物馆，新兴德国国家的象征，除了是一座坚实的堡垒，也体现出和城市交流的强烈动态。艾伦提示，在密斯・凡・德・罗的新国家画廊中，这种"城市剧院"式的效果以一种新的方式得以再现。[13]

新国博：辛克尔式的城市回望?

2004 年，当德国建筑公司 GMP 战胜包括赫尔佐格—德梅隆、库哈斯等明星建筑师在内的对手，赢得中国国家博物馆设计竞赛的时候，人们多少感到有些意外，因为 GMP 是家中规中矩的企业型事务所，并不以"设计"见长。但从另一个角度来看，建筑竞赛的意义并非一定是求得最具"突破性"的方案，它也是特定政治、社会、文化条件在项目中的放大。事实上，国家博物馆的实施方案远不是 GMP 的设计方案，通过并非一帆风顺的深化设计阶段的磨合，

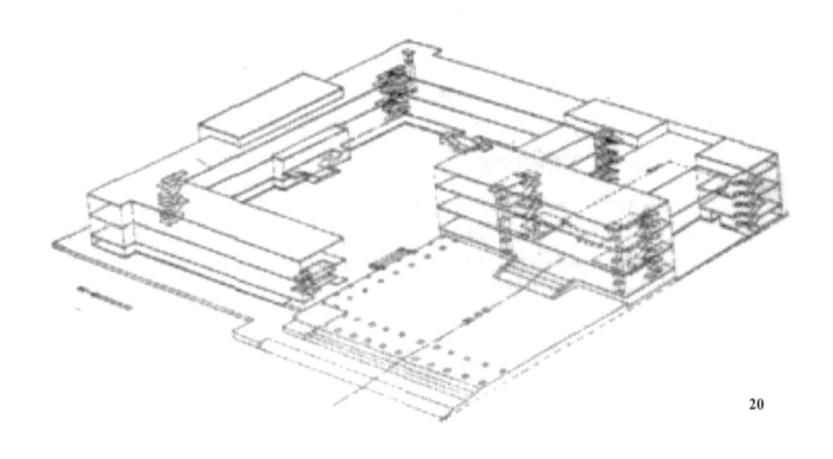

图 20 中国革命历史博物馆的"中央大厅"与"主门厅"。

这家素来对“先锋”创意并不感兴趣的德国公司，最终遵从和实现了中国业主的意图，也不可思议地使得国博扩建项目和德国新老国家画廊更替的故事发生了某种对话。对于这座具有历史意义的建筑物的重生而言，这是一个富有意味的结果。

2004年竞赛的焦点实际集中在新的国家博物馆要成为什么样的公共空间。要理解这一点，我们就必须回到中国革命历史博物馆对于中央大厅的处理。虽然入口的处理极为相似，和辛克尔的老国家画廊相比，革历博的“剧院效果”不够突出，主要的区别在于老国家画廊对观众水平动态予以强调的地方，革历博反而取消了楼梯——“为什么在博物馆的门厅里看不到一般公共建筑所有的、装饰性很强的大楼梯呢”？设计者特别做出了解释：“由于参观路线的安排，参观者不需要一进门就上楼，而真正带他们上楼的楼梯却距离门厅很远，所以门厅里的‘大楼梯’就无此必要了。”[14]

[14] 北京市规划管理局设计院博物馆设计组：《中国革命和中国历史博物馆》，第35页。起到枢纽性公共空间作用的其实是面积稍小的所谓“正门厅”，而不是“中央大厅”。

设计者这样的安排是不寻常的。在国博改建之前，二层以上的“中央大厅”呈现东西狭长的形状，不能做正式展厅使用，也起不到入口大厅的作用，观众在进入“中央大厅”之前，已经匆匆地移步南北展厅了。总体来说，“外”主立面大空廊的主要价值依然在于维护立面连续和完整，而它“虚”的也就是承接空间表里的一面，并未影响到博物馆内部的主要功能，入口处由外而内的快速过渡和“藏”在巨硕形体内的线性展程虽有呼应，但它们并非直接相关。这种“虚实相间”的不确定状况或许是1959年革历博的一个重要特点，它显示出当时的设计师们对内外进行沟通的努力和博物馆的最主要功能——展览——依然没有融为一体。作为公共建筑，革历博的外部“形象”和内部“感受”是分开解决的。

无论如何，同辛克尔一样，设计师注意到由建筑内部“反观”城市的重要性，他们对这种经验的阐释，使人联想起园林中豁然有

图 21 由中国革命历史博物馆的门厅出口看天安门广场。

光的“框景”回望。在介绍革历博设计的文章结尾是一幅移轴相机拍摄的照片，对于这种端庄肃穆的纪念性图景，建筑师的赞赏之情抒发得溢于言表：

> ……尤其当人们从博物馆参观完毕，步出大门，站在这院子里，就可以从空廊列柱的空间里，看到雄伟的人民大会堂与庄严的人民英雄纪念碑出现在一片蔚蓝天空之下，眼前是一片瑰丽堂皇，庄严和平的景象，而脑海里还遗留刚才看到的革命过程中的艰苦困难的印象，这时候人们的情绪与感想绝不是我们建筑师所能描写的，但是却又是我们建筑师所期望的！[15]

[15] 北京市规划管理局设计院博物馆设计组：《中国革命和中国历史博物馆》，第 39 页。

由于门厅大门和空廊立柱尺度上的巨大差别，这种迈出一步而

图 22 笔者依据 GMP 方案中的建筑功能空间分布示意（GMP 提供）绘制的建筑内部空间重构示意。

N
Underground level
Underground level
Chang'an Ave
Tiananmen Sugare

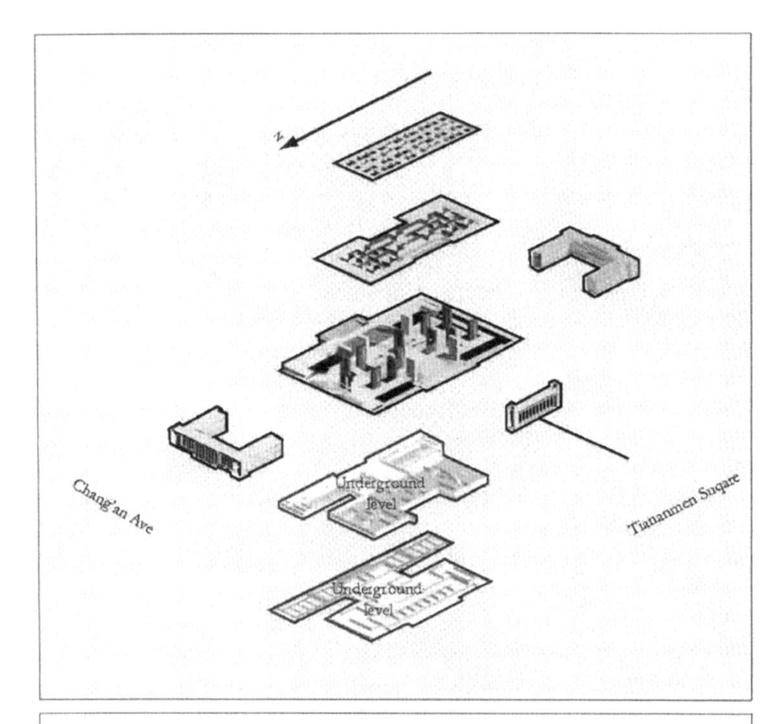

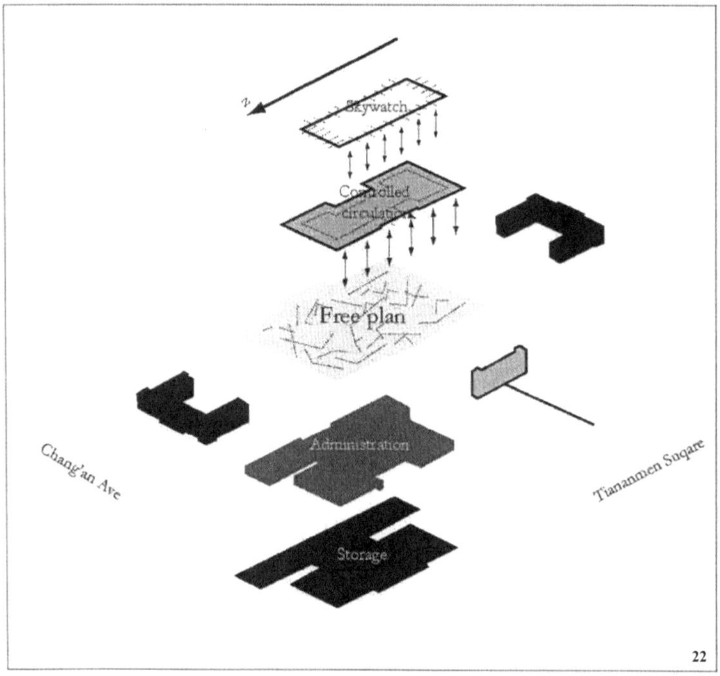

N
Skywatch
Controlled circulation
Free plan
Administration
Storage
Chang'an Ave
Tiananmen Suqare
22

Fig.18 Stacked and correlated spatial controls and viewing strategies by floor, as seen in GMP design.

- Uncontrolled, visible to the outside
- Slightly controlled, ample (interior) views
- Not strictly controlled, designed circulation route
- Less strictly controlled, half visible to the outside
- Strictly controlled, completely invisible to the outside

“豁然开朗”的感受是很可以理解的，门厅大门处戛然而止的观展感受和天安门广场的活动性质间的截然不同，也进一步印证了这种差别。GMP 公司的中标方案中已经依稀看到了这种“内外有别”的特征，但它的本意似乎并不在于推进革历博设计中以“空”“间”沟通内外的努力，而是把注意力放在了在建筑内部。

建筑师对于革历博空间改造的核心创意，是取消了原有的合院布局，代之以重新填充的中心体块，用带有垂直交通功能的柱体支撑起一个“悬浮”在老建筑上方的新的天顶，暗示着传统大屋顶建筑的逻辑——这种附会对熟悉大木作的人大概不能说是很有说服力的，但 GMP 创意的最大亮点在于博物馆功能在垂直方向上逐渐演化为不同的空间格局。上下的不同“艺廊”层（突出收藏主题的“专题”陈列，以及突出线性展程的“基本”陈列）夹着一层由自由平面构成的公共大厅，最上面是彻底开放式的屋顶花园，最底端是完全封闭的艺术品仓库。这五个互不相干但由红色柱体“穿漏”的楼层，再三面“粘合”上革历博的原有南、北翼，使得整个新国博的建筑逻辑由原有的内外单组矛盾，变成了更为复杂的空间混融。[16]

[16] 和实施方案相比，这一构思的明显后果就是没有绝对“孤立”的博物馆楼层，每一层平面的功能都和柱体并存。

这个方案尽管使得 GMP 中标，它和最终实施的方案大有区别。虽然我们不清楚业主与建筑师协商的详细过程，但是如果对比中标和实施的平面图纸，可以发现实施方案用截然不同的方式回应了革历博的空廊处理，乃至构成了新的“内”“外”关系。

在中标方案中，我们可以看到一层大厅几乎取消了革历博原有的入口庭院，虽然大厅的公共空间延续了“广场”的品质，可是由于它的入口过于贴近原有的空廊，使得由室内对城市的“回望”大打了折扣。但是，实施方案最终还是让出了“庭院”的位置——不仅如此，它还在入口处增加了新的“空廊”；此外，实施方案改变了中标方案博物馆功能上下堆栈的模式，把展示功能整体往后，也就是往东退后了，包裹在数个巨大的柱体之内——现在它们不再是垂直交通的载体而是各种用途的展厅。建筑的整个西部，由此让给了一个体量可观并且通层的公共空间。

这样做的第一个后果，当然是形成了空廊（外）—庭院（中）—空廊（中）—室内公共空间（内）—展厅（内）的更丰富层次，使得原来由空廊进庭院再直入中央大厅的格局更加自然，使得观众有了漫步盘桓的缓冲；但是，更决定性和富有意味的变化还不仅仅如此：就在观众刚刚步入室内公共空间的那一时刻，现在有了两座南北方向的巨大梯级——革历博设计中不寻常地"消失"了的中央楼梯现在回到了国家博物馆，让原先匆忙开始的展览有了一个宽裕的前奏。整个建筑除了有一个宏大的"外"主立面，还有一个同样宏大的"内"主立面，其中大量出现的竖直线条再次重复了"外"

图 23 西入口及主入口大厅。GMP提供，摄影：Christian Gahl。

主立面的主题。它不仅复合增强了原有空廊的阵列效果，更重要的是，国家博物馆的室内前厅现在毫不遮掩地展示了建筑室内空间具有的水平动势。尽管尺度和构造无法等同，可这分明也是辛克尔在老国家画廊中使用过的同样手法。它所传递的明白无误的信息是，现在博物馆的功能已经不仅仅限于被厚重墙体重重包裹着的传统展厅，它也可以是门外一马平川的广场公共空间的延伸，将不寻常的变化无端的城市情境引入了室内。如果我们沿着两座梯级走上一次，就会知道此言非虚。

使人稍感困惑的是如此的“城市”却是不彻底的，甚至有点自我矛盾。原来 GMP 方案中多层穿漏的“城市客厅”体现的是轻松和变化，现在追求的则是空间的整一和管理的便利。在 GMP 的中标方案里，博物馆出口是大片玻璃为主的“内”主立面，由门厅回望广场清晰可见，但是现有的“内”主立面却不让人直入主题，而是人为地将城市和人们隔开了——它在人视的高度使用了似开仍掩的青铜镂花大门，高度恰好是梯级尽头的视线所及。现在城市在左，展厅在右，类似中国园林花窗游廊的氛围，将观众送上与博物馆原先线性展程平行的方向，当你缓步走上室内公共空间的小二层时，你才会有机会一览青铜门扇的缝隙中不能尽现的广场景观。与辛克尔的老国家画廊企图让人们领略的城市全景画不同，和原来革历博“闲置”的空白内院也不同，最终观众能看见的不只是漫无边际吸收一切视觉的广场，还有两个生造的半开放“花园”。[17]

出自 180 年后的德国建筑师之手的这种“景观”完全是一种巧合吗？这种有趣的“序曲”也许并不是国家博物馆设计的全部，但是，对于高度关注着被“观看”和“运动”纠缠着的博物馆空间，这样的设计一定也同样强调了某种应运而生的新变化，预示着这个新世纪初叶到来的中国城市“巨构”欲说还休的公共品质。1938 年，刘易斯·芒福德在《城市的历史》中写道：“一座纪念碑是不

[17] 这个具有高程变化的“花园”或“内庭”是国博设计中出现的最有趣因素之一。它或有实际功能上的考量，因为内植的树木可以分隔距离过近的新老建筑立面（也即“内”“外”两层主立面之间形成某种过渡）。与此同时，狭长的“花园”或“内庭”延展了现在被压缩的入口处庭院和主立面层的建筑、内部公共大厅以及后部展区形成清晰的前后四组，彼此间并有所沟通变化，反映了建筑师在凝聚主要建筑体块的同时，仍然试图保持原建筑虚实层次的企图。

可能现代的，现代建筑不可能是一座纪念碑。”但是，如同约瑟夫-路易斯·瑟特（Josep Lluís Sert）等人在《九论纪念性》所预见到的那样，某些当代的建筑物最终会转而寻求一种“新的纪念性”。“新的纪念性”在于它把过去那些普遍认为不可能的矛盾品质引入了巨型公共空间——比如建筑室内对不断变化中的外部景观审慎的吸收，比如自身如同一座城市的博物馆，比如既让人叹为观止又多少使观众感到单调疲惫的“国家殿堂”。

章节页图 国家博物馆改建后的檐角细部，象征性地表达了中国传统建筑的木构斗拱特征。然而，在GMP最初的方案里，斜出的巨大金属屋檐，是为了透过并未完全封闭的建筑上部，隐约反射出建筑内部大空间的公共活动。方案和建成的结果在此有着天壤之别。

国家标准

《建筑学报》1954—1959年对住宅建筑问题的讨论

1954年创刊的《建筑学报》(以下简称"学报")明确指出，刊物刊发的是有关建筑设计领域的"指导性的理论论文和重要的技术论文；至于一般性的技术介绍，编辑委员会决定以不定期小册子的形式 送到建筑工作者面前"。具体地说来，它显示建筑界已经达成了如下的共识，也就是学术研究和理论建构的出发点并不是细小的风格或构造问题，而是在特定的政治和经济条件下统一全国建筑师的宏观认识："本学报有明确的目的性，它是为国家总路线服务的，那就是为建设社会主义工业化的 城市和建筑服务。"[1]

[1] 张稼夫：《在中国建筑学会成立大会上的讲话》，《建筑学报》，1954年第1期，第2页。他指出"都要服从于完成国家建设的任务"。

确立标准

在这个强有力的号召之下，国家建设的初期强调了设计的速度，批判了“设计力量赶不上施工，建筑力量不能适应大规模建设”的现象。在国家建设的初期成就基础上，1954 年创刊的“学报”重点强调了建筑设计中的节约和效率问题，陆续地批判了三种主要的反面典型，也就是“反动的结构主义、世界主义、复古主义”。“节约，反对浪费”成为那个时代学术讨论的主流。在这样的状态下，1954 年的建筑创作讨论十分谨慎，极少涉及人的感受层面。对于此前在旧体制下接受古典主义训练的建筑师而言，从“美观”角度谈论建筑设计的基础问题已习以为常，当时避免这种习惯反倒成了异常困难的事情。例如，“学报”创刊号刊发张镈在西郊设计的某宾馆，尽管一再强调“不多作装饰”，依然受到责难。既然真正意义的室内设计无从说起，寥寥数语都是为了强 调设计的低调：“一般房间，均用油膏贴人字木地板，既可省去龙骨， 又可使用短头椽木材料制造，其他装修完全简单，简洁，不多文饰……”[2] 特别的宾馆设计尚且如此，工业和民用建筑的情况更可以想见。直至 1959 年，随着“十大建筑”等高等级建筑物对于设计的重新强调，有关建筑学基本问题的讨论才又回到“学报”的视野中来。

[2] 张镈：《北京西郊某招待所设计介绍》，《建筑学报》，1954 年第 1 期，第 41 页。对于简单装饰如“正面上部作花架”的使用，他指出，其意义在于“润剂正面的简单和严肃”。

即使在这样的情况下，1954—1959 年的“学报”仍然刊发了颇多有趣的文章。这些文章的出发点是关于“经济”“实用”的，关心“普通建筑”胜于“非常建筑”，但字里行间，我们可以看到绕不过去的对于建筑设计基本假设的讨论和争议。以往对于这段时期的建筑史研究通常纠结于“民族风格”“现代主义”之争的“宏大叙事”，但同时应该看到，新中国第一个十年貌似寻常的“普通建筑”也初步建立了建筑学讨论的规程和基础。

这种现象不是没有原因的。和西方国家近代化的历程不同，1949 年以来的中国现代建筑原本缺乏真正的“样板”。总的来说，以全民规模搞现代建设这个大前提不曾改变过，问题是，到底什么才是中国的现代建筑？不涉及一些基本问题是不可能的。20 世纪

50 年代的“学报”显示，在缺乏公开讨论的情形下，对以上问题的答案一直在各种交错的因素间摇摆。起初，出于政治上“一边倒”的需求将现代建筑区分为“社”“资”，苏联的标准设计引入中国，建筑界还没有任何关于现代生活的讨论便接受了一套成熟的现代建筑理论；而后中苏两国逐渐交恶，对自主性的强调又重新召唤“民族风格”，乃至于朴茂的“本地性”概念；最终，声言出脱于意识形态的西方“国际风格”代表的“世界主义”、脱离国情的专业至上的苏联学院派代表的“结构主义”、“全面继承古典遗产”的“复古主义”都被否定了，更不用说强调建筑师个人情趣的、拿设计当艺术的“唯美主义”。中国建筑学的理论讨论最终走向一种语焉不详，也可说是无所适从的状态。

在这种情况下，建筑学的基础出现了两面状况。一方面，建筑师普遍忌讳深入讨论使用者的“感受”这样的基本问题，因为强调“美观”容易被说成封建主义和资产阶级的需求，就连最基本的造型和形式问题也不宜讨论，因为对“形象”的理解是有风险的。除了基本功能之外的“设计”都会被说成不知所云和不健康的。正如我们在《华而不实的西郊招待所》中看到的那样：

> 主楼的立面上都是一排排的窗户，未免“单调”，建筑师设计了八块混凝土窗花嵌入在正门两边的两排窗户上……这八间房子却因此长年处在阴暗状态中……那窗花像密密的栅栏一样，挡住你的视线，阴暗以外，更有一种闭塞的感觉。[3]

[3] 范荣康：《华而不实的西郊招待所》，《建筑学报》，1955 年第 1 期，第 39 页。

但是另一方面，貌似空白的“设计”议题并不是缺乏实际的反馈和意见。事实上，无论是机械地照搬苏联标准还是自力更生的“设计大跃进”，都会毫无例外地引入一般性的建筑学思考，比如基于未便明言的舒适感的“合用”的一般定义，会让对于“效率”和“效益”的思考更深入——前者只是抽象的数字和指标，而后者不能不涉及那些千百年来根深蒂固的生活习惯和中国的实际国情。总之，关于建筑学基础问题的讨论无法回避具体的“人”的层面的话题。也就是狭义的“经济”“实用”，甚至“社”“资”的区分无法概括的话题，它们可能不纯然是“美观”或是建筑形象，而是有着更深刻的社会文化基础。对于这样话题的讨论，将把共和国第一个十年的“学报”的大小文章，“宏大叙事”和(具体的)“民生”(基于个人使用的)“功能”串联在一起。

1953年第一个五年计划的提出成功地建立了“大国家建筑”的叙事，“学报”适逢其时，并且响亮地在创刊伊始喊出“适用就是要服从国家和人民的需要”[4]。在这里国家(大)和人民(小)画上了等号，提高工业化的能力(大)和人民生活(小)的发展联系在一起，勾勒出“七十年近代化，一百年远景”的宏伟蓝图。但是一旦从“指导性的理论论文”下降到住宅层面的“人民”，“大”和“小”的联系值得进一步推敲。需要解决的基本问题看似技术，其实却是“内在”的——建筑的使用者对于建筑究竟应该有什么样的期待？这既是建筑“内部”的感受问题，也是建筑学“内部”的核心问题，急于到达目标的愿望和尚未就位的基础构成了若干不易逾越的矛盾。

[4] 人民日报：《人民日报社论》，《建筑学报》，1955年第1期，第32页。

标准的理想与现实

对于“积微成著”的建筑学，最显见的矛盾是建设目标中“理想”(长期规划预设的标准)和“现实”(短期实践中多样化的后

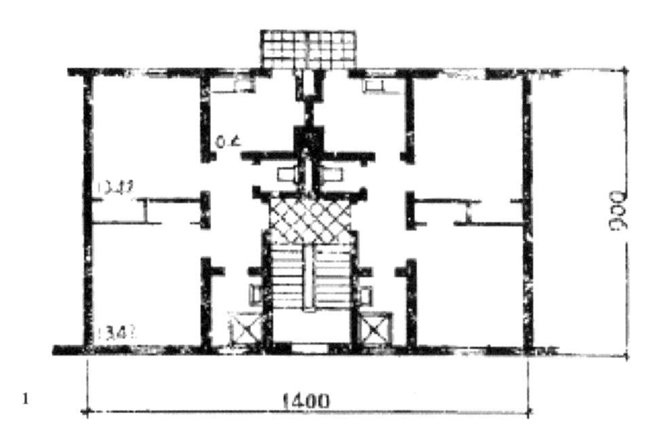

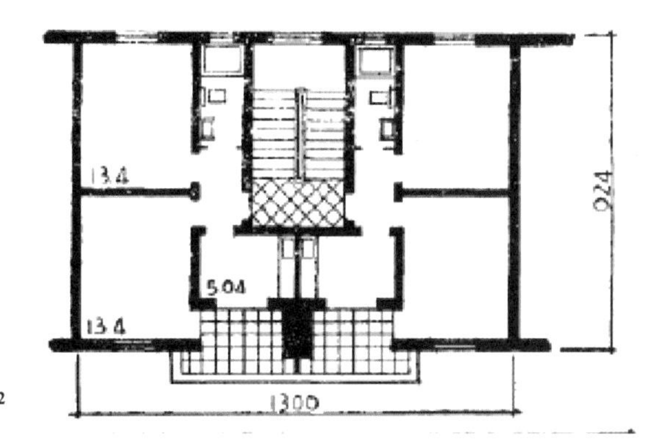

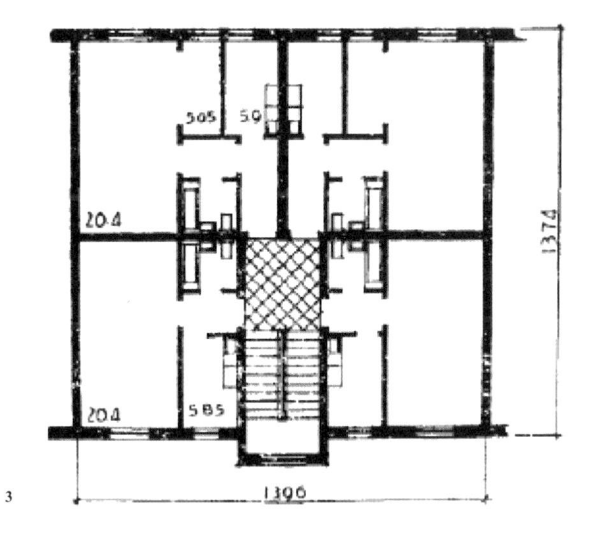

图 1—图 3 20 世纪 50 年代对于居住建筑标准的讨论。由照搬相对宽裕的苏联模式（图 3），逐渐减少单元面积以及不必需用途空间（图 2），直至适应中国的现实（图 1）。即使如此，能够执行如此高标准住宅的在当时的中国也还是极少数。图片来源：《建筑学报》，1956 年第 3 期。

果)之间的矛盾。初期的国家建设思路并没有想象中的“渐进”，而是全盘接受苏联的规范，于是一方面设定了现代化的宏伟目标，一方面却需要接受“渐进”的现实。因为“整个国家居住定额的提高，不是短期可达到的”，参考苏联的意见，当时的中国需要至少30—40年左右的时间完成这个阶段。[5] 这种状况下建筑学未曾明言的基本假设是：1) 国家的工业化转型需要最优化的社会效率，也就是依照最多数的家庭样式(三口或四口之家)，建设尽可能多的二室户，以适应新社会中日益增长的工业人口的需求；2) 大规模的建设需要最优化的建筑效率，也就是满足最基本需求的那些居住面积(卧室为主体)，要在总建筑面积中有尽可能大的百分比，由建筑系数K控制。

[5] 华揽洪：《关于住宅标准设计方案的分析》，《建筑学报》，1956年第2期，第108页。

为了两种效率而设计的居住建筑表面上看来只是数字的问题：“每人4平方米居住面积……居住面积与建筑面积的比例不小于58%。基本房间为16平方米，不得小于8平方米，要考虑良好的朝向与穿堂通风。”[6] 以上文字朴素地定义了“合用”标准。如果能够使得更多的普通人住进这样标准的住宅，未尝不是翻天覆地的变化，然而，单纯的数字并未涉及深刻的结构改变，就是新的集体居住由“户”之间的关系变成了“室”之间的关系。原有血亲、宗族成员的聚居变成了陌生人和同事的共处。剧烈转变的结果是使用者啧有烦言：“我国一般家庭很多是‘三代同堂’，夫妇之外有父母子女……”原先是一大家人居住在同一所住宅(户)的不同房间之中，现在是同一家人居住在同一房间之内，同样面积的新式和传统住宅相比较，“(新式)房间面积较大”，然而“每间应住人数较多，一般都在三、四人以上，因而对有些老少三代同堂的中国式家庭很不合适……”建筑师意识到分户问题是新型“空间”中蕴含的主要社会议题。原本户—室的转换是为了建设的效率，但“……如果按照(实际)生活要求，就不得不少住人。那么反而会提高居住标准”，这种状况被形象地概括为“合理设计，不合理使

[6] 李椿龄：《降低标准后的二区住宅定型设计介绍》，《建筑学报》1955年第1期，第95—100页。按照“降低非生产性房屋的建筑标准”精神，工人一般家庭以平均4口人，16平方米计，降低的措施包括层高由3.25米降低至3米，电灯照度适当降低，等等，以作“高标准”和“低使用”的结合，比如，将设计为一户一家的住宅按一户两家使用，共用厨房和卫浴。

用”[7]。

在谈传统建筑“色变”的风气下，对于现有居住的社会学研究几乎不能理性涉及。直到1956年，刘敦桢发表著名的《中国住宅概说》，其研究导向中“城市”事实上仍是缺席的：“不仅从历史观点想知道它的发展过程，更重要的是从现实意义出发，希望了解它和自然条件的关系以及式样结构材料施工等方面的优点与缺点，为建设今后社会主义农村和其他建筑创作提供一些参考资料。”因为背负着“封建宗法社会”的原罪，刘对传统住宅的研究只能冠以技术的名目，着眼于如何改善现有居住条件下的卫生状况，对于住

[7] 赵冬日：《北京市北郊一居住区的规划方案和住宅设计》，《建筑学报》，1957年第2期，第42页。

图4、图5 线性排列的内廊（图5）或者外廊（图4）式建筑曾经是中国人的主流居住建筑类型。即使同样牺牲了隐私，不同平面的排布之间依然存在着这样那样的区别。大致的特点是得房率较高的居住建筑的采光和体验都较差，因为公共面积占比相对较低；越是便于灵活排布的房型产生的实际使用问题越多，每户房间数目较少甚至只有一间，对于当时的主流家庭结构也就是4人以上家庭来说难以接受。

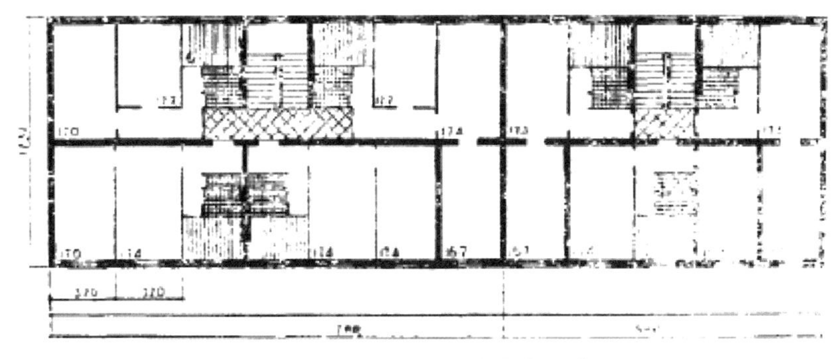

甲方案示意图

建筑面積＝475m² 居住面積＝248m² K＝52% 楼板——楼板3.3m
共7套住宅 （3-2-2-2及2-2-2） 計15間居室 （13大間2中間） 4

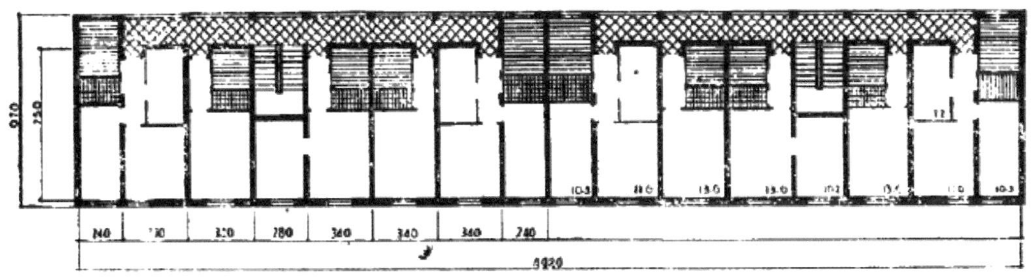

乙方案示意图 建筑面積＝477m² 居住面積＝218.4 K＝45.7%
楼板——楼板3m 共10套住宅 （3-1-2-1-3及3-1-2-1-3） 計20間居室 （10中間，10小間） 5

宅中体现的有指向的传统生活习惯却讳莫如深。[8] 但是通过 1949 年后十年的新式住宅的实际使用，建筑师所不敢明说的怨言却着实地反馈回来了。对于“厨房二三家合用，最大的面积 7~9 平方米，厕所四五家合用一个 (约 20 人合用一具)”的新状况，产生了各种新的邻里矛盾和不便，这种局面直至 20 世纪 80 年代住房改革前依然是巨大的问题。[9]

从设计师的角度，这种理想和现实的矛盾，也是引入的苏联式自上而下的设计方法和既有的生活习惯的矛盾，它是在中国建立现代建筑学基础的第一个命题。更深入地分析，它也是传统的西方建筑学和社会结构变化后大规模的居住需求间的矛盾——在这个意义上，我们甚至也可以说，1949 年后的中国建筑学并未脱离世界范围内的建筑学革命的大前提，它同样是建筑学现代进程的一部分，只是表现方式不太相同而已。[10]“在我们社会里建筑已经成为全民性的国家任务，建筑活动区别于历史上任何时代的根本特点就是它的全民性质与如此巨大而现实的建设规模。”[11] 在这个意义上讨论合理“个人”的定义也是讨论建筑学的基本方法。

中国建筑师已经注意到，中国传统营造的积弊之一是建筑设计还得依赖于手工业作业，无法采用工业化建筑方法 [12]。工业化水平低的另一个方面，同时也是“人”的具体需求尚无法像工业生产那样，快速达到均一、精确和结构化。当时，中国毫不犹豫地将民用建筑的标准向工业建筑的标准折中，以期适应中国一穷二白、资源有限而发展优先的局面。但是在这个过程中，规划数字的简单“效率”和建筑空间的总体“效益”并不能像预想的那样谋合：或者高定额无法在中国的条件下实施，或者过于整齐划一的标准造成了不必要的浪费或者低效率。以下试举两例，都是在 20 世纪 50 年代的建筑标准中频繁讨论的话题，足以构成一种基础建筑理论的“原型”：

[8] 刘敦桢：《中国住宅概说》，《建筑学报》，1956 年第 4 期，第 9 页。该文首先着眼于“起源”的问题，在描述新石器末期汉族的木构架住宅颇费笔墨。最后长篇叙述的是在现实中依然有重要影响的明清住宅类型，首要的结论是：“明确地告诉我们阶级社会的经济政治文化对建筑的影响何等严重和深刻，最显著的例子是宗法的家族制度与均衡对称原则对当时政治地位较高与经济基础较好的居住建筑深深地盖上了一个烙印，可是乡村中若干小型住宅却不完全如此。”后面的讨论，比如匠师们对于自然条件的利用，最终的目的仍然针对的是“占全国 80% 以上的农村住宅中的卫生问题”。

[9] 方泽正：《对“高等学校的教室及学生宿舍的意见”一文中宿舍部分的商榷》，《建筑学报》，1957 年第 1 期，第 57 页。方提道：“二人一室 (解放前的标准) 那是空想，而六人一室 (高教部的方案) 是太多了，我提议四人一室是比较合理的。”

[10] 在英美各国战后的福利住房建设中也普遍存在着住宅标准降低的状况，与之相应的是住宅建设面积的大规模上涨。

[11] 蒋维泓、金志强：《我们要现代建筑》，《建筑学报》，1956 年第 6 期，第 55 页。清华大学的两位学生正确地看到：“社会主义建筑的新形式应该和古代有着很大差异，这是由于古代的建筑是手工业或是手工艺的产品，而社会主义所提供的新技术新材料使得建筑成为与大工业相联系的现代化生产……这时，建筑的性质改变了，人们对自然控制力的巨大改变以及公有制的建立，建筑就有可能首先为了人民的生活服务……现代建筑形式的民族差异比古代要小得多是社会进化的结果。”

1) 不同建筑类型标准的兼容性：最为突出的是工业建筑里的生活空间的问题。中华人民共和国成立之初，中国全面引进了苏联的建筑技术和建筑规范，按照发展优先的原则，“附带”处理了生产空间里生活间的标准设计。在苏联工程师看来，工厂车间的空间应采用较大的柱距 (常见 6 米)，这样可以利用预制的车间屋面板并采用机械施工，但在中国当时的条件下大柱距的造价却比较昂贵且不易实现。更主要的，是工厂中同时存在着三种不同的空间尺度：粗放的生产空间 (车间)、人际的生活空间 (淋浴室、办公室、厕所) 和微观的功能空间 (小型盥洗室、扶梯间、设备间)。[13] 简单地将它们相加是不能得到最优化的结果的，在当时的条件下，过大的柱间距对人际的感受来说是种浪费，互相迁就的结果就是在原有的“合理设计”基础上“不合理使用”，例如在原本稍大的一间办公室的空间中挤进两间办公室，人为地降低了舒适的标准。

[12] 人民日报：《反对建筑中的浪费现象》，《建筑学报》，1955 年第 1 期，第 34 页。“该会出版的两期建筑学报中，人们找不到建筑中经济问题的文章，相反地却可以找到许多宣传错误建筑思想的文章……”应该指出，除去意识形态的批判，人民日报社论对于建筑思想和实际建设需求脱节的观察其实是正确的，它指出了“落后”的建筑学和快速增长的工业化需求间的矛盾。

[13] 孙立荣：《生活间平面布置的探讨》，《建筑学报》，1956 年第 8 期，第 65 页。

2) 在城市规划和城市设计中的“周边式”和“行列式”之争：“行列式”最终战胜了“周边式”，成为 20 世纪中国占据绝对优势的住区规划样板。“行列式”除了在日照上较有优势之外，对于城市的面貌而言其实是人见人憎的毒药，但这又是为了“效率”而牺牲“效益”不得已为之的例子。“周边式”和“行列式”之争的意义其实不在于孰优孰劣，而在于它使得人们意识到计划经济体制大包大揽的前提和个人需求的矛盾。这里提出的问题包括，在基本的居住面积之外是否有必要辟出独立的公共建筑区段，如何保证小孩子的游戏空间，都是关于个体如何和集体发生关系的话题。在用地节约的优点背后，“行列式”受到的质疑是过于呆板，虽然论者提到“行列式”对于地形的适应性更高，在“大集体”的规划原则下，大多数“行列式”规划并未形成错落有致的街区。它虽然提高了“效率”，但对于中国从南到北不同的需求而言，满足不同需求的“效益”却不高。[14]

[14] 汪骅：《关于居住区规划设计形式的讨论》，《建筑学报》，1956 年第 5 期，第 54 页。

具体而多样的标准

在《目前住宅设计标准所存在的一些问题及讨论》中，李邕光初步讨论了以上矛盾的实质。通过调查发现，小户型的要求居多，反映了多元化的城市结构里新型家庭的居住需要；而与此同时，集体住宅的建筑定额又强调平面系数要高，两者之间实际是有矛盾的。李邕光分析了“室—户”的概念并指出现有的标准设计没有明确每种户是多少平方米面积；有的住宅设计平面系数达到 53% 以上，带来了大量有大面积卧室的二室户，反而和节约、高效的期待适得其反。这些大面积卧室的二室户使用上、分配上很不灵活、不方便、房间大小差不多，而且都很大，在 15 平方米至 18 平方米之间，不能符合各种人口的家庭的分配，大房间内祖孙三代住在一间极不方便。[15]

[15] 李邕光：《目前住宅设计标准所存在的一些问题及讨论》,《建筑学报》, 1956 年第 2 期，第 99 页。

“如何使人们住得起，而且住得好？”——建筑师呼吁对这种复杂情况进行更切合实际的分析。例如把建筑平面系数的公式修正一下，分子的“居住面积”改为“居住面积 +(系数 × 辅助面积)”，而分母的“建筑面积”改为“建筑面积 × 造价比值”。然而，这样的修正需要一定的建筑学外的视野和意识形态的支持，甚至需要建筑师具备新型的超越学科界限的社会调查训练。这些条件是当时甚至现在也不甚具备的。

1955 年，在北京已经做过新旧不同住区的社会调查。由当时北京城市人口的发展趋势可以看出，旧的住区户数明显少于新的住区户数，而新的户型类型分布的幅度则大于旧的居住区。在新旧两种状况之间，户 (大家) 之间的多样性，变成了室 (小家) 之间的多样性。[16] 如何在设计中调和这种多样性，首先需要对人民生活的状况进行多方位的调查。这种调查应该是自最微观直至最宏观，

[16] 张开济：《关于住宅标准设计一些问题的商榷》,《建筑学报》, 1956 年第 3 期，第 112 页。

由基础的空间类型一直到城市规模的经济格局：

> 有了设计依据，进行设计时要把现阶段最适合的家具、炊具及活动范围作出经济合理的各种布置，同时要适当地考虑一定的发展情况，根据这些房间的设计再进行单元的平面设计……因此我们要重视房间的设计，不要把卧室和厨房的家具布置当作草图设计中的余兴……[17]

[17] 传统建筑形象和现代建筑结构的冲突：地下室的窗户，假台基的后面或是顶棚上面，南配楼和北配楼，12平方米的寝室，房门，壁橱门，卫生间门，阳台大门，"屋小门多"，暖气片横的改为竖的。

图6 北京丰台，长辛店西峰寺住宅小区。作者摄于2016年。20世纪50年代初期，二七厂在没有专业建筑工人参与的情况下，动员工人和家属建成了在当时堪称高标准的新式集体住宅，是参照苏联模本以本地造价实现的铁路职工小区。

图7 至今仍在使用的河北张北地区传统民居样式。作者摄于2014年。

> 住宅标准设计的各个步骤，各有其特定的意义：在住户的设计上，首先是组成生活环境；在单元的布置上，表示了造型的经济性与可能性；在组合体的拼凑上，主要是街坊布置的问题……[18]

[18] 李邕光：《目前住宅设计标准所存在的一些问题及讨论》，第102页。

在当时，“合理设计，不合理使用”正是一刀切的思想和千变万化的实际情况之间的矛盾。强调差别往往就意味着非社会主义的东西，假如在人民内部制造了等级，“甲乙丙，分成劳动模范、高级干部、一般工人干部，大、中、小三种户型”这样的做法是否可行？对于苏联学者“小住户的经济的新型居住房屋”和“经济的独用的面积不大的每户寓所”的研究[19]，张开济重点提到，标准住宅这样分成等级貌似有悖平等的原则，但“平均主义思想”会让灵活合用的设计不再可能。当时的很多标准设计事实上是将最低一级的丙级住宅的标准定得太高，但其质量并不随之上升，“每平方米造价问题”带来的是“片面强调节约，在设计中随着建筑物的造价降低，质量亦随之降低，甚至牺牲了居住生活的方便，违反了舒适和对人关怀的原则……不少的标准住宅，由于设计不好，厕所过小，以至前后碰头，阳台笨重，雨水向屋内流”[20]。

[19] 张开济：《关于住宅标准设计一些问题的商榷》，第113页。

[20] 朱亚农、李锡均：《对当前建筑问题的一些意见》，《建筑学报》，1956年第7期，第59页。

即使建筑设计中引入了分级的概念，在分级的标准上也显得单一：“目前只承认地区的因素，事实上还有收入的因素，每户人口的因素，建筑平面系数……”[21] 在一幢集体住宅中，“首先要研究分析服务对象的情况，并加以统计，统计出每户人口的比重，老年人的比重，有不同生活条件及水平的人数及户数的比重，以及单身职工的比重等。从这些统计资料，就决定了各种不同类型的房屋体型，有适宜于老年人居住的低层建筑，有适合于研究工作者居住的独立式住宅，有高层的公寓或单身宿舍，有双居室或多居宅的不同公寓住宅等。”[22] 建筑师提出，最好能够使得居室类型的比例和实际居住的人口的户型严格匹配。[23]

[21] 张开济：《关于住宅标准设计一些问题的商榷》，第114页。

[22] 汪骅：《关于居住区规划设计形式的讨论》，《建筑学报》，1956年第5期，第55页。

[23] 张开济：《关于住宅标准设计一些问题的商榷》，第114页。

只有如此才能优化建筑类型的总体“效益”，同样的道理，只有如此才能形成简单层级内的合理渐变，从私密而纷繁的个人需求过渡到社会主义城市的尺度。在住宅的设计上，受到跨度和开间的限制，由于阳光好、通风等诸多优点，更由于人们对于小套小间的灵活使用的偏好，具有中国特色的“外廊式建筑”应运而生。[24] 在街区的设计中，亦初步形成了混合式布置的方法论，分别处理街区内部和面向街道的建筑界面，形成了建筑—城市作为不同设计对象适用的两种思路：“沿街道部分的房屋把主要立面朝向街道……而在街坊内部则多考虑使用上的最好朝向。”[25]

[24] “外廊式住宅”虽然有遮蔽风雨的问题，但是公共交通面积的造价很低。需要较少数目的楼梯，可以在日益增长的集体居住需求和依然强烈的个体隐私之间取得一定平衡。

[25] 一些建筑师主张，这种混合式布置实质是承认了房屋平行街道才能产生最好的街道立面，认为牺牲少部分人(其实居住在这些房屋中的人不在少数)的便利，为改善城市的面貌来服务是合理的，这是“形式主义”的看法。汪骅：《关于居住区规划设计形式的讨论》，第57页。

尽管受到很多意识形态的限制，尽管某些理论问题只能以“节约，反对浪费”的名义进行，1954—1959年间的“学报”依然深入地讨论了从个体感受到空间效率的建筑学基本问题。这其中最主要的后果是对建筑学的“功能程序”(architectural program)有了更深刻的理解，这样的功能程序不仅仅包括貌似标准化无个性色彩的功能自身，还至少包括以下要素：用以实现功能的建造手段在工业生产中的可行性问题，功能之间总体的空间关系。建筑师们发现，为了明确定义这两者，它们最终又是不能不受到使用者的文化习惯、生活方式和所属的社会群体的影响，明确了设计的“效益”并不只是单纯的“效率”。这已经由指标和数字的“设计”迈进了一大步，也突破了当时无法过多地谈论“设计”美学的禁忌。不仅如此，通过与旧中国不同的大规模营造，由解决单一的个体设计者、整齐划一的建筑规划标准和多样化的个体需求间的矛盾，新中国的建筑学也逐渐建立了城市角度的思考方式。

章节页图 首都钢铁厂。经过若干轮改造，新中国初期按照不同标准“制造”的首都工业建筑今天已经被分别改造为不同的用途。

实践

业余建筑和建筑之余

一个建筑师的生活修为，特别是在其专业领域之外的爱好对他的创作有影响吗？有什么样的影响？或者，倒过来问，画得好山水画，对交响乐曲目耳熟能详，或是对“醇酒美人”津津乐道的时尚达人，也可以同时是一名好建筑师吗？

这个问题的答案没有它看上去那么简单，但是它是一个值得去问的问题。尤其在21世纪以来，在现实之中两种“跨界”都在中国有其实例。原本看上去严谨得略显枯燥的“大院建筑师”，也开始频频展览了，甚至携手玩起了各种“发烧”。与此同时，也有人认为非行外人不能谙建筑真道，著名建筑师、普利茨克建筑奖的唯一中国得主王澍，便把他的工作室命名为“业余建筑”。

——其实，两方都是相当“硬核”的建筑学中人，并没有把自己地盘轻易让人的意思。要知道，业余建筑师朴茂的建筑设计可不是“现代”向“落后”的倒置，只是“高建筑”化身成了“低建筑”而已。甚至，人们把这些置于远地，却在欧洲建筑期刊上频频露面的“小设计”看成“乡土建筑”，本身就是一种误会。[1] 类似王澍这样貌似小众的建筑师群体，并不囿于学院式的乌托邦思潮，他们

[1]“高建筑”（high architecture）的说法起源于英语中这个词的用法，简单说来，“高”相对于“低”不仅仅是社会等级的划分，而是显示了作为一种“文化”产品的建筑经意、无功利的精英特征。最著名的关于高等文化（high culture）的论述有例如1869年马修·阿诺德（Matthew Arnold）所发表的《文化和无政府》一书中的说法，其中“高等”被解释为无利害的（disinterested）、完美的（perfect）和最佳的（best）。但是，对于考究物性和物用不厌其烦的建筑学科而言，“无利害”和“完美”“最佳”的关系需要重新定义。尤其在中国，“高”建筑在道德的和政治上高姿态，需要接“低建筑”的地气才能实现。

[2] 参见童明、董豫赣、葛明：《园林与建筑》，中国水利水电出版社，2009 年。

跳脱狭窄的专业，试图回到最初的文化土壤中，“农村包围城市”，是回归本位的勃勃野心——建筑师圈子里的“园林热”就是这种实践的产物。[2]

不容否认的是，正是“明星建筑师”的普遍文化的大势，才使得“之余”成就了“业余”。在此之前，现代建筑也推出了路易斯•康这样似乎是沉默寡言的单面偶像。在描述他私生活的《我的建筑师》问世之前，除了他的建筑成就，我们几乎想象不出他在生活中是怎样一个人。建筑师的“专业”长久以来被看成自顾自的言说，这种自说自话天经地义，理所应当，因此它和更宽阔的生活情境似乎不是必然相关的。但是渐渐地，我们在现实中看到了大量菲利普•约翰逊这样“全能型”的建筑师，他们的个人形象浸润着一般意义上的当代“文化”的矛盾，既深刻又虚荣，比康那样的“孤独英雄”更难理解。

约翰逊策展、写作、设计，是广义全能的“明星建筑师”的前驱，一个复杂的多面体人物。他曾经写过一篇文章《现代建筑的七根拐杖》（题目显然是在调侃罗斯金的《现代建筑的七盏明灯》）[3]。尽管对辛克尔•索恩（Sir John Soane）和 19 世纪的浪漫主义建筑耳熟能详，约翰逊在开篇就提到，对于很多他那个时代的当代建筑师而言（他的文章写作于 1955 年），正统的拐杖现在已经不堪一提了。约翰逊的“放弃”和“坚守”都自相矛盾：对自己参与缔造的“国际风格”大肆征伐的同时，他又毫不掩饰地表达了他对现代主义四大师的崇拜。约翰逊崇拜他们的理由是很奇怪的：这些已经成为经典的人从来都不是向后看的，密斯、格罗庇乌斯、柯布，甚至莱特……他们创造了一种“向前看的传统”，以及没有边界同时又是大写的现代建筑，它自鸣得意的权威地位一开始就和它革命性的姿态彼此矛盾。

[3] Philip Johnson, “Seven Crutches of Modern Architecture,” in Joan Ockman (ed.), *Architecture Culture 1943-1968: A Documentary Anthology*, Rizzoli, 1993, pp. 190-192.

“专业性”的历史

抛开这貌似分歧的现象，不做更长时段的历史考察，我们就难以明白所谓建筑行业中“专业”性的来源，也就无法理解今天貌似新浮现的“业余”的意义。事实上这部历史并不是从无到有那么简单，或者说，在过去，建筑师的专业地位和专业意识，是随着不同的时间空间而变化的。

总的而言，尽管名义上建筑属于中世纪“七艺”之一，但是，建筑师的地位在东西方都不如艺术家那么高，最重要的是，作为个体创作者的“建筑师”形象一直不是那么清晰。这种形象在西方历史中甚至还时而有所倒退，例如，我们了解古希腊建筑师的生平就比古罗马建筑师要多得多。设计了名城亚历山大的罗德岛的迪诺克拉西（Dinocrates of Rhodes）在他的时代已经是一名传奇人物，而维特鲁威的《十书》之中，只提到了很少的有名有姓的罗马建筑师。更糟糕的是，现存的古罗马建筑物中很少有两座明确记载出于同一位建筑师之手，直接的后果就是我们很难对一位创作者的个人意志做出评估，遑论将他的生活与创作相联系了。

也许，我们本来就不该用现代的“专业”标准去检视古代建筑师的职业，事实上这一点也很好地回答了我们的问题——现代人的“专业”眼光到底是从哪里来的？古代建筑师很少有十分“专业”的，首先是因为其中无法像今天这样有详细的技术分工，大多建筑物的结构设计和艺术观瞻，室内和室外，它的总体感受和它在社会礼仪中的意义完全是放在一起考虑的，这种建筑学可以称之为旧时代的“总体建筑学”。在维特鲁威的记述中，前面提到的迪诺克拉西便充任过一名雕塑家的角色，他在亚索斯山建造了一座巨大的亚历山大大帝雕像，在雕像的手中象征性地握着一座“城市”——这

图 1、图 2 瓦萨里《名人传》，初版书影。

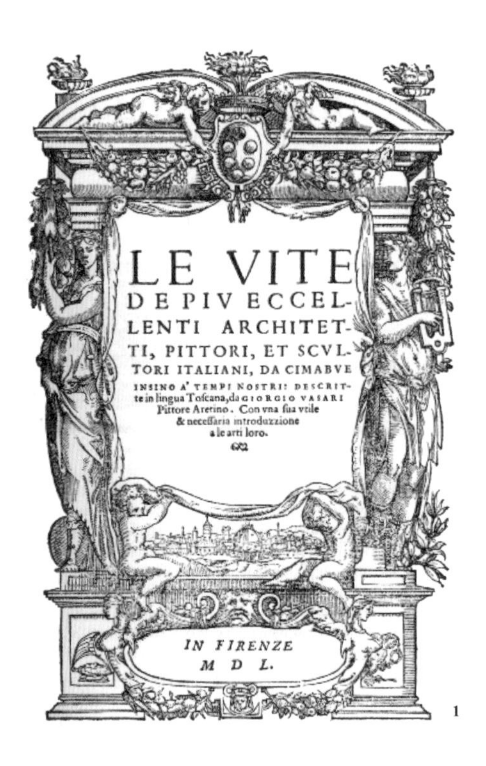

LE VITE DE PIV ECCELLENTI ARCHITETTI, PITTORI, ET SCVLTORI ITALIANI, DA CIMABVE INSINO A' TEMPI NOSTRI: DESCRITTE in lingua Toscana, da GIORGIO VASARI Pittore Aretino. Con vna sua vtile & necessaria introduzzione a le arti loro.

IN FIRENZE MDL.

1

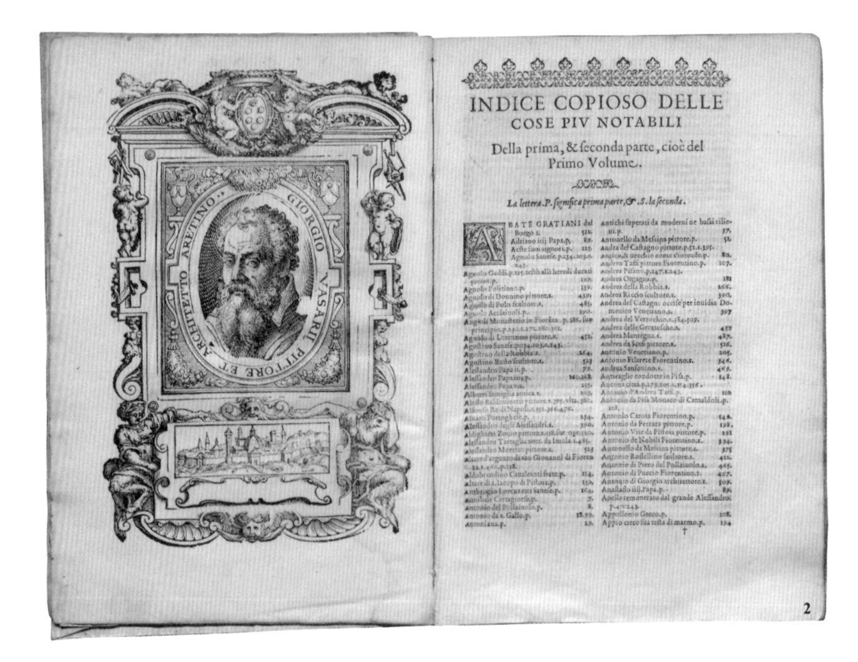

INDICE COPIOSO DELLE COSE PIV NOTABILI

Della prima, & seconda parte, cioè del Primo Volume.

La lettera. P. significa prima parte, & .S. la seconda.

†

2

里建筑和艺术的关系完全颠倒了。

谈到建筑师的“爱好”，设计攻城机械算不算其中一种？这大概比某些搜集钟表、倒腾相机的当代建筑师“高端”多了。如此，大马士革的阿波罗德鲁斯（Apollodorus，这是他为人所知的名字）肯定是一个著名的例子了，但是比他更“跨界”的大有人在。他遇到了一个同样爱好建筑的皇帝哈德良，传说中，正是因为嘲笑哈德良的建筑造诣，阿波罗德鲁斯最终遭到处死。[4] 不管怎么说，“热爱营造的大人物”和“无所不能的建筑师”的冲突轶事，说明在古代世界里建筑师的“专业性”是非常薄弱的，因此他们的“一专多能”也没有什么特别值得惊奇的。建筑师的某些超凡的爱好，听起来更像是“众望所归”的神话，而不是触类旁通的结果。

[4] Mark Wilson Jones, *Principles of Roman Architecture,* Yale University Press, 2001.

从文艺复兴开始，关于建筑师成长、从业环境以及他们行业成就间关系的记述才变得相对比较可靠了。瓦萨里（ Giorgio Vasari）的《名人传》（*The Lives of the Most Excellent Painters, Sculptors, and Architects*）便是这么一本书，从中我们可以隐约看到15世纪以来建筑师的训练和一些相关行业的历史渊源。值得注意的是，很多人少时都在综合工种的画家工作室和工艺作坊中工作。作为一名建筑学徒，瓦萨里本人就是在托斯卡纳的古格里奥莫（Guglielmo da Marsiglia）那里受训的，后者既是画家又是蚀刻玻璃的大师。不用说，这样的例子在《名人传》中还很多，比如著名的布鲁内莱斯基（Filippo Brunelleschi）早年就在一位丝绸商人的作坊里和金工师傅一起干活，在专注对今天的西方建筑学至关重要的透视法之前，他曾经是个出色的金匠。对他们而言，很难有多少纯粹的“业余爱好”。[5]

[5] Giorgio Vasari, *The Lives of the Most Excellent Painters, Sculptors, and Architects*, Gaston du C. de Vere (trans.), Modern Library, Reprint edition, 2006.

不用说，这便是“文艺复兴人”（Renaissance Man）一词的真正含义。全能型的训练和贯通式的实践方式，使得他们中的一些人

图 3 米兰的圣玛利亚教堂（Santa Maria delle Grazie）。在此"观看"屈服于空间和物质的情境。

可以独力操控整个营造项目，而不必将不同的任务交割给多个设计师。这一点乍听起来也许和古典时代相似，其中却有几点新的变化。首先，文艺复兴时代开始出现了真正的"个体"建筑师，赞助人赋予他们较高的地位，而这些建筑师通常也是那个时代最著名的一类人文主义者——瓦萨里的著作本身就能说明这种问题。"人文主义"的具体含义，在建筑项目中直观地说来就是创作者在其中真切地赋予了自己的情感和意志，而不仅仅是唯赞助人是从。其次，在不同专业的结合中，基于特定的营造要求，逐渐涌现出了某种"方法"的意识，它是后来西方古典建筑学的基石，某种工具和具体任务脱离，变得抽象，因而标准化和规范化了。

尤其引人注目的是绘画与建筑设计愈发紧密的关系，它开现代某些建筑师充任专业画家的先河。从历史上而言，建筑制图其实本不是建筑设计必需的手段，因此才有了建筑师"跨界"作画的可能，正如雷利（Terrence Riley）在《纽约现代美术馆所藏建筑图特展》的序言中所指出的那样，文艺复兴之前只有极少数的建筑是经过经

图 4 奥地利哲学家维特根斯坦。在 20 世纪 20 年代晚期，维特根斯坦曾经短暂地从事建筑设计。在此他颠倒了建筑师心目之中的业余和专业的关系。在他仅有的著名哲学论述中，他认为我们无法表述整体意义上的世界，我们只能界定我们言说方式和世界的某种关系——与此同时，我们也将受限于这种言说方式。

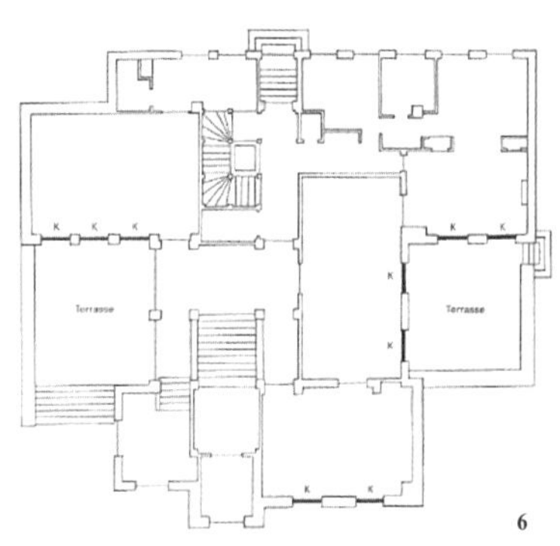

图 5—图 8 维特根斯坦住宅。

维特根斯坦设计的寡然乏趣的住宅是阿道夫 • 卢斯风格的，它似乎在喻示着与现代主义建筑师不谋而合的观点，也是这条道路的终点，当建筑设计从"大匠"的阶段脱离出来，和它的情境和载体无关，纯粹成为一种智性活动时，它必不可免地走入了死胡同。

[6] 历史地看来，建筑画不一定是建筑设计实践中必须依靠的东西，建筑图的引入更多的是强调建筑设计物质层面之外的东西。如罗宾·伊万斯（Robin Evans）所言，“建筑师并不直接制造建筑，他们只是制作图像”。

意“设计”的，而且设计师也并不一定需要图纸才能设计建筑。[6]据称，瓦萨里本人就是第一个开始系统收集建筑图纸的人（这些图纸出自米开朗琪罗等人之手，使得有关“建筑形象”的研究从一开始就笼罩着某种神圣的光环），建筑“图像”由此开始变得史无前例地重要。有两个角度理解这种新的重要性，它是建筑师成为跨界艺术家的基础：其一，是建筑“图像”成了建筑的“替代物”，比如皮拉内西创造的想象中的罗马，今天“媒体时代”的人们尤可以理解这种替代物的力量，建筑师掌握了这种摆布形象的能力，也就参透了新文化的命脉；其二，是一种柏拉图主义的元“图像”观念，这种观念把“图像”看成是先在于（但不是外在于）建筑的，它是“思想”的神秘来源，使得建筑师居于创造性活动的顶端而不是甘当配角。瓦萨里说：“……设计仅仅由线条组成，就建筑师而言，它们构成了他大作的开端和圆满，至于剩下的事，就是从这些线条发展出木模型，由模型协助完成的工程不过是把这些线条刻出来和砌出来罢了。”[7]

[7] Terrence Riley, *Envisioning Architecture: Drawings from The Museum of Modern Art*, The Museum of Modern Art, 2002, pp. 11-14.

“建筑图”从绘画中脱离出来，成为建筑师核心的创作手段。这涉及建筑设计的某些基本的和普适性的问题，比如如何使得一个复杂的想法可以和物质现实精确地对接，并且分解为沟通的有效手段，等等。但最初，这种“专业化”并非仅仅是向内的抽象，也非是限定工种的“专门化”，具备总体建筑能力和掌握结构知识的建筑师的角色设定，就像是掌控全场的电影导演。诸如布鲁内莱斯基这样的文艺复兴建筑师，一定承接了大量将绘画形象置于特定空间和三维形体结合的任务，他们塑造的“空间制图”（spatial construct）及其分析看起来可能是“不着一物”的，但它实际也是艺术史问题落实在具体工艺条件和现实环境中的产物，比如布拉曼特（Donato Bramante）在米兰的圣玛利亚教堂（Santa Maria delle Grazie）中所塑造的视错觉（trompe-l'oeil ）效果，有着非常明显的宗教含义而不仅仅是一种艺术趣味。如此的“专业化”只可能是加

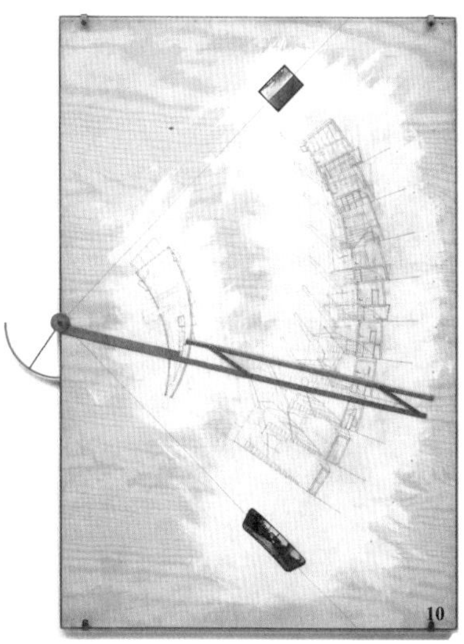

图 9—图 12 迪勒+斯考菲迪奥（Diller+Scofidio）的作品一直介于艺术装置和建筑空间之间。

强了建筑师人文主义者的身份，深化了专业思考的可能，而非蓄意将“专业”与“业余”生生割裂开来。

按今天的眼光，这样的“绘画能力”算是业余爱好还是专业基础？直到近代建筑师中还有一些人可以同时称得上专业画家，比如以一系列新古典主义建筑著称的辛克尔。不言自明的是，建筑专业和其他专业的联络早已存在，从未离散，只是经历了现代专业分工的阶段后，这种联络变得异常隐晦了。原本“专业”“业余”分离的用意或许是为了目的和手段的进一步统一，在此强调了“方法”的中心地位，而不是为了将它窄化为僵硬的标准和趣味。而今天的一部分建筑师走向“跨界”或许正是为了恢复这种既已有之的联络：一方面，“跨界”有助于驱除“无趣的现实”；另一方面，今日的实践范围更广，综合性更强，工作量更大，这种广泛的联络仍需要有高度的针对性，而不是像古典时期的“大匠”那样面面俱到，将其或拔高为神话，或降低为闲聊，或是干脆将趣味与方法混为一谈。

中国建筑学的“建筑之余”

时至今日的中国建筑变得轻重倒悬：我们谈论得最多的实际上却是占总数极少的一部分，它见证着汹涌的现实却又游离其外。新的中国建筑学之路，可能是区别于“大院建筑”（指代计划经济时代以来国有设计院所从事的指令性的建筑实践）和“商业建筑”（指代市场和媒体共同打造的“叫好更叫座”的批量化设计生产）之外的“第三条路”。就建构一种新建筑学的意义而言，它像在寻找一个未便明言、没有预设终点的“出发点”，需要行外人士（业余建筑师）和额外的能量（建筑之余）才能拨云见日。

也许我们用不着回溯整个现代主义时期建筑思想家们的越界探索。即使在专业化的当代，也还有赫尔佐格 + 德梅隆和迪勒 + 斯考菲迪奥这样的建筑艺术家，后者从艺术装置开始建筑实践，前者因为和艺术家的渊源（两人曾经是著名的德国艺术家波伊斯的助手）获得了与众不同的方法论。建筑师更直接的“业余”兴趣或许还是来自视觉艺术——别的影响也许过于间接——无论之外，大量建筑师“业余爱好”歌剧、平面设计或舞台设计……但它们并非是“建筑之余”，而更像是暂时脱离专业苦海、重新活化思路的“业余建筑”。甚至休闲娱乐、生活方式的更替也可能成为对设计方法、目的性、文化假设等一切反思的起点。

1928 年，梁思成由宾夕法尼亚大学学成归来，他一手建立起的营造学科体系，使得中国（乃至整个东亚）的建筑师训练带有浓厚的历史主义（对“法式”的推重）和实用主义（“经济”“实用”）的色彩，只剩下语焉不详的“美观”留给建筑学生的感性——更准确地说，这种教育是古典主义的历史观、早期现代主义的简单功能论和“布扎”式形式教育的三合一。[8] 不出意料，最终总有一些建筑师另辟蹊径，他们的道路不期而然地穿出了这种格局之外，通往学院知识分子此前并不熟悉的广大社会——建筑师从建造过程、材料学、施工方式开始，走向和投资、使用方的主动协商，甚至开始学会像一个艺术家那样，在社会趣味的名利场中自我营销。

[8] 细说下去，这种中国定义的建筑学起点，又隐隐暗合着维特鲁威提出的，被中国第一代建筑师在特殊历史语境下重复的三原则：古典主义的历史观，最终是关于建筑在物质生产中角色和地位的，也就是衡量建筑是否“经济”的起点，建筑是绝对靡费而又在特定道德标尺下相对“进步”“合理”的；现代主义的功能论反映着近代中国渴求现代化的“实用”理想，对“器”渐无疑问而对“道”将信将疑；“布扎”式的形式教育，因为符合传统美学“中和”的气质和“教化”的功能，笼统地成就了新的“美观”，是以上两原则“捎带的”收获。

幸运或不幸，建筑师是一个“专业”着同时又“业余”着的高度综合性的行业，对他们而言，或许很难有什么真正的业余爱好。因为当代建筑实践的热点要么关于“情境”，也就是广义或狭义的“文脉”，要么关于“身体”，也就是身处其中的或者被不断体验着的“构造”及其感受。一个成熟的建筑师，很难不同时考究历史的和“愿望如此”的两个层面，前者关心的是建筑现象成型的世界万物，后者则看重建筑的物性（materiality）。二者都关系到全方位的现实，以及建筑师和现实的关系，不是“媒体”就是“载体”，前者是空间赖以成形的路径，后者则牵涉它的“校准”。[9]

[9] Evan Robins, *The Projective Cast: Architecture and Its Three Geometries,* The MIT Press, p. 366. 在历史实践中，建筑营造的目的其实和静态的“形”常常无关，这表现在两点：其一，历史地看来，建筑实践更多地依赖建筑模型而不是建筑图；其二，计算机制图学的出现，特别是图纸空间的概念，显示了建筑图本质上是一种动态的表征，并不依赖静态的记录。参见哈佛大学有关建筑制图会议论文集的介绍部分：James S. Ackerman and Wolfgang Jung (ed.), *Convention of Architectural Drawing*, from the conference with the same title, Boston, 1997。

“建筑之余”对于中国明星建筑师的意义，也许就是同样的置之死地而后生。也许是从不破不立的中国文化中学到，也许是出于天然的觉悟，几乎大多数出人头地的中国建筑师都会理解这种“有上下文的背叛”的必要性。 在“布扎”体系的黄昏中洗礼过的中国建筑师，本来是可以拄着约翰逊提到的那几根拐杖的，使人惊奇的，是他们学会了不失时机地从这种局部而虚幻的自我满足里抽身而退。在这个意义上观察“本地”（所谓“在地建筑”的“在地”）的人类生态，从建筑图所赋予的狭窄视野里走出——即使这种尺度的膨胀有时确实落不着实地，然而其中的必要性并不在于建筑师真的可以控制全局（那样反而走向了问题的反面），而在于适当平衡他们对于形态研究的天然沉溺，不再寻找一种放之四海而皆准的干预法则（如同中国业已失败的城市规划所做的那样），而是充分剥露和显示“系统”的复杂性和威力。建筑师在此不是一位君王，他甚至也不是一位评论者，他只需以一己的存在显示出观察这种新人类景观的视角与可能。

在不失精明地宣称不会和业主“斗争”的同时，在“建筑之余”，中国的原造建筑师们也毫不犹豫地抛弃了“为XX服务”的拐棍，号称自己要当综合开发者和设计师两种角色的“设发商”。我想，这是因为他们充分地意识到建筑师这个行当社会学上的分裂性，无论是“有用性”“舒适性”还是“经济性”，这些“经典的”现代主义者认为天经地义的标准在今天已接近失效了，原因在于当代社会难以调和它所分工的各类人群屁股位置的差异。如同约翰逊所指出的那样，面对着黑板大言不惭地说“这个东西非得这样搞才能起作用”完全是一种“旧日哈佛的习气”：万神殿是有用的，但是只是在创造了万神殿的那个社会里才有用。甚至对“功能”“标准”的考究也是同样如此，举例而言：在冬日温暖如春的空调房间或许是舒适的，可是有的人偏偏喜欢偏冷的屋子，冒着烟火的壁炉——带有人体体温的被窝其实是舒适的，那不一定是种经过通俗理性周密控制的环境。

——最终的问题是，寻求突破最终能有什么样的突破？不断换道，却从未出发，迄今为止，除了商业成功之外，中国式的“业余建筑”还不是一个可以简单概括的东西。它是有意识和无意识的结晶体，唯我论和日常哲学的中道。中国当代建筑师在“低建筑”条件下的各式“营建”和“经营”号称都是融入当地条件的，使用可持续材料和工艺，结合自然的基地地形……但是它们的结果却常常是完全非本地的，是自成一体的“外来”，目前还只适合在西文刊物上发表。各式各样的“农村计划”也从不掩饰这点；建筑形态上，“本地实践”不能不汲取了传统民居的某些特色（其实也同样是出于施工的难易考虑），可是无论怎样吸收本地建筑传统和手工营造模式，这样的努力在偏远地区不可能自发产生，它们所依据的也不会是现代建筑似乎不言自明的原则。

丢开各种拐棍的结果，目前还只是产生了此前不可思议的杂交品种，也即独特的、一锅烩的“现代本土特色业余建筑”。

同样是在约翰逊那篇文章的结尾，他提到了被人误解多时的尼采的格言：建筑是什么？尼采认为它归根结底还是体现了人的骄傲，人对重力的征服，更重要的是人的意志力的显形。抛开种种拐棍的建筑是“名副其实的形式所创造的力量的言说”。对于这样的建筑学，约翰逊宽慰我们说，他不相信永无止境的革新与创造是有道理的，因为密斯和他说过：“做得好要比创造什么重要得多。”

章节页图 Thomas Cole, The Architect's Dream, oil on canvas, 1840, 53 x 84 1/16 in., Toledo Museum of Art. 托马斯・科尔的《建筑师之梦》，在其中建筑师位于世界之巅的位置。

世界

展览馆还是展览？

米兰世博会的空间和内容之争

对于举办过2010年上海世博会的中国而言，2015年米兰世博会象征着一种持续上升的图景：中国国家馆位于园区中心位置，是仅次于德国馆的第二大外国自建馆，也是中国第一次以自建馆的形式在海外参加世博会。中国馆还包括以“中国种子”为主题的中国企业联合馆和以“食堂”为主题的万科馆，中国企业也是首次赴海外建馆参展。中国以雄厚的份额向全世界“展示其……对未来发展的责任和期望”[1]。

[1] http://www.gov.cn/xinwen/2014-06/17/content_ 2702404.htm，访问时间：2020年8月20日。

可是在博览会已有百年历史的西方，一部分人认为世博会已经到了非改革不可的时候了。这种分歧不仅在2015年米兰世博会的空间规划中引发了“空间”与“内容”的争议，还或多或少地体现在世界各国对于参展方式和参展结构的不同理解。最终，在盛会的背景杂音里呈现出了长远议题与当下关注、城市发展与国家战略之间的博弈，由于少数本地居民有限但是相当暴烈的抗议活动，世界

[2] Oliver Wainwright, "Expo 2015: what does Milan gain by hosting this bloated global extravaganza?" in *Gurdian,* May 12, 2015.

舆论对于“世博会”自身困局的讨论达到了高潮。[2]

虽然基于2015年6月在米兰的实地观察，本文并非世博项目的一次现场导览，它甚至也无意仅仅对参展场馆做出简单评述。相反，通过透视世博园规划建设的若干事件，我们将对世博会概念设计的一二关键问题进行梳理。这些问题尤其聚焦在世博会所代表的全球图景（“世界”）和它实际的影响手段（“展览”）之间的矛盾中。

“世界”

有哪些机会让人们在浓缩的时空中走向“世界”？可供比较的几个例子是：1）世界级的体育赛事，国际奥林匹克运动会是其中最著名的代表；2）著名的艺术展或者艺术节，威尼斯双年展或戛纳电影节都是人们所熟悉的重要的世界文化的“检阅”；3）经济动因很强的大型展销会，比如“珠海国际航展”；4）国家政府或各国学者所组成的全球政治或学术集会，这样的“世界”几乎每天都出现在我们电视屏幕的视野里。

值得注意的是以上例子中的“世界”的呈现机遇是各不相同的：专业学术会议对于一般公众的影响非常小，类似于联合国大会那样能够投射整体“世界人民”的政治性集会又相当罕见，导致后者的主要原因，是这样的“世界”表达的对象是观点和立场，它们的差异和冲突本不容易在同一种物理框架内部予以消除，如“金砖五国峰会”“达沃斯论坛”一定程度上都是排他性的聚会。如此，以商

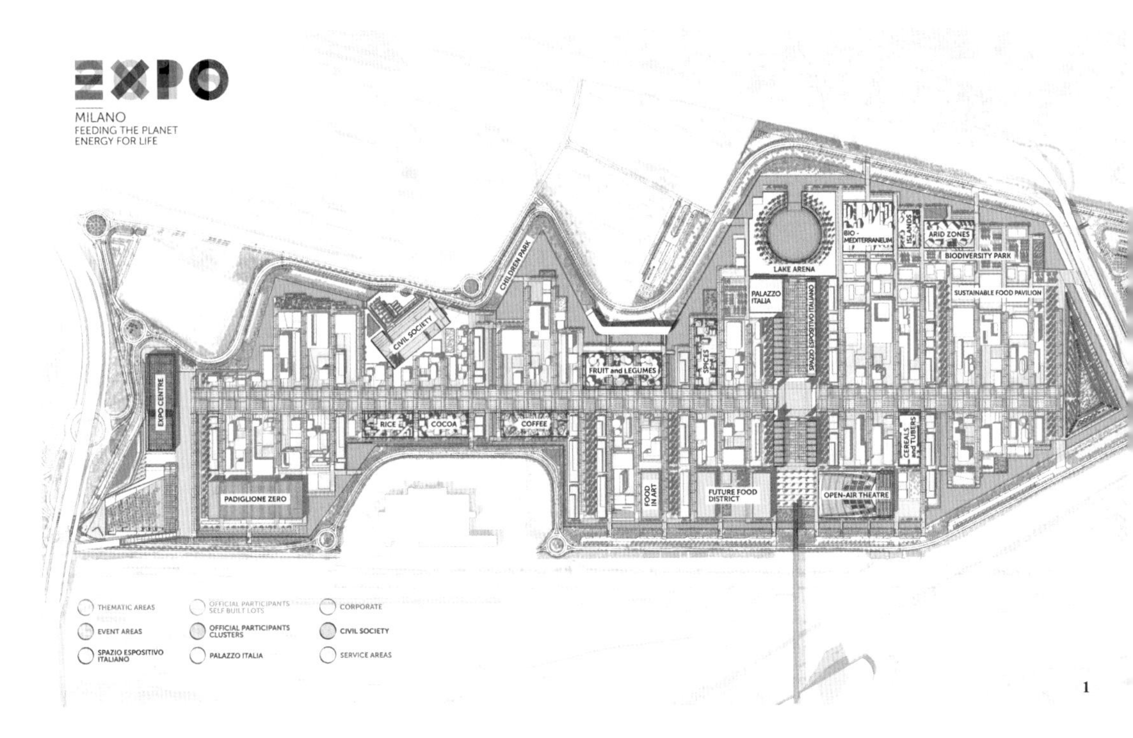

图 1 米兰世博会场馆平面。资料来源：米兰世博会官方资料。

贸、体育和文化交流为名而搭建的国际展会就成了相对完整的“世界”表达其自身的主要渠道。

仔细分析，能够和谐共处的“世界”的呈现分为三个层级。第一，展销会之类的国际展会中“世界”直白地表现为特色“物”产的集合。在世界博览会的早期，这些“物”大多并非寻常和共享的资源，而是琳琅满目的帝国“方物”——它们固然表达了“世界”的物理差异性，却由于预先被设定的意义框架带来了“世界大同”的印象[3]。第二，类似威尼斯双年展国家馆群那样的“世界”组成方式正好与第一类“世界”的相反，它强调的是对共同主题的不同诠释，由于这种诠释并非十分直观，“国别”的差异性是间接的，“世界”的整体形象让位于十分个人化的表达的拼图。第三，无论呈现的对象是具体的或抽象的，一旦它们被收纳于同一世界版图，冠以民族国家之名，看似平等共存的“世界”各部分间就会存在着

[3] 蔡沉《集传》：“方物，方土所生之物。”嵇康《答难养生论》：“九土述职，各贡方物，以效诚耳。”“土产”的概念基于一种文化沙文主义的优越感，中央帝国的君主或统治者广泛地搜集这些方物，象征的意义远大于实际贸易的需要。

隐含的国际竞争，因此产生了或多或少的轻重之分。正如人们在奥运会的例子里看到的那样，出席体育赛事的是各国派出的大小不等的“国家代表队”，除了在开幕和闭幕时“世界”是盛大完整的全景，由于比赛名次的原因，大多数国家的形象并非一再出现。它们就像马拉松的队列一样，有着天然的先后，“世界”的很大一部分实际上早已淡出了人们的视界。

总体而言，从世博会的早期直至今日，它的展示对象也从具象的国别“物”产演变至抽象的世界“议题”。2015 年米兰世博会的主题是“滋养地球，生命的能源”，直白地讲是“食物”。《墙报》（*Wallpaper*）略带几分揶揄地说，这是为在世博园大肆设置食品商店和主题餐厅提供了方便的借口。[4] 然而世博会方面更准确的主题定义是：“通过技术、创新、文化、传统与创造性等议题，讨论全世界居民获得健康、安全和足够食品的权利”——这是一个对人类而言生死攸关的严肃命题，主题展示的重点并不在于“物”，而在于“物”之上下文，也就是获得并消费食物的“过程”（process）。这对于世博会的传统展示方式既是一种新机遇，也可能是一种不利的挑战，因为这样的“过程”并不那么容易呈现在博览会有限的时空之内。在这个意义上，《墙报》关于商店和餐厅的说法并不只是笑话，它喻示着象征性的“世界”符号逐渐为它真实的运作方式所代替——除了商店和餐厅与“消费”明显的联系，巨大的食品超市也被搬到世博会中，在其中人们不仅可以真的购买食物，还可以看到食物所附着的生产、流通和使用的信息——在此食品既是“展品”又是“商品”。

[4] Giovanna Dunmall, “Food for thought: the best pavilions of Expo Milan 2015,” in *Wallpaper*, May 2015.

同样不能忽略的是世博园——“世界”的肉身——和本地城市的依存关系。长久以来世博会都是主办城市新区开发的刺激因素，基于这种开发的特点，大部分的“世界”在展后都要被拆毁让位给本地建设，只有小部分的“世界”才被留存下来成为地标建筑，

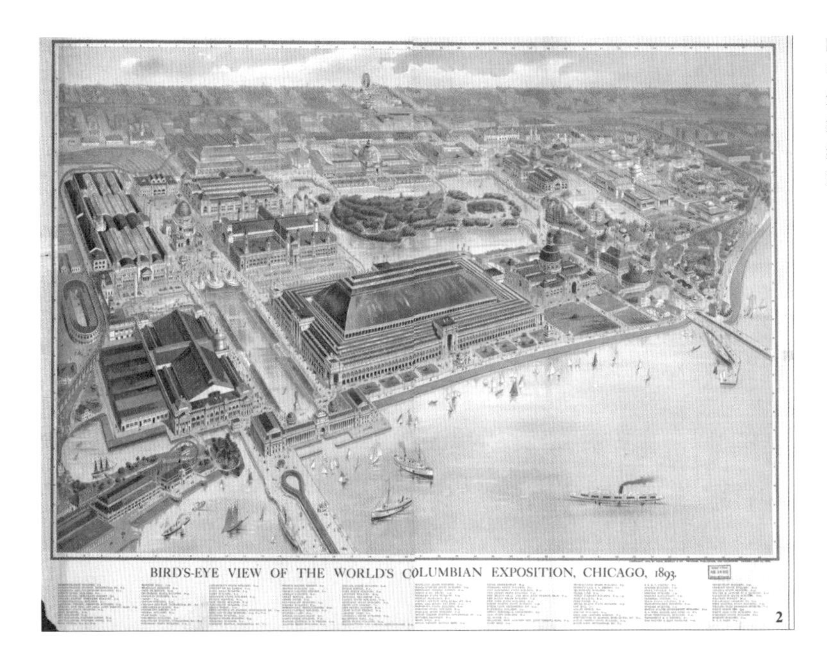

图 2 1892年芝加哥世博会平面图。中央位置依稀可见据平等院凤凰堂所建的日本馆，各种非西方国家的建筑类型被当做“方物”收集在大同世界的模型之中。作者资料。

图 3 1935年纽约世博会会场鸟瞰。“世界”的象征模型居中，而各国家馆在十字轴线上次第展开。作者资料。

它们中最著名的代表包括巴黎的埃菲尔铁塔、巴塞罗那由建筑师密斯设计并复建的德国馆、纽约市的全球标志（Unisphere），在米兰也有为 1906 年世博会建造的米兰市水族馆（Civic Aquarium of Milan）。但是这种开发模式对于 2015 年的米兰世博会显然已经过时了，世博会所带动的米兰地区的区域战略规划并不依赖纪念碑式样的博览会建筑。研究表明，在意大利现有的政治地理架构内，过于本地的建设开发往往具有相当大的局限性，而文化项目和商贸活动这样软性的举措才能更有效地推进区域间的合作 [5]。在米兰区域内举办的“全境的展览会”（Expo of the Territories）便是推进这种合作的具体举措，它的目标是营造一个超越物理界限的米兰大都会区域，不同于原来的大米兰市。[6] 这个既脱胎于各历史城镇又在新的经济、社会网络中才得以整合的共同体被称为“众城之城”（City of Cities）。为了达到这样的目的，需要“将那些与世博会实施直接相关的投资、项目和倡议与其他潜在项目相结合，以便将这一事件的效应推展到整个大区”[7]。

[5] Alessandro Balducci, Valeria Fedeli, and Gabriele Pasqui, *Strategic Planning for Contemporary Urban Regions: City of Cities: A Project*, Farnham, 2011.

[6] Mattia G. Granat, *Smart Milan: Innovations from Expo to Expo (1906–2015)*, Springer, 2015, p. 211.

[7] Province of Milan, “Expo of the territories: towards Expo 2015,” *Nocetum*, 2015, pp. 119-120.

如此背景下得以再造的“世界”已出现了若干变异的迹象，比如世博局在展望本次博览会规划的远景时，从上届的“城市”(“城市，让生活更美好”）转移到了“景观”。“景观”既是食物生产的物理基质，又强调了世博会中“世界”虚拟而非确实的属性；理论上，不像临时搭成又匆匆拆毁的布景式的“城市”，世博园柔和的景观在展前展后有着高度的延续性。[8] 关于这种虚实相间的愿景，这次博览会的英国馆是一个非常好的例子：该馆延续了上海世博会“蒲公英”的传统，它在努力缩小实际展示区域的同时强调了与此平行的另一个“世界”的存在。由英国 BDP 建筑事务所和艺术家沃尔夫冈·巴特里斯（Wolfgang Buttress）及工程建造公司 Stage One 一起营造的这个晶格状的“蜂巢”由大约 17 万根铝合金管组成，管子末端的 LED 灯的明暗反映着数千公里之外英国某只真实的蜂巢里蜂群的律动，骨传导耳机里实时播放的是不同种类蜜蜂的声音。

[8] 例如，1892 年芝加哥世博会的绝大多数建筑都已经销声匿迹，但是世博会规划的景观轴线依然是芝加哥大学南北校区的分界线，也是附近社区发展的主要物理依据。

图 4 米兰世博会英国馆入口。

图 5 世博会英国馆的细节。“馆”已消失，这个象征性的“蜂巢”实则是一个巨大的信息传导和视觉再现系统。作者照片。

“蜂巢”既是一个不定型的结构又是一个向外通连的界面，这样的国家馆并不试图表征（represent）“世界”的某一部分，它所表达（express）的只是极为有限的展览空间和更大的“世界”的并存和通连关系。某种程度上，这种做法也是对世博会现存秩序的一种质疑。

重新规划

2009年，米兰的市长莱提西亚·莫拉提（Letizia Moratti）女士问瑞士建筑师赫尔佐格和德梅隆，建筑和城市学可以为这样一个世博会的远景做些什么。有感于过去的世博会常常只是百万人口参加的盛大演出，两位建筑师表示对于这样的巨型展会兴趣并不太大，只有一种情况下他们才乐于参加世博会的规划工作，那就是他们的客户“愿意接受一个簇新（radically new）的世博会愿景，放弃那种基于地标建筑和过时的国家尊严的名利场表演的单调博览会理念”——这种理念是19世纪发展起来的，赫尔佐格和德梅隆暗示了它已经过时和失效。[9]

[9] 有关该项目的引文均来自赫尔佐格和德梅隆事务所官方网站，https://www.herzogdemeuron.com/index/focus/444-expo-milano-focus/introduction. html，访问时间：2020年8月20日。

赫尔佐格和德梅隆认为世博会的“世界”观念亟须得到更新。他们是在听到意大利企业家和社会活动家卡罗·佩特里尼（Carlo Petrini）的演讲之后具体地产生整个新的想法的。佩特里尼推行着他称为“Terra Madre”的全球运动，它所关注的是“农业景观，人口过剩，干旱，土壤贫瘠化、工业化和跨国农产业公司带来的育种议题”。两位建筑师继而认为，世博园的规划应该基于内容，而不是基于争奇斗艳的建筑。鼓励国家馆大肆营造标新立异形象孤立的展览建筑，只会带来资源的浪费和无谓的个性竞争。[10]

[10] “Papa Francesco si arrabbia per i soldi spesi dal Vaticano per l’ Expo” (Pope Francis angered by the money spent by the Vatican on the Expo), in *Diretta News* (in Italian), 27 April 2015.

2009夏季，赫尔佐格和德梅隆事务所与斯蒂芬诺·波里（Stefano Boeri）、里奇·柏丹特（Ricky Burdett）、威廉·麦克唐纳（William McDonough）联合向世博局提交了他们认为理想的规划方案。两位领导规划工作的建筑师解释，他们的方案基于一个正东南西北（cardo/decumanus）的网格系统，之所以选择类似罗马城市的规划格局，是因为这样的方案有种普适和灵活的开放性，这种极为简单的布局可以从夸张的个性化设计（individually design）中获得解脱。建筑师在这个方案里将无所作为，组织方帮各国设计简朴的展览设施，而参展国可以把注意力放在切题的展出内容上：各种农业景观和花园。一条磅礴大气的大路连接起这些景观和花园，而大道本身也将是整体景观的一部分，它是一座“漫步花园”（walking garden）。花园中间正好可以放下一张巨大的可以供全体游客集体就餐的桌子，它代替了我们今天实际看到的那些大大小小的餐馆，也呼应着现存于米兰的达·芬奇著名绘画作品中所提到的“最后的晚餐”，它是对“世界食物消费”这样一种机制的壮观而直观的再现。[11]

[11] 就在同一时期，赫尔佐格和德梅隆在2011年设计的中国国家美术馆方案，也是一张“最后的晚餐”式的桌子的平面方案。

赫尔佐格和德梅隆的方案触及了两个层面的问题。更直接的层面是我们上面提到的“世界”本身的概念性结构：是依据“世界地图”创造出一个等比缩放的模拟结构，还是依据观念和议题之间的实质联系将“世界”的各部分串联在一起？第一种“世界”犹如一个集成了各色迷你景区的微缩模型，或是一幅宏大的拼图，而“餐桌”是后一种方式的概念提取—物化。第二个层面，也许是触及了米兰世博会顶层设计的层面：由大小一群展览组成的世博会到底要展示什么？在此的“世界”是一个展览馆还是展出的内容？对于早年曾经担任过艺术家约瑟夫·博伊斯助手的赫尔佐格和德梅隆而言，他们绝不会忽略这样的博物馆学问题。这样的问题最终又是难于回答的：尽管展览馆的概念在他们的方案中大大简化了，但是它依然不可避免地存在，除了以帐篷形式表达的“世界的集市”是另类的博物馆，扮演着中央展台功能的长餐桌是展陈的基本程序，还有依然清晰的各国的“展出空间”（或者，展出的“摊位”）。

世博局的官员们礼貌地评论赫尔佐格和德梅隆的大胆规划具有“富于热情的几何形式”（geometric rigor），他们所提出的简单明了的平面得以保留。但是，非常遗憾的是这样“大同”的设想在参加国那里并不受欢迎，大多数国家依然循旧例举办了国家馆方案的征集。到了2011年已经很清楚，规划中有可能保留的也只

图 6—图 9 赫尔佐格和德梅隆米兰世博会规划方案。图 6—图 9 分别为东南—西北鸟瞰、西北—东南鸟瞰、中央大道效果和入口局部鸟瞰。资料来源：赫尔佐格和德梅隆事务所官方资料。

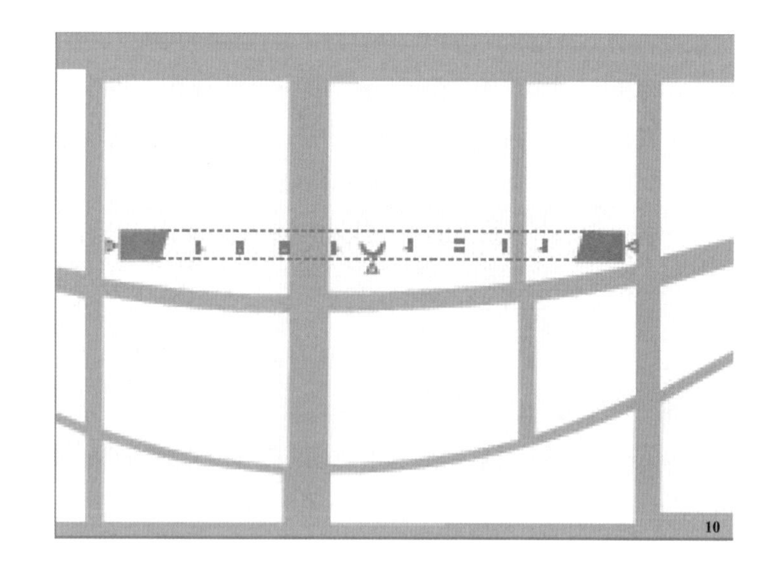

图 10 赫尔佐格和德梅隆中国国家美术馆新馆第一轮竞标方案的场地分析。这是一个主动破坏了规划条件、试图“连通”而非分割的提议。

有“富于热情的几何形式”。他们设想的生态气候室（bioclimatic greenhouses）被放弃了，世博园区原拟作为交通方式之一的运河的通航方案不了了之，“景观”现在只有象征层面的意义，巨大的、象征全球集市的帐篷结构还在中央大道的上空，但是由于那些更加引人注目的国家馆的存在，它已经失去了原来单一和素朴的展览设施的地位。由于这样不太光明的前景，两位建筑师最终退出了2015年米兰世博会的规划工作。

展馆和展览：建筑以及内容

两位建筑师试图创造出一个轻松（light）的世博会，同时也是一个没有建筑的世博会——对于曾经获得2001年普利茨克奖项的建筑师而言，这是一个奇怪的选项。他们明显将“建筑”放在与“内容”对立的位置上，把自己变成了世博会唯一的建筑师也是它核心结构的规划师。他们并未明确地解释展览的“内容”是什么，但是暗示它就是世博会真正应该展示的对象，比如“每个国家从生产到消费的食物链（food cycle）”。

在世博会即将召开的前年发生了戏剧性的转折，由于建筑师所尊敬的卡罗·佩特里尼最终决定以慢食（Slow Food）的主题参加世博会，赫尔佐格和德梅隆重新加入了世博会建筑师的行列，更恰当地说，他们像是佩特里尼这个展览的策展人和展览设计师。展览的主题有关生物多样性和食品生产，地点是在大道最东端原本放置公共论坛的地方。佩特里尼不情愿把他的展览变成大农业公司式的秀，而希望赫尔佐格和德梅隆为展览带来“食堂和市场”的氛围——

“观望”“交流”和“闻、品尝”：人们可以“观望视觉陈述，阅读有关不同消费习惯及其为我们的星球带来的后果的关键段落”，人们可以“与可持续农业和本地食物的推广者聚会交流，获悉替代性的方法”，人们可以“闻、品尝到具有生物多样性的农业、食物的丰饶”。为此，建筑师设计了三个具有伦巴第农场小屋“Cascina”式样的棚舍，并且采取特别举措，在展览之后将它们重新利用为意大利学校中的花园小屋。

毋庸讳言，赫尔佐格和德梅隆所攻讦的世博会的种种问题都不失准头。但一旦他们在规划阶段提出自己的解决方案，或是在最终阶段以个别参展者身份出现在世博园中时，三种不同的图景便不可避免地重叠在了一起，和别的展出者无甚不同。建筑师首先用一个大大简化但是依然有很强象征意味的“世界”取代了它的微缩模型，这时候“世界”是一个简明的图解（diagram），就和它的规划平

图 11 伦巴第农场小屋“Cascina”式样的棚舍。

面看上去并无二致；其次，无论是原方案中的长桌还是最终实现的伦巴第棚舍，尽管所采用的建筑形式相当素朴，建筑师并没有彻底放弃他们对于形象和空间的控制，这种控制首先是通过与众不同的建筑程序（architectural program）来实现的，最后又落实为不失精致但无甚新意的建筑语言；最后，抽象的秩序和具体的感受的碰撞在展览策划的层面相遇，“展品”并不像展览手段表现得那样“零度”“无差别”，通过专门设计制作的字体、照片和叙事，棚舍中依然是一个美术馆所能讲述的精美的故事，中规中矩。

有关“内容”的问题最终回到21世纪的世博会的展览策略和展览模式，而不仅仅是它的规划和建筑。除了“世界”本身亟须变化，“展览”这个看似中性的概念也处于激烈的震荡之中——19世纪后半叶的世界博览会已经是“国家之间的比量”（global comparison）。从它的起点开始，世博会力图显得像传统的集市一样只有经济目的，但把如此多的国家展览集中在有限的空间内不可避免地逐渐产生了很强的政治、文化和现实含义的差别。如果奥运会的100米决赛尚可以使得八个“国家”同时站在起跑线上，展示在世界观众的面前，赫尔佐格和德梅隆的长桌子如同耶稣的餐桌一样，都突出了中央与两边天然的差异，主办国意大利馆和备受注目的中国均处于“桌子”的中段。更有甚者，1平方公里范围内这段大道对于步行者而言是很难轻松地走完的，因此实际上是“中段”，而不是最终的“论坛”，才是展览的高潮所在。

相对于无差别的“罗列”展品的19世纪模式，另外一端就是将展品转化为道具的“演出”，以便折冲实体的展览内容间的不平衡。“演出”使赫尔佐格和德梅隆最终方案中简单的“观望”显得黯然失色，更不用说需要耐心和沉浸的“阅读”或者对旅游者而言很不实际的“交流”。除了习惯性地参观大道起始处几个最先进入视野的展馆以外，大多数观众都在展馆之间穿插和跳跃，以便安排好他

图 12 德国馆的互动道具“种子板”。

图 13 德国馆在“展览”中引入“表演”，数字化的媒体和真人互动并存。

们的时间赶上有场次要求的“秀”，就好像置身于一个多厅电影院。世博会本身的规划已经提供了一个盛大的室外舞台——这个定期露天演出的舞台的精华浓缩在前述的大道“中段”——但是借助先进的技术，数字时代强大的“订制”能力让参观者倾向于自己编排自己的游程，灵活的事件程序取代了原有的物理秩序。另外一方面，各国主办方各自控制着他们“秀”的节奏，“秀”的时间表以及欣赏“秀”的方式都要求参观者争分夺秒，除非事先有所准备，无法准确控制的人际交流是无法和随处即是的“秀”竞争的。

可以和“秀”相抗衡的是无处不在的“购物”和“消费”，“展品”成了“商品”。就如同抢购廉价商品的大型“销品茂”的顾客不在乎相对低下的空间质量，在多达百十种的地方食物中挑花了眼的消费者也不再关心他所在空间的意义——当代的博览会“展览”中的“世界”因此走向虚拟，它取消或者至少淡化了“食物短缺”这样一个严肃议题暗示的真实的困境。

唯一能使人从这种困局解脱出来的恰恰是空间本身的品质，而非仅仅是展览的“内容”。虽然共同“景观”的选项落了空，依然有很多国家选择将他们的展馆设计为各自不同的“景观”。比如奥地利馆的主题是“世界最好的空气”，它通过一个自成系统的人造奥地利“山林”营造出的微气候，象征地表达出“一片室内的风景”，代表着奥地利国家对于森林可持续性和多样性管理的成就。整个展馆不使用空调，完全依赖植物的蒸发—呼吸作用调节气候。按照展方的描述，光线射入展馆时，43200 平方米的叶片面积每小时可以产生出 62.5 公斤的氧气，足够 1800 人的需要，相当于一个“光合作用收集器”（photo-synthesis collector）。展方暗示，在世博园的“城市”中植入的这片山地是自然补益人工的表率性的贡献（exemplary contribution），可以大大改善前者的境地——但是自我封闭的“室内的风景”和这种整体性的表述多少是自相矛盾的。和另一个获得好评的巴林馆类似，它并不试图颠覆外在的城市语境和展览程序，

图 14 奥地利馆的内部。这是一个人造的山地环境，“建筑”已经消失。作者照片。

图 15 巴林馆的横剖面。同样是人造景观隐喻的人类生存环境，不同文化的“景观”呈现出迥异的“类型”（type）。巴林馆为每种特色的植物设计了一个彼此独立的小花园，在不大的面积里集成了数十个这样的花园，在其中人们可以感受到浓郁的伊斯兰园林意味。作者照片。

而是把展览对象自身转化为程序和语境。也就是说，这些“展品”既是内容又是空间，就如同“遥感”的英国馆的例子一样，它在自我指涉的同时，也多少对世博会展览模式的本身提出了挑战。

就展馆和展览的关系而言，直观的“世界大会”的表达和虚拟的“世界议题”的提出往往处在两个不同的感受尺度上，依赖于不同的传播手段。对大多数依赖读报和看电视来检阅“世界”和少量只在开幕式上露面的世界群众 /“领导”而言，这种“世界”的感受路径和传播渠道原本就是虚拟的，是一块无论如何搬弄都无伤大雅的拼图。但对于实际规划建造世博园的各国建筑师，乃至于付出可观体力实地参观世博会的远客，加上需要实际承受世博园“事件后效”(post-event)的本地人而言，实有的空间和具体的展品才是“世界”构成的砖石，是无法轻易变更和改革的。以往的世博园规划过多地强调了作为展品的“展馆”的形象构成，“展馆”形象彼此的关系是“世界”的直观表达，因为虚拟与现实的冲突，国际政治新秩序的冲击，简单的“世界”拼图已经不敷使用；与此同时，它又无心或者无力细究“展馆”与“展览”的关系，或者“展览”与“展览”间的关系——在传播技术日趋发达的今天，这两者实际上也是更富于建设性的“世界”构成的路径。

富于意味的是，在“世界”的现场，数字时代的展览技术越迁就人们对于虚拟“世界”的想象，宜人的人造景观或者创新表达的“世界”距离“展品 + 展馆”的传统展览模式越远，现存的世博会模式和它所承载的沉重意义间的矛盾就越突出。

章节页图 米兰世博会内随处可见的“特色”和“国别”餐厅。作者摄于 2015 年。

Veduta di Campo Vaccino

8. Avanzi del Tablino della Casa Aurea di Nerone volgarmente detti il Tempio della Pace.

9. Tempio di Romolo e Remo in oggi Chiesa de SS. Cosmo e Damiano.

10. Tempio di Antonino e Faustina.

城市

公共街道[1]的历史起源

查阅城市街道的中文建筑学文献，引用数位居前列的某篇文章吸引了我的注意。一开始，作者便描绘了北京城市具体的物理片段，它有关一条理想街道的理想图景，特别是它的内容和形式之间的关系："50 年代建成的南礼士路红线宽 30 米……当时沿街两侧安排了市级单位有机械施工公司……部分住宅以及儿童医院等。建筑物均沿红线布置，4 至 5 层，局部 6 层，与街道的高宽比为 0.6 ~ 0.7 : 1，具有良好的空间尺度。个别建筑物的重点部位适当后退……"这样做的好处，是可以使街道"具有一定的节奏感"。在建筑师笔下，不同开放空间形态的评估最终都指向良好的空间秩序。"在南礼士路与月坛南街的交叉口处，随着道路的弯曲出现了一个绿化小广场……除上述绿化广场外，路西有月坛公园，路东有南礼士路公园和月坛体育场。整条街道建筑物高低有序，两旁空间疏密有致，人车各行其道，安详舒适。当时的空间环境是值得称赞的。"[2]

街道本质上依然是"路"，如果没有外部语境的"加持"，它并无自足的形式意义。若检视当代讨论城市街道的建筑学文献，大多已然遵循了这样一种理想的愿景：城市的先在好像是不言自明的[3]，在厚实的三维历史形态中，街道不过是希腊古瓶上雕刻出的花边，

[1] 街道一般对应着英文中的 street，但是街道实则涵盖了远比这多的空间类型和功能范型，即使在字面上我们也可以看得到"街道"这种真实含义的多样性。比如阿兰 • 雅可布斯的《伟大的街道》一书便引用了罗斯林街（Roslyn Place）、蒙田道（Avenue Montaigne）、圣米歇尔大街（Boulevard Saint-Michel）和罗马步行街等尺度、形态、功用迥异的"街道"案例。

[2] 白德懋：《街道街道空间剖析》,《建筑学报》, 1998 年第 3 期，第 13 页。

[3] "如何把蜿蜒的街道弄直，矫正（rectify）地形里不可避免的不规则性，安排视点……" Wolfgang Herrmann, *Laugier: And Eighteenth Century French Theory*, Zwemmer, 1962, p. 136.

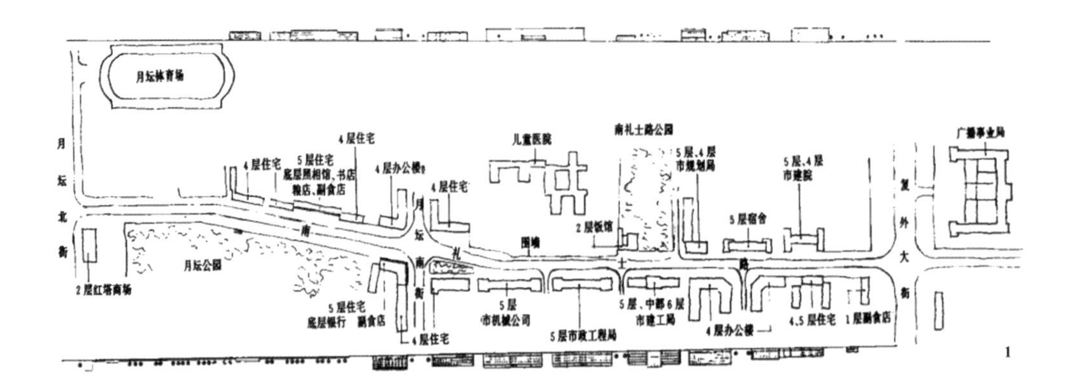

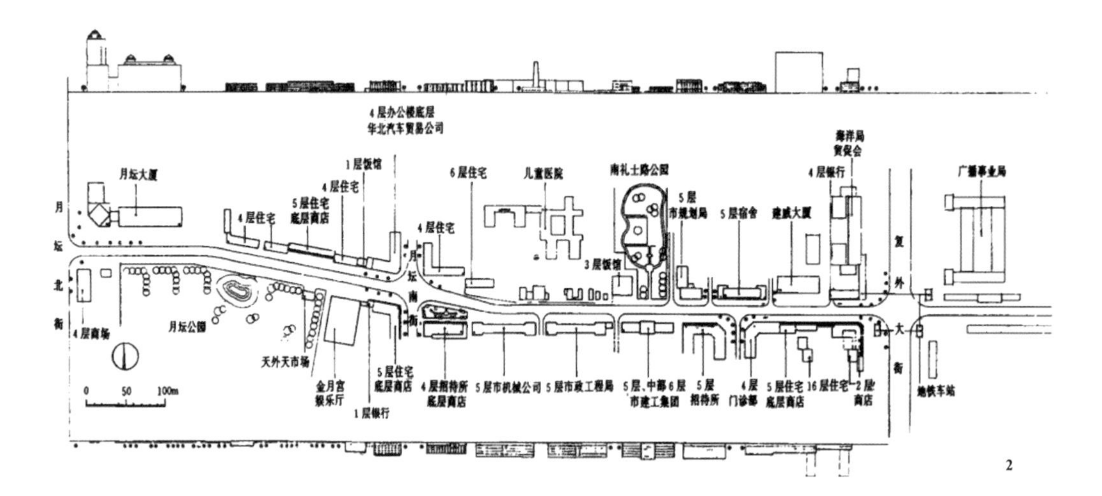

图 1 20 世纪 60 年代以前南礼士路沿街总平面和立面。

图 2 20 世纪 90 年代南礼士路沿街总平面和立面。

它们的差异仅仅是工匠手艺和艺术品尺度的不同而已。我注意到这种讨论的思路和人类学家口中的“路学”（roadology）有很大的差异，后者或许更愿意相信“原本是没有路的”。在关于第三世界国家发展的讨论中，“路”扮演着重要的角色。在人类学家看来，它能动地改变了城市自身的定义，对于当代中国城市来说，由前现代的状态日趋近代化—现代化时尤其如此。在大多数的语境中，道路“无疑已经成为现代化的标志”。[4]

[4] 参见周永明主编：《路学：道路、空间与文化》，重庆大学出版社，2016 年。

——因此，我们口中的“街—道”，是依托于城市聚落而繁荣后发的“街”，还是构成城市意义最初骨架的“道”？或者，换而言之：“街—道”是穿越既有街区体现本地生活意义的“通路”，还是引领城市化旅程形成城市网络组织的“大道”？

街道城镇和公路城镇

在《城市文化》中，刘易斯·芒福德先后提到了两种不同的城市和道路的关系，一种是街道城镇（street town），另外一种则是无公路城镇（roadless town）。[5] 正如更早的村落沿着村路形成，中世纪的街道城镇大多沿着街道形成，最终街道成了城镇的主要开放空间和最有意义的形式要素；与此形成映照的是，20 世纪晚近的疏散论提倡快速路和街区的分离，带来了城市和道路的脱离，出现了一种不强调街道交通功能的城镇，或者，如同上文所说的那样，显示了“街”和“道”的显著分别。

[5] 刘易斯·芒福德：《城市文化》，宋俊岭、李翔宁、周鸣浩译，中国建筑工业出版社，2009 年，第 514—515 页。

“无城镇的公路会产生无公路的城镇”，如此，快速交通不再必然通过城市中心或者周边，产生了乌托邦式的、像布鲁日那样的旅游目的地般的图景，在其中只剩下白德懋一文中向往的“生活性的街道”。理解这样的“无公路城镇”就要认识它的反面，也即由埃德加·钱伯尔斯和西班牙线性城市的计划者们所描绘的“早期机械中心主义公路城镇”。它强调作为文明中心的城市也同时是主要的到达和出发地，这其实是另一种源远流长的“街—道”的传统，突出了“路”对于城市的肇始意义，就像罗马的阿皮亚大道除了是本地的礼仪空间也是帝国交通网络的中枢。“公路城镇”可以算是古老的道路—城镇逻辑登峰造极的另一类型，它和“街道城镇”互为表里，形象地说明了两者最终脱离的原因——道路和城市的功能在发源上是彼此依存的，但是在今天也将产生激烈的冲突，这种冲突恰恰孕育在它们最初并行的可能里——既有可能作为本地基础设施的一部分，也同时构成“出”“入”通路的区域网络。

虽是本地社区的核心部分，最终也难免成为城市扩张的支点，南礼士路并不总能是一种“安详舒适”“使人称赞”的舒适城市空间。即使在20世纪90年代中叶北京尚未汹涌的发展之潮里，白德懋也已经看到，交通流量的增加令“这条街的景观环境越来越不能令人满意”。交通流量的增长归根结底是因为原本限止于“办公、居住和生活”的城市生活增加了许多“新的内容”。在他看来，这样一条“理应属于生活居住性质”的城市支路上，不宜再增加吸引大量交通的大型办公楼、大型商场、旅馆之类公共建筑，而是应当“多安排些食品店、副食品店、日用百货店、早餐快餐店等以及与街上工作单位相关的配套商店；严格保护现状绿地，不得再在内进行建筑”——然而，南礼士路并不是可以轻易本地化的内向生活住区，在这样一条连接长安街两侧北京南北城、有多条公交路线通过的交通要路上，除了他本人工作的北京建筑设计院是“京”字头的大型国有企业，早在20世纪50年代初期就存在的儿童医院更是吸引了与本地化愿望背道而驰的大量人流，就诊者来自全市甚至全国。[6]

[6]《阜成门关厢》图中，阜成门外大街南北两侧的南礼士路和北礼士路是基本对称的断头道路。侯仁之主编：《北京历史地图集》，北京出版社，1988年，第133页。但是这并非意味着这条路在此前依托于一个内向的社区，更早的记载暗示着它是郊庙和城市之间的通路。从明代建设夕月坛起，因夕月坛东墙外的大道上的礼神坊牌楼而有“礼士路”。参见王铭珍：《礼士路小考》，《北京档案》，2012年第10期，第46—47页。

建筑师对于南礼士路的评估主要是空间形态上的，古典形态的街边公园主要为步行者而设计，但影响这条街道交通流量的是城市规划的全局。建筑师站在城市规划设计的角度，企图像“无公路城镇”那样，区分城市道路和街区道路的功能，让机动车交通尽量远离“背心口袋”式的内向街区。然而，即使不谈这条路本身承担的通过式交通在城市级别的压力增长，恰恰是东侧“寸草不生”的快速路和交通枢纽（西二环路和复兴门桥），让在附近生根的大型公共建筑的使用者感到极大不便，倒过来又产生了这些本地开放空间的过度使用和品质下行。城市越是发展，处在核心地段的街道越是难以避免外来影响的侵入，预设的设计意图遭到打乱。这种悖论产生了一种戏剧性的后果，如同彼得·霍尔在描绘“公路城镇”兴起的大背景时所描绘的混乱：“……100 万辆汽车朝着 100 万个不同的方向移动，他们行进的道路在一天中有 100 万次在 100 万个十字路口发生冲突……”[7]

[7] East E. E., “Streets: The Circulatory System,” in Robbins, G.W., Titlton, L D. ed. *Los Angeles: A Preface to a Master Plan*, The Pacific Southwest Academy, 1941, p.96. 转引自彼得·霍尔：《文明中的城市》(第二册)，王志章等译，商务印书馆，2016 年，1181 页。

在当代，这个有关道路的问题又回到了它初次发生时的原点：道路到底是消极地服务城市，还是独立于城市甚至先在于城市？当建筑师专注于来路不明的城市“街道”的形态塑造问题时，人类学家意图恢复“道”和城市间此消彼长的关系，前一种方法的终点意味着阶段性的城市运动的完了，后一种思路的意义却体现于城市的起源，或者，城市“建成”后无休无止的变化之中。

图 3 路易斯·康费城街道交通分析图解，来源：作者资料。

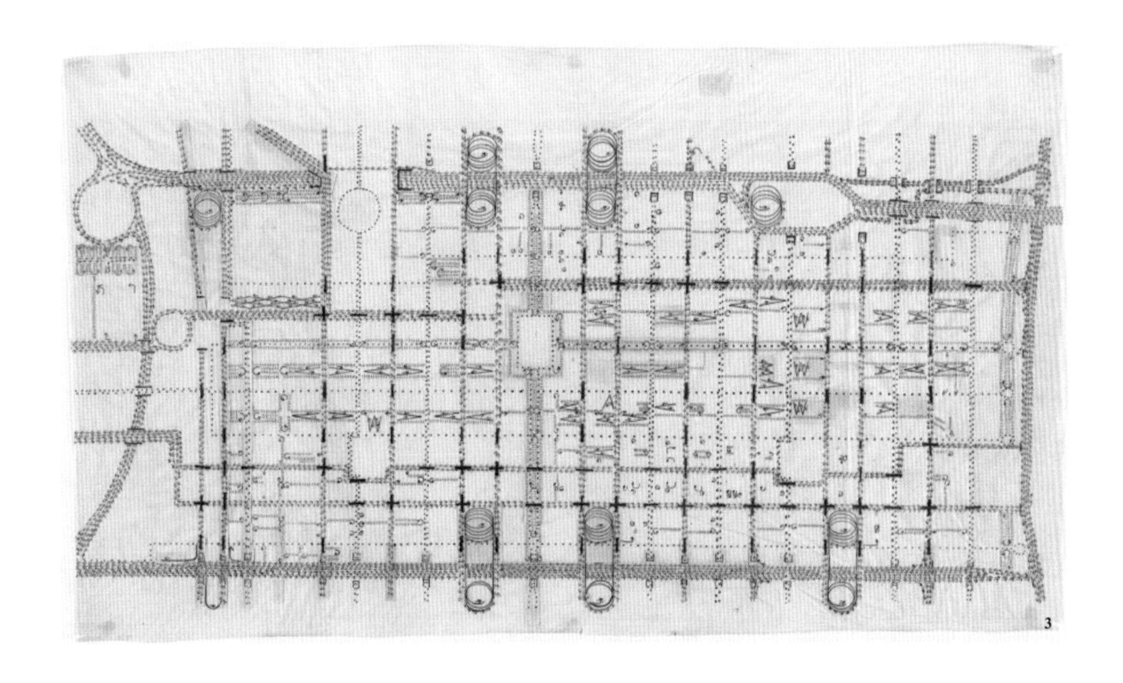

“街”和“道”的不同意义

不做字源学层面的强行区分，仅仅就我们关心的话题来看，“街”和“道”的意义区分久已存在。是先有城还是先有路？《伊利亚特》中分别描述了特洛伊和围城的希腊军队的城寨—聚落。特洛伊人的城市“设计”源于神意，它是统一的、整体的，几乎也是完美的，只止步于突如其来的灾难中；相比之下，特洛伊人只是在城外的田野上仓促地拼凑起来他们的城寨，营房和营房之间自然构成了街道，犹如罗马人的殖民城市一样，这些整饬的街道更多只是“路”的功能。在阿喀琉斯的盾牌上，进一步描绘了和平中的城市和战争中的城市的区别，前者是理想的、神谕一般的愿景，后者却是随着事变和功利才浮现出来。可见，对于聚落的开放空间，城市和城市的围困者可以有着不同的认知。[8] 街道和道路的区分因此不仅与空间有关，也和时间有关，体现为“图—底”相反的主从关系。

[8] 陈晓兰：《性别•城市•异邦——文学主题的跨文化阐释》，复旦大学出版社，2014 年，第 72—78 页。

在中国早期城市形成的阶段一样存在着这两种区分。母系氏族社会存在着聚落，比如陕西临潼姜寨遗址的“大房子”，或者宝鸡北首岭遗址的“广场”，但我们并不能就此说，“路”并未在这类聚落中扮演任何角色。事实上，周边揭露的路土提示它们大多指向“大房子”或是“广场”，这些早期的街道只是具有直白的联络作用。即使在形态学的意义上，我们也无法把遗址中仅仅提供交通和聚会功能的开放空间叫作“街道”——我们看到，这样的“街道”甚至也很难说是线性的或是独立于周边环境的。[9] 从龙山文化时期的淮阳平粮台遗址开始，依托于“城垣”和“城门”才开始出现了接近现代意义的城市“街道”，虽然它们很难说一定是出于某种成熟的“规划”，但是毫无疑问，这时的道路不再只是出于内向的部族聚落防御的需要，而是同时和区域间的联络有关[10]。随着早期城市基础设施的成熟，这些“街道”的意义相对固定下来，于是有

[9] 贺业钜：《中国古代城市规划史》，中国建筑工业出版社，1996 年，第 45—47 页。

[10] 同上书，第 91 页。孟津小潘沟遗址虽然有“道路”，但是类属自发形成的性质。而平粮台遗址北门和南北各有相对走向的路土，推测可能有类似规划轴线的道路。

4

图 4 陕西临潼姜寨母系氏族部落聚落布局概貌图。来源：贺业钜：《中国古代城市规划史》。

了两类不同的道路的计较：最初造就了城市本身的那些“道”和在城市中进一步细分、塑造其意义和结构的“街”。两种角色常常处在重叠和变换之中。

“街—道”的关系变化典型地体现在城市自身的变革之中。作为近来颇有争议的“唐宋变革论”的物证之一，隋唐长安城的城坊制度正聚焦于街—道的不同角色。现代网格城市（Grid City）通常有着绝对的命名系统，由 1 至 n 的数字或字母顺序排列；而中国古代都城的街道却大多基于和人造物城门、宫门的相对关系，从长安的“顺城街”“金光门内大街”到近代北京的“西四大街”“西直门内大街”，这样的“街道”的意义都是依赖城市的语境才存在的。但是与此同时，这些通常尺度巨大的城市干道又是“道路”，是它最早表征的区域交通含义的载体。比如隋唐宫城正门前的“承天门广场”，也常常被指称为“承天门大街”，是长安通化门和开远门外东西交通的连接纽带。类似的情况也会出现在北京天安门前的东西长安街上，从较为精确的平面图上，我们可以看到这类笼统称为“城市道路”的开放空间，既可以看做线性的通路，也可以是事实

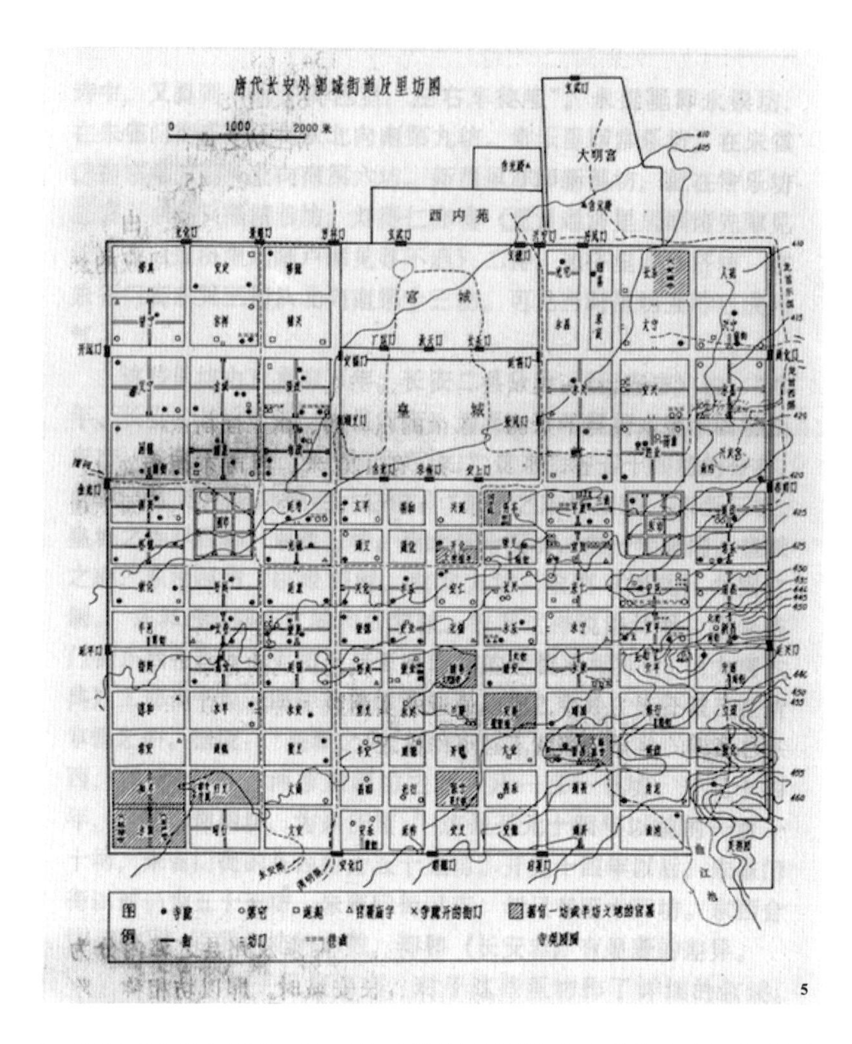

图 5 唐代长安外郭城街道及里坊图。来源：史念海：《唐代长安外郭城街道及里坊的变迁》，《中国历史地理论丛》，1994 年第 1 期。图中道路尺度巨大，规制见于史册，但实际使用呈现纷繁偶然的状况——不完全等同于今天的“街道”。

上的城市基础设施。这类不甚规整的空间的形成原因，和设计师心目中的“节奏”需求有着巨大的不同。只是在因循现代规划思路事后指认和产权认定后，它们才成为真正的“街道”。

中国中古都城的街道管理和城市发展出现冲突时，常常出现“侵街”的现象，这种说法本身说明了以上的开放空间是这样一种“变化”的场域的事实。根据马克 • 奥杰（Marc Augé）提出的“非场所”（non-place）的概念，这样的“路”是转换和运动的场所，难以聚集足够的、确定的意义。[11] 从城市发展的历史看，“路”中间态、可变换的角色不仅仅限于具有“超现代性”的当代社会转型，而是一直存在于城市发展的过程中，和（纵深方向）街区的兴废以及街道边界的（连续的或者非连续的）状况都密切相关——“非场所”因此也是“非常所”（informal place）。

[11] 袁长庚：《方位 • 记忆 • 道德：道路与华北某村落的社会变迁》，周永明主编：《路学：道路、空间与文化》，重庆大学出版社，2016 年，第 145—162 页。

道路的两面性赋予了它实在的而非仅仅是美学的形式特征。由于和城市不确定的决定—被决定的关系，街道承受着街道界面里外的不同意义“压力”。尽管当代城市设计师希望将街道和它毗邻的城市当成一个整体看待，由于不同的发展次序，街区和街—道的关系是难以完全协调一致的。还有一个重要的因素，有关产权——街道“红线”的定义——以及城市自身的生长，不仅在垂直方向（剖面上）也在顺延的方向影响了街—道的定位。道路是无限蔓延的，而街道和它附属的城市发展则是非连续的。它不是卡米洛 • 西特（Camillo Sitte）所指的那种非连续性的街道，意在创造出可以作为理想生活场所的“无公路城镇”。此处的片段化的街道，是事实上的存在，是不同时间里的不同城市状况创造出的不同街道界面所产生的。

从历史的角度“看”街道

此处的“看”是有具体含义的。事实上，相对于其他的城市要素，街道是更难以被“看到”的，但是恰恰是当代街道被赋予的景“观”暴露了它的问题。在标准的城市设计练习中，街道经常被表达成剖面的状态，为的是表达横贯面上街道两侧的空间同时存在的对应关系，比如建筑物、行道树等的高度、街道宽度和行人视线构成的角度阈值、不可见的建筑物内部和街面节点的不同对应，等等。例如，在上文所援引的南礼士路案例中，作者总结道：“按照人的视觉感受，街道的高（房高）宽（街宽）比如控制在 1 : 1 左右，那么空间具有相互包容的匀称性……”在他心目中，在这条道路的黄金时代，它良好的空间尺度正是来自适当的高宽比（0.6 ~ 0.7 : 1）。

以上的描述方式体现了某些在 20 世纪 80 年代的建筑学教育中风靡一时的论著——突出的例子莫过于芦原义信的《街道的美学》——的巨大影响，同时也显现出两个关于街道设计和城市历史研究的关联。其一，当理工科定位的建筑学侧重于分析性的指标，而不是感受性的街道特征时，人们仿佛忘记了街道最主要的社会内涵，以及街道首先是具体的人在使用这样一个事实。事实上，不讨论街道是干什么用的时候，它的感受无法仅仅透过抽象的数值就复原或者预期出来[12]。其二，中间尺度的街道本是城市规划和建筑设计两种尺度间的折冲。经过将道路展开并把多个剖面投影变化联系在一起，我们甚至可以用多个剖面的组合（cross-sections）和展开的长轴剖面（transection），或者把立面和剖面结合来表达全局变化，这种总体和全面的印象，是白德懋笔下街道丰富“节奏”的来源，并可以进一步转化为数量化的城市设计“导则”。但有意思的是，这种旨在合理“构成”空间的控制性手法，有时候会被混淆成它预期的观感，或者说，完整的逻辑表达并代替了局部的感受——

[12] 比如，20 世纪初纽约这样的城市按照街道的高宽比评估将会是极不正常的，但正是纽约的超级摩天楼和它们脚下逼仄街道的比例关系构成了库哈斯所说的“拥挤的文化”的形态基础，经过规划理性所调控的宽街则少为人所提起。

在人际的尺度，这种逻辑“合成”的“效果图”实际上是不存在的。[13]通过建筑学的方式我们也许“了解”了街道，但是我们并没有真正“看到”街道，甚至也谈不上作为一个“用户”使用了街道。

[13] 在另外一种语境之中，诸如《清明上河图》那样的街道图景琳琅满目，但是街道图景赖以读解的图画程序（pictorial program）实则和人们的实际观感并不一样。

真正理解街道的历史就需要历史地看待它的类型学，与此同时这也对应着一种历史地“观看”街道的思路。

首先，不存在一种单一的无所不包的观察街道的路径。那些经历了现代转型的历史城市空间，往往可以清楚地看到不同街一道图景的重叠关系。我们缺乏南礼士路规划前的历史影像，但是在其他北京城市的历史照片中我们可以看得到，向来以宽阔著称的古代中国城市的“大街”或者“道路”，实则只是一部分符合现代街道的标准。这种重叠关系清晰呈现的时刻，比如“侵街”频繁发生的唐宋之际，通常正是城市自身剧烈变革的阶段，其意义往往超过街道变化自身。重要的城市街道首先是区域发展的缩影，一如深南大道对深圳城市的后续影响，浦东世纪大道所引起的新城规划争议，或是围绕着 2017 年初以来北京城市街道界面整治的讨论，等等。在这些案例中我们可以看到，城市发展涉及的街道难以和它周边的城市环境真正保持一致，它们之间的差异盖源于“变化”，应对于不同尺度的城市发展的迥异的动力。

其次，由于现代城市空前的规模和多样化的发展模式，更由于不同的街道感受模式，街道的图景难以真正“完整”和统一了。即使在平面图的印象中，某些街道也只能是模糊地接近“线性体”的观念——只是当代人的“偏见”才重新塑造了这样一种线性和整一的漫步道的印象，并让这种模式成为单调的新城市观光区的样板。一个著名的实例是位于罗马市中心的古罗马论坛（Forum Romanum）区域，常常显现在摄影画面前景的塞维鲁凯旋门（Arch of Septimius Severus）的遗址，遥遥对着远处的“终点”提图斯凯旋门（Arch of Titus）。画面中显著的纵深感似乎在两者之间建立起某种类似街道的联系，画面左侧的空地边缘因此显得格外齐整了，连带着有柯林斯柱式的艾美利亚圣堂（Basilica Aemilia）也和它的邻居们连成了一条线。事实上，不易察觉的空间的“视差”也体现了我们对于街道历史起源读解的误差。在历史上确实有一条绕场一周的凯旋之路，也就是人们通常说的“神圣之路”（Via Sacra），但它们是沿周边行进的。[14] 现代人眼中的凯旋大道，在古代城市的生活中实则只是一个宽泛的、随读解视角不断变化的“场域”。

[14] 除了塞维鲁凯旋门和提图斯凯旋门之外，中间还有已基本看不清形状的奥古斯都凯旋门（Arch of August）。其实三者任两个都不在同一条直线上，它们之间并没有道路存在。

今天的街道显著地克服了工程和社会协同层面的技术难题。有了精确的规划手段的协助，它既往“大”也向“小”的方向修正，既把宏阔的城市空间变成机动车和礼仪行列的跑道，也将有机的城市形态整饬为中规中矩的形式。原先只有在图解（diagram）的意义上才存在的完全符合规划原则的道路，在当代中国城市的发展中变成了现实。仅仅从这个后果看，区域性的道路和城市街道变得没有什么不同了，成为原则和实践都一体化的数据系统的产物。因为现阶段体制的特点，从物理和管理上当代中国城市都缺乏“侵街”的可能，街道—道路往往引领城市的发展，而城市反过来对于街道的影响乏善可陈。人工雕刻和管理出来的参差的形态的“节奏”代替了自然演进中城市道路的有机赓续。

街道是什么？不能不说，有什么样的街道“观”，最终也就有什么样的街道——甚至街道本身的历史也会被随之重写。

图 6 西塞罗时期的罗马论坛（Forum Romanum）地区复原图，同样是最初没有明确定义的“非场所”。来源：作者资料。

图 7、图 8 北京前门地区今（图 8）昔（图 7）对比。从“街—道”并立的混沌图景到人造“有机态”的仿古“街道”，随着西方摄影术传入的观察街道视角的更新，伴随前者的“街道观”推动了后者实际面貌的重新定义。

图 9 不同时期建造的塞维鲁凯旋门、提图斯凯旋门之外还有中央已经基本看不清遗迹形状的奥古斯都凯旋门（Arch of August）。这三条标示它们轴线的红线表明，其实它们任何两个都不在同一条直线上，而且它们的轴线也不是精确地平行。这一时期存在一个精密编织的道路体系，呼应特定的礼仪诉求，包括“凯旋”后的游行，但是很难概括这些道路的统一特征。

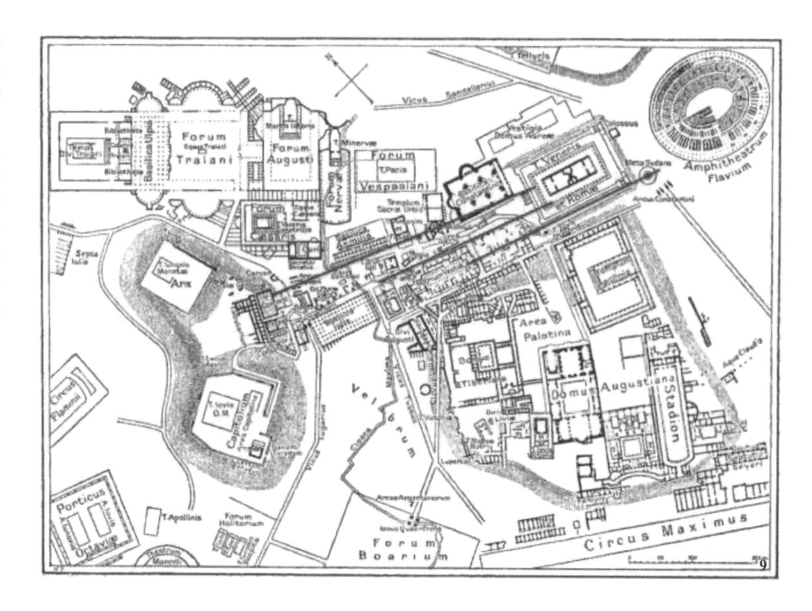

图 10 18 世纪的罗马论坛区域。原先众多的建筑物和道路现在合而为一个巨大的空场。View Of The Roman Forum（1747），作者 Giovanni Paolo Panini。

图 11 看到的和实际发生的，在两座凯旋门之间逐渐生成的一条现代林荫大路。Grand View of Campo Vaccino（1765），作者 Giuseppe Vasi。

图 12 电影《宾虚》中想象和夸大了的“罗马凯旋”，暗示着以上近现代“凯旋大道”图绘的心理基础。

章节页图 皮拉内西的罗马中心区蚀刻版画。画面中大多数古典废墟元素都存在着偏离实物状况的情况。它们实际也是作者以那个时代感性对于古典城市的重新发明。

剧本

再度开发的水滨风景

“什么是城市？”这个无法尽言的问题，听起来实在太过大而无当了。可是，不试着去解答这个问题，在中国从事任何和“城市（景观）设计”相关的实践活动就缺乏必要的前提。从外人的角度，中国传统中的“城”“乡”之间并不存在着显著的差别，“乡”不一定就是落后的文明未及之地，“城”也不妨容有野趣，今日中国巨大的城乡差别着实是近代化带来的新的后果。只是随着西方“城市”观念的涌入，北京、上海这样的都会成为文明发展的重心所在，广大的乡村趋于败落，“本末”才彻底颠倒了。[1]

[1] 英语和西方大部分语言中的“文明”一词来自拉丁文中的civitas，见证着城市在西方文明中的重要性。随着西方城市观念而改变的中国城乡秩序中的“本末”意味着两件事情：“城市”将会更像城市，趋近西方城市的样貌，而原本中性的“乡野”如今已经成为城市的对立面，亟须得到教化（civilize）。

第二个与此有关的问题就是“新城”之于“老城”的关系。它不仅形象地说明了一个独具历史的场所“如何”发展为新型的城市，还特别地提出了“为何”需要发展的问题——在英文中，“发展”（develop）也就是“开发”的意思。乍看起来，在城市建设中出现的“历史保护”似乎是个纯粹的文化问题，和新的城市土地经济学如果不是彼此冲突，也至少互相脱系。可是在中国，有哪个项目不是立于旧人情和既存的强大物理现实之上？随着与“拆迁”“补偿”有关的新闻见诸报端，懵懂初生的这一话题变得格外敏感。很显然，这里的“历史”未必是高等文化的历史，而是历时性发展的必然前提，时间最终将演化为空间的资源，关于场所的记忆也关乎眼下的利益——利益和文化纠葛在确实的空间里，成了当代最大的地缘政治。

我们试图通过一个具体的、个人化的角度，来理解借由“设计”之名出现的城市再开发，虽然文中隐去了项目的时间地点，它并不全是就事论事的、“匿名”的个案回忆。笔者不过是想描绘出一个“理想”的研究案例，它的自洽叙事里，同时也掩藏着大多数实践者面对的现实矛盾：一方面因为独特的水文条件和本地文化，A 城在中国城市中是独一无二的；另一方面，由于共同体制决定的开发—发展情境，它又和中国其他水滨城市，乃至早期西方资本主义的水滨城市有着某些类似之处。

图 1 英国人在芜湖段长江岸边弋矶山上建立的医院。

图 2 记录芜湖段长江与青弋江交汇处传统关口与洋关并置场面的明信片，约20世纪初。作者资料。

旧风景和新城市

A 城假定是中国中部的一个水滨城市——事实上，它可能也集成了我曾经完成过项目的 B 城、C 城、D 城的特点，尽管它们在地理空间上相距数千里，但很有意思的是，因为规划建设体制上的共性，也因为人情文化的类似之处，它们居然可以放在一起，集成为一个例子。比如，A 城的“风景”规划，似乎可以代表 21 世纪以来大多数中小城市的一种通行开发模式，在其中旧有的景观基础设施成了城市设计项目的重要突破点。

我们姑且这样描述：A 城有一处水滨旅游点，是中国人尽皆知的地标式的风景，差不多每个上过中学的人都能够背诵得出描绘它的诗句；但有名归有名，人们却说不出来这样的风景到底什么样子，凭着地方志里模糊的木刻版画，人们着实难以为一部当代 3D 大片搭建实景；最为挠头的是，A 城的水滨在传统中国的概念中实属“乡村”而不是“城市”，它实属一种“野性的风景”，和现代都会的消费功能无法衔接。蛮荒的城郊“文明”了，环境得以“改善”，如此才能成为新的经济模式的理想受体。

[2] 中共十八大报告指出，推动城乡发展一体化是解决“三农”问题的根本途径。值得注意的是，这里提及的“一体化”，显然是以西方观念中的城市作为当然的参照系的。今天的城乡一体化是将此前的城镇规划模式全面扩大到城乡范围，经由现代化初期的城乡对立，试图再次取消城乡之间的差异，并颠倒了中国传统中的城乡本末关系。报告指出，要“加大统筹城乡发展力度……加快完善城乡发展一体化体制机制，着力在城乡规划、基础设施、公共服务等方面推进一体化，促进城乡要素平等交换和公共资源均衡配置，形成以工促农、以城带乡、工农互惠、城乡一体的新型工农、城乡关系”。近年来颁布的新版城市规划法和物权法完成了从城市规划法到城乡规划法的过渡。理想状态下，区域发展将可以进行平滑的系统调控和层级定义，不再有行政体制的人为分割，但是城乡之间空间品质的天然差异依然存在。随着西方城镇观念在“一体化”进程中的深入普及，这种差异似乎进一步扩大了。城乡差异首先是一个观念问题，其次才是技术问题，这一点亟须得到更好的理解。

[3] 当早期现代社会的临水工业趋于衰落，港口设施面临迁徙时，紧邻都市中心的大批土地经常会被再开发，例如波士顿、巴塞罗那和鹿特丹。改头换面在再开发进程中出现的“景观”并非真正的“自然”，相反，它只反映出了资本主义大城市土地使用的空前密度，以及这种人为地提升起来的使用密度带来的巨大压力，在其中“自然”成为价值高昂的商品。

去到基地我才能发现“城市”的愿景可以有多么不同。也许，这种落差恰好证实了篇首的观点：郊野破败，城市的现状也差不太多，它们构成了某种程度的低水平的城乡连续统一体 (urban-rural continuum) ——在 A 城的水滨，西方式的“城乡一体化”必须在夸大城乡之间差别基础上达到新的平衡。[2] 城市设计的第一步不是确定如何去实现这种愿景，而是具体地勾画新的蓝图。在一个城市设计项目里，它有两种并行的可能性：一是专业人员绘制的场景“渲染图”，并且落实为具体的建筑和景观建筑学手段；还有一种需求，则是不一定会挑明的题中之义，就是一个城市设计项目一定需要满足受众对于新城市的通俗想象。

在 21 世纪初，将城市的既有水滨改造为“亲水空间”甚为时髦，它既联系着过去就困扰着 A 城的那些实际问题，也使人想到巴黎、纽约、汉堡，或者至少是上海。于是，“振兴水岸”的呼吁联系上了两种常见的现代城市愿景图画：一种是干净、形象鲜明的开放空间，重新设计改头换面的自然环境，城市“靓了”；还有一种结果是不那么直观但也可以隐约感受的，优质的“黄金水岸”不仅是视觉上的也是经济数字的，大量的投资或者直接提高了水滨的土地价值，或者置换了它过去的生产性功能，城市“贵了”。以前城市的选址意欲靠近水源而又不得不与洪涝灾害保持距离，现在的城市生活则主动向水滨靠近，这种以“自然”自况、“景观”牵头的城市化，未必伴随着表面上高楼大厦拔地而起的画面，却从更深层面上说明了新的开发项目的实质。[3]

水滨的开发议题后面实则是一则复杂的博弈游戏，参与者是大型开发商、本地居民、商家和各种公共权力部门，他们对于水滨的城市开发常常有着分歧的意见：水滨需要有住宅和生活服务区，这一点大家似乎没有异议，但是水滨到底是娱乐休闲的公共空间还是商业利益的 “变压器”？值得注意的是，在城市设计中，首先面临的还不是妥善处理既有的防洪和环境治理问题，而是要对现在暴露在公众面前的那一部分城市问题做出说明。以城市公权力的名义牵头进行的新的开发，要面对因为迁徙和利益再分配造成的风险。最终，这些貌似实际的议题又回到了不是那么实际的层面：新的城市如何呼应于人情和美学的“传统”？

A 城水滨的风景不乏自己的传统，因此开发必然是“再”开发。尽管，人们还不大能够想象究竟什么样的现代景观能够取而代之，他们显然已经意识到了实践过程中注定的历史断裂。[4]

[4] A 市的城市规划和中国其他地方的管理体系高度一致。规划议题是市长首要的关注之一，同时有一位副市长主管规划，规划局成员及其主管负责日常事务。五年编订一次的总体规划覆盖了城市远景的描绘，明细了技术方面和土地使用的问题并提出便于管理的建设条例。总体规划内通常也包括对具体地区的控制性细节规划，例如分区管理，相应于建筑高度和体积的指导原则，等等。控制性细节规划的改动相当复杂，和我们所涉足的城市设计方案显然不同，后者需要在一个具体的时间和政治情境中推动城市规划本身的发展。

镜头和剧情

被再次开发的 A 城水滨成了一个见微知著的现实“穴位”。它很好地解释了，为什么这个小花絮式的项目被定位为“城市设计”，而不是像传统那样命名为“城市规划”。在此，“城市设计”和电影剧本写作的类似地方，在于两者都是一种悬而未决的中间状态，虽然起因和后果早在古老的叙事里落定，但好话不怕多说，“设计”其实是说了很多遍的相似的故事，甚至尽是些别人的故事——但是虚拟的故事一旦真的上演，一样不乏发生实际作用的“剧情”。也许，恰恰是这样的脱离和悖谬让并无新意的剧情站住了脚——剧情的定位可以是剧情片（Drama）、科幻片（Sci-Fi）、动作片（Action）、悬疑片（Thriller）——我不知道怎么翻译“文艺片”，但是它好像是以上各种类型的总和。

这便是实践中城市“设计”的价值所在。和“文艺范”的天真相仿，人们似乎普遍相信“设计”真的可以点石成金。它可以编排人们的生活，引入各种匪夷所思的高新技术，瞬间活跃城市的气氛，一个本来死气沉沉的小地方于是每天都充满了追剧式的期待和惊喜。那些将规划定位为“社会科学”的人们往往期待可以数量化检验的“实效”，“设计”不需要有这样的压力。然而有趣的剧情带来的心理满足感却是确实的，有时候甚至可以抹杀语焉不详的物理现实。

图 3、图 4 “before-after”是典型的城市设计表达方式。它隐含的逻辑验证着“再开发”的普遍社会心理：不是寻常的“缙绅化”，而是老旧的实用功能需要转化为“酷”的文化，由时间积淀的建筑细节如果不是被风格化的新设计取而代之，那么它至少要表现出和产业社会的空间逻辑相适应的特征，大多数时候具有整一和系统的面貌，提供近似的可以亲近的空间品质。

这样的剧情既虚无又具体，虚无在于“设计”尚未落在实地甚至永远也不会落实，具体在于用于营销的远景画面却是实实在在的，需要真花钱雇人表演、买票进场才能看到。这首先是摄影师“镜头”的魔力而不是工程师的本分——规划总是全面总体的规划，不仅仅是一系列的“目标”，事后评判一个规划是否有效，除了显而易见的感受，还要评估为实现目标所花的资金成本、项目投入和最终产出的因果链条，等等。以水滨改造开始的城市设计，似乎回避了社

3

4

图 5 冢本由晴设计的黄埔茶廊，旨在带动这一老工业水滨的人气。

会组织和经济模式的考量，一上来就着眼于某种微观的角度，照搬新奇的生活方式。乍一看，这似乎正是现代规划理论反对的古典靶子之一，比如西特（Camillo Sitte）所宣扬的“按艺术原则建造的城市”——区别在于，至少现在有人声称将为此买单了。

在 A 城的项目中，改变了的水滨将有更敞亮的视野，商业住宅本身既是一种景观（类似过去的城墙），又是人造景观（绿化或者硬地广场、喷泉水景、灯光秀）的载体，同时它还是防洪和人防设施、下穿快速路、停车场、步行街、商业综合体……改头换面的“景观”最终和城市的基础设施融为一体了——真实的“镜头”设计远比人们从水中游船上看到的复杂，因为它既包括出望的可能性，也包括各种被看的可能性；而且，设计师还要向观众交代“摄影机”的轨道设定，也就是礼仪性空间节点的设置和未来不同公共活动的点位；最终，一个好的摄影师还要或多或少承担导演的角色，为设计未来的使用建议剧情，无论“地图路线”还是“程序总览”所带来的动态就绝不是“按艺术原则建造的城市”可以比拟的了。一些失败的电影，完全不能使观众有“带入感”，就是因为“镜头”的变化过于生硬突兀，从观众这一侧之间没有心理上的承接关系，也不符合生活使用的实际。

最终的“剧情”大概是这样的——顺应着“新”和“旧”的主从关系，水滨的改造将有两条并列的线索：首先是“景观融入城市”的新的类型学，在原有的破旧建筑肌理里楔入“新”的也更整饬的“透明”，使得新和旧在各个层次上形成穿插的共生图案；与此同时，“建筑再造景观”的做法和上面形成一个“对子”，在景观里建设一个主要的建筑综合体，囊括新开发所需要的基本市政功能，也注意点到它和本地传统之间的关系[5]，从这个基础上再辐射周边，衍生出一系列“派出功能”。如果说“景观融入城市”适合多样化的商业开发，“建筑再造景观”则积极塑造了公共空间的品质——之所以这样设定，是因为过于“主旋律”或者商业投机一边倒的状况，在实际的教训都是不少的。

[5] 我们之所以选择在新建建筑中而不是旧城改造中采用传统风格，是因为集中式的大规模商业开发采用折中的传统建筑式样代价更小，也更符合异质混合、互相促进的城市设计原则。相形之下，在不能整体拆迁的老城市肌理中，事实上没有太多高品质的旧式建筑，对它们进行大规模改造的可能被限制了。

具体做法始于对于基地平面图的清理，得到最低限度的细节的集合，包括把基地的各要素基底和粗放三维模型分类：需要整体拆除的高层大体量建筑物，传统民居，低层（2—3 层）现代建筑物，小型的城市基础设施（地形之间的隔断、主要节点的入口）和水岸设施……按初步总结的特征形成不同的功能组合，也是“剧情”设定。

剧情一主要立足于“改造”而不是拆除，比如“背心口袋”（cul de sac）式的内向地块适合改造为住宅性质的住区，具有一定历史价值但又不是保护对象的工厂厂房、仓库分别改造为办公和商业建筑……在其中我们不仅仅关注块面，也着重细致勾勒线性的要素，比如河流道路，因为它们不仅仅是地块的边界，也构成了有意义的观赏界面和富于穿透力的通达系统。通过它们，局部而零碎的传统城市改造才变得整体了，达到“零存整取”的效果。对于剧情二来说，主要的工作是营造新的空间，是“整存整取”的崭新开发，以便让建筑设计最大化为城市尺度的功能，让公共建筑自己成为市民空间的黏合剂，为此景观设计需要进行大刀阔斧的改造，比如水面、河流、有意义的边界、有意义的过渡点（例如桥梁）和景观性的地标。

“剧情”和“镜头”的结合回到了“城市设计”的工作特点：它的思维方式并不是武断的，不是一根烧火棍（oneliner），并行的“剧情”预设了对话的可能，构成了特写镜头和全景画的强烈对比和互相呼应。这里只有一个悬而未决的问题：改造和新建策略的规模和容量，本是通过对水滨基地及其在城市中周边环境的可通达性现状

图 6 厦门鼓浪屿回望厦门市区，水岸成为城市的舞台。

分析得出来的——也就是说，虚拟的“程序总览”和“地图路线”最终还要依赖确实的“物理图景”来认定。然而，新的功能在具体空间中分布的可能性，以及它们与旧有功能的关系，却似乎并没有定则和非常吻合的参考案例。而且，不同于规划工作均匀的网状分析模式，城市设计中的“叙事模式”通常是，也似乎只能是更戏剧性的和大大简化的。

讲两个故事

“城市设计”这个专业，是20世纪50年代在建筑规划行业的一系列内部反思的基础上发展起来的。它的特殊之处不仅仅在于它的理论基础，也在于它的工具与训练：理论基础上的主要争议在于一座“城市”真的可以被“设计”吗？事实上，在这个行业内部，无论是“城市”还是“设计”都空前地缺乏明确的定义或当然的共识，因为前者是一种事实的积累，基于总体的视角，而后者却是“遂其所愿”的思路，基于个人的观察。相应地，在建筑学院由各类造型训练培养的城市设计师难免将是“精神分裂”的——这里还要多加上一条，作为“舶来”的学科，城市设计在中国的确存在一个“落地”即从理论构想走向现实，由数字转适人情，并把公共利益和私人诉求适当结合的问题。

如果某个城市设计项目真的像一部大片那样“叫座”，如果没有经过严格“科学”的定量研究的开发还能叫作成功，那么它至少是满足了“文艺片”里面一座城市的自我想象，对接了最基本的人情和地理：1）以虚构的名义发生，一切只可能是未来的，是“新”的，即使这种“新”是以“旧”的名义进行的；2）剧情要有投射和“带入”的可能，观众要有DIY的参与感。在这以前，自上而下的“规划”和自下而上的“设计”，本是理想主义和实用主义的分歧，也是理念和生活的不同。技术官僚们的“城市”是云端之上的抽象，是数字的演算关系，而设计大多是个体而盲目、见木不见林的文化消费。但是，新兴的城市设计，让这两种不同趋向在90分钟的短短放映时间内合流了。[6] 它们既然分别呼应着指定和自发的两种人情，最终也要塞进对应着的人物设定和生活质地。

[6] 城市设计中的主要困难往往在于宏观数据和微观感受之间的脱节。由于现阶段人口组成和城市面貌的剧烈变化，完善细致的基础数据，如交通系统和基础设施的使用情况，都无从谈起，因此大多数城市设计只能从“一件事”自上而下地做起。城市大型建设项目的决策高度系于人情和“情境逻辑”，而不是基于数据模型的全面分析。

“商业”提供了大多数城市设计的一揽子解决方案，是大多数“文艺片”的主要剧情。人类城市最早的都会交易地点也在水滨，但它们大多是类似“销品茂”的大棚市场，起源于便利和简易，而不是“梅西”（Macy’s）式的纽约百货商店。它们之间的区别或许在于，前一种购物活动只满足生活所需，而另一种则创造“生活”的定义——到了20世纪，都会的地点对于商业销售已经变得至关重要；地点不仅意味着品质和价格上的保证，它还意味着一种索取与供给的同谋关系，重要的是消费的空间变得比消费的对象更加重要，对于城市的想象也成了城市本身——城市的新水滨首先是通过优势视点再造了城市的完美形象，使得通常弊病丛生的高密度开发得到了天然的减压阀，也让某种程度的“混合使用”自动成为可能了。

尽管如此，城市水滨的公共品质并不理所当然，它亟须得到进一步的说明。在奉行资本主义市场原则的城市，比如早期的纽约和芝加哥，甚至上海，除非人为地预留公共权属开放空间，通过规划手段调节每个点位的公共—私人界面，以及强力控制水滨开发的容量，优质的城市水岸是不可能自动形成的。私人协商所形成的城市类型总是趋于密集，并且将原先整体的岸线横向分割成小的片段，非常近似于早先的移民争夺水岸而形成的狭长条形地块——显然，这种纯粹基于利益的分割是不利于城市生态安全的。因此，水滨的开发必须至少讲两个故事：为城市长远的发展的和为即时收益驱动的。“公共”对“商业”的平衡并不意味着中国人习惯的“公家”对“私人”的二元划分，出于保护环境的战略目的，甚至可能有第三种方案，将基于两种不同权属、使用功能和利益连带关系的空间整合起来。

因此，不一定要以一种截然不同的方案与另一种针锋相对，在水滨的城市设计中我们往往会采用一种类似于马赛克镶嵌画和开敞空间“图案”的方式来因应未来系统性的变化。在合理的范围，整个“设计”区域的密度、建筑高度、开敞空间的供给有丰富的变化。这里的组织关系是更富于表现力的，对于城市不同部分，次级区域和周边的区块予以区别对待。严格地说来，我们并没有做事无巨细的“设计”，我们只是改变了开发过程中各设计要素的结构关系。

预想的干预基地方式，也不仅仅是“设计”可以概括的，它是典型建筑学方法不同方向的变异。在“剧情一”里，新的建筑类型理应成为“催化剂”。它与其说是指定某种形态风格，不如说是建立一套确定的逻辑：根据具体的建筑情况，设计者将决定旧建筑保留的程度（百分比）和方式（嵌入透明性的位置和手段）。既然在“剧情一”中已经预设了混合使用的功能模式，那么，新旧的比例同时也决定了改造后建筑的功能模式，把建筑物的某一个或几个面“打开”以增加其透明度，打开的多少和位置取决于具体的建筑物，极端是全部打开（原建筑物立面基本不值得保留）和基本不打开（标志性的历史建筑立面予以完整保留）。多数情况下，打开的部分为新的—积极使用的—商业的—功能，而保留的部分承载传统城镇的—消极使用的—非营利的功能，如此形成清晰的建筑—环境关系的光谱。而在“剧情二”里，建筑类型将以景观的方式呈现，“造型”被“造势”替代了。在适当的景观节点建设建筑综合体，综合体的材质语言碎片化之后，均匀地分布在基地的网格中，形成“派出功能”，并和周围景观形成不同的搭配。虽然“派出功能”也考虑景观的特点予以搭配，但是此处以新的建设为主，同时不过多地干预旧的风貌，只对一些标志性的景观予以清理、遮掩、增益。

暴晒的现实

我从小在长江边长大，对于河流是绝不陌生的，童年记忆中也不乏晚饭后漫步到水边船坞上的经历。可是，这样的水滨可以尽情远观，但并不能随便“亲近”。事实上，“江边”是父母禁止我独自靠近的地方，因为风浪中不知有多少无知的儿童失足送了性命。在我的童年，我也完全不能想象，会在暴晒的夏日或是寒风凛冽的冬天去水边——除了在那时水质尚可的江中游泳之外，如今利润可观的水滨，似乎对江边人并无特殊的吸引力。出于规避灾害的心态，人类聚落最初的状态都是既“亲水”而又和水岸保持着相当的距离。

相对千年以来以“治水”为首要的安全考量，哪怕是在“拍摄”的层面上将“剧情”转换为新的城市人情也属不易，这样的抵抗既来自严酷的自然条件，也来自生活习惯的惰性。按照预设的“剧情”，A 城时常露出水面的天然堤坝表面可用于不同的娱乐休闲活动，变成水上集市，或是更多“娱乐船只”停靠的码头。然而，尽管河水的横截面已被合理调整，但洪峰来袭时石砌的和混凝土建造的堤坝并不一定管用，“亲水”将意味着使用者安全级别要求的显著提高：

即使不说水中溺亡的可能性（在北京的街头喷泉中，就曾经发生过孩子淹死在仅仅 10 厘米深的水池里的悲剧），人们可以真的和水“亲近”之后对于水的卫生程度有了不一样的要求，对于不适合直接接触的水质，设计师需要想方设法让这种“亲近”适可而止。小型的水景则需要一系列的机械装置保证它的循环净化——越是看上去“亲近”的水景往往对安全性的依赖越大，在大江大河或者乡村水滨，这些要求都是奢侈的。[7]

[7] 大多数“亲水”的城市设计节点事实上是视觉上的连续而实质上的脱离。建筑师将建筑附属的自然水体改造成貌似纯天然构成，实则全机械运转的人工水池，在水池和自然水体之间设置过滤池以策安全。

水景的适用性不仅是实际功能的考虑，“亲水”最终还需要一个富于中国特色的社会学解释。毛泽东曾经号召中国的青年人们“到江河湖海中去”，可是中国城市人的心目中，水的乐趣究竟何在？在西方文明中喷泉一直是真实泉源的隐喻，它连接着更广阔的海洋文明的舞台，在罗马的广场中人们时常有灌水模拟海战的游兴。可是，中国城市的发展样板都是亚洲大陆腹地的里坊住区，大多数时候，它和两江汇流的水边城市扯不上关系。在隋唐长安里坊的十字路口，水井是唯一可以和“水景”扯上关系的街道元素——“青鸟衔葡萄，飞上金井栏”——但是那绝非现代开放空间的范例。可以称作“公共”的水域不多见的例子，比如长安的曲江，北宋开封《金明池夺标图》中所见的竞舟场面，这些水域都不是现代意义的“亲水空间”，也达不到“亲”的要求。

相反，更常见的人们对待城市水滨的态度体现在“送君南浦”这样的诗句里，到了城市边际的极限才是水岸，“南浦”“西陵”之类的蛮荒地点并没有明确的物理意义，而是离情别绪的适当象征；再下面，就得是“江湖多风波”的险恶与忧虑了，要人们从这样的传统中转换到将水滨作为一幕大片观看的情境，既需要漫长的时间，还需要更实在的理由。

或许，水岸的问题最终还是文化问题——但“文化”并不是一个凿空的话题。首先，这牵扯到一整套的政治—社会管理的理论与实践，比如付出多少可观的人力和物力，才能应付开放空间的日常维护和支出？其次，这还牵涉到生活方式的具体落实——至少就现状看来，水岸依然并不是真正有效的城市公共空间，那将是另一个可以深入讨论的话题，其中暴露了参与城市设计项目三方共同的困惑。我们的调查显示，在一年中的大多数时日，A 城的人们并不喜欢暴晒在日光或飘摇在风雨中的“开放空间”，除了作为婚纱摄影的背景，室外的“野趣”依然让他们有着某种本能的抗拒；A 城的决策阶层在这个问题上同样有着自相矛盾的态度，一方面，提议建设亲水的水滨公园及广场的正是他们，另一方面，他们似乎很不情愿让路人在此久留，拘谨的景观设计和过少的公共座椅，反映了“水滨”在他们心目中只是一幅“画”；受邀的外方设计师，和比外方

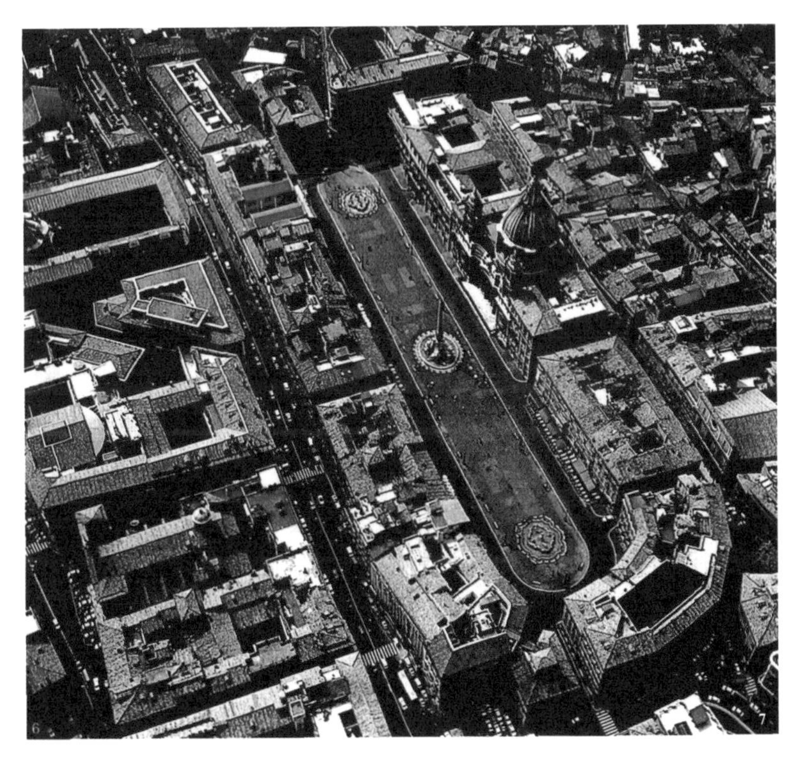

图 7 罗马的纳沃纳广场（Piazza Navona）。

图 8 海宁观潮。除了“夺造化之功”的比喻之外，现在被援用的中国营造传统中难得见到正面回应自然条件的例子。在此不同类型的景观——真实的具有一定危险性的“自然”，传统文学中的诗情画意，以及当代社会条件下的“奇观”——相遇了。

图 9 萧云从《太平山水图》。

设计师还要热衷于欧美景观设计式样的中国景观建筑师，提出了过于形式主义的水滨构造方案，它看上去确实只是一幅“画”，使人望而生畏的大片空白和过大的退缩，完全不像是可以聚拢游人的姿态。[8]

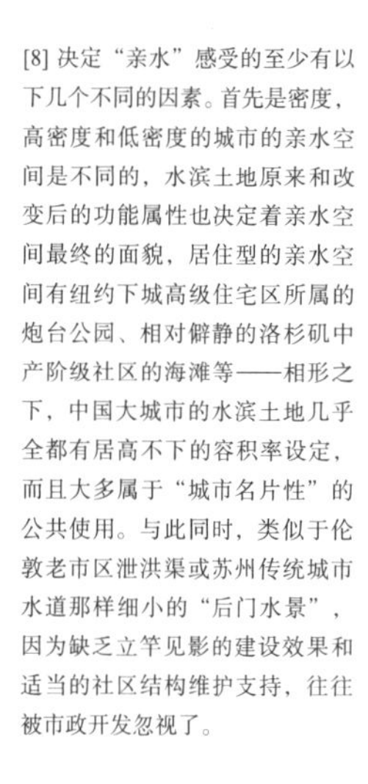

[8] 决定“亲水”感受的至少有以下几个不同的因素。首先是密度，高密度和低密度的城市的亲水空间是不同的，水滨土地原来和改变后的功能属性也决定着亲水空间最终的面貌，居住型的亲水空间有纽约下城高级住宅区所属的炮台公园、相对僻静的洛杉矶中产阶级社区的海滩等——相形之下，中国大城市的水滨土地几乎全都有居高不下的容积率设定，而且大多属于“城市名片性”的公共使用。与此同时，类似于伦敦老市区泄洪渠或苏州传统城市水道那样细小的“后门水景”，因为缺乏立竿见影的建设效果和适当的社区结构维护支持，往往被市政开发忽视了。

关于设计师展示的城市水滨改造幻灯片发生了一场有趣的争论。在东南亚某国的湄公河水域，按照防洪规划的一般要求，西方设计师提出了 50 米—100 米的退线方案，而这些河流的宽度本身也不过是这个尺度。他虽然正确地“解决”了城市改造中的安全问题，却创造了一个新的问题。这样靡费面积的现代水滨，能够让祖祖辈辈在架空于水上的“船屋”中生活的人们满意吗？这种席卷一切的开放空间意象，显然和亚洲城市最起码的密度指标相去甚远。过去的人们究竟是如何“解决”这些问题的呢？为了视觉愉悦创造出来的公共空间，却无法像欧美那样充分公共使用。它没有将人群聚拢，反而造成了城市边缘的飞地，同时摧毁了威尼斯那样的“水城”小尺度高密度空间的亲密感。

上演和落幕

套用彼得·艾森曼的一句老话，A 城的城市设计项目其实是“早已结束的开始”和“没有开始的结束”——它终究会“完结”，在城市建设中具有盖棺论定的主导性，但不会彻底实施。城市设计的最终成品假使可以叫成某种“导则”，它和“电路设计导则”和“机械设计手册”却是非常不同的，因为在中国的城市情境中，这样的城市设计往往注定了看不到真正的物理后果；与此同时，强有力的“规划”放低身段变成“设计”，往往潜行在现实之中，但是它所标榜的“实效”却只是一种障眼术法。

七个不同的问题，决定了 A 城城市设计项目开始—落幕的状态：

1）预估设计基地的土地使用需求以及其他相关属性（即人口密度、开敞空间需求、车流量等）的时候，我们采集的数据是非常粗略和片面的，它们远远进入不了“科学”决策的层次。

2）在城市设计中，我们虽能从多种角度找出水滨地区的发展可能，但由于缺乏多样性的开发体制，它们一起落实时则彼此龃龉，事与愿违，最终又成了一刀切的状况。

3）我们可以成功地发展出一种应用于物理规划的总体建筑策略，但是由于1）的原因，这种策略缺乏得以落实的精度。

4）我们希望在每种设计策略中确定有针对性的项目元素，对需要特殊关注的设计元素给予特别对待，但由于和2）相同的原因，难以分别找到优秀的专业人员兑现这些元素，类似荷兰“新城市主义”规划中出现的“设计师集合设计”在A市则需太过高昂的代价。

5）在具体的项目领域，我们希望着眼于长时段，以特别的分段开发策略，应对项目可能出现的变数——但事实上我们递交城市设计方案不久，就已经善解人意地“出局”。

图10 新的城市水岸退线设计虽然最大程度地预防了洪涝灾害的不虞之需，但是却改变了人们对于“水乡”的习惯认知。

6）对于所研究的区域，我们本希望发展出一整套城市设计—建筑—景观的一揽子方案，但失败的原因同 2）和 4）。

7）城市设计方案实施的过程，牵涉到一系列的管理学和总体经济学问题，A 市显然缺乏这样的人才。简而言之，我们的城市设计既注重准确的“问题定位”也注重“解决途径”，在“委托咨询”“竞标深化”和“设计听证”各自为战的 A 市水滨开发中，这是难以想象的。[9]

[9] 按照中国的规划体制，单独研究的城市设计题目也属于总体规划进程的一部分。在这一进程中区域政府的各部门如交通、公园和市政服务等应持续进行有效的磋商和合作。但是在实践中，政策游说和贯彻执行往往互相分离，“委托咨询”往往属于不接地气的“规划策划”，“竞标深化”中各方利益在博弈中初步得到协调，中央级规划设计部门和外来咨询方的影响一般到此。而具有实质效果的“设计听证”，也即项目分片设计、建设、施工阶段，早就超出以上各方的控制范围而各自为战了。

虽然初衷是避免传统城市规划的弊病，我们接触的以上城市设计项目，很大程度上依然是“自上而下”、一厢情愿的。中国地方城市的日常市政管理，从居委会代表到区域范围的管理机构乃至整个城市，遵循着一套高度等级化的体系，需要经历漫长的构思、批复和执行周期，城市设计师个体无法面对如此庞大的体系和超长的工作周期，它更需要体系内熟悉城市开发过程也理解公共协商意义的人士的积极配合。然而，不像西方城市那样，在中国，城市开发体系依然是“自上而下”主导的，地产权在房地产市场上可以进行交易，但土地和其他开发资源最终还是牢牢掌握在国家手中，从而极大限制了城市设计的后续执行所需的能动性和灵活性——表面“大公无私”，其实反而损害了公共空间的品质。但我们有理由相信，随着私人利益在城市再开发中比重的提升，项目类型日趋多样，会有更强烈的呼声，让参与城市建设的各方有更精彩的“演出”，也使得城市的戏剧能够长演不衰。

章节页图 1655—1685 年间，七省联盟荷兰共和国和荷兰东印度公司先后六次派出使团，试图以清廷许可的“朝贡”形式和北京发生接触。在第二次不大成功的尝试中，使团成员纽霍夫（Jean Nieuhoff，1618—1671）记录下了详细的中国行程，并将一部分的所见尤其是长江沿岸的风景绘制成图画。返回荷兰后，他的旅行笔记 1665 年由阿姆斯特丹的出版商凡·梅尔斯 (Van Meurs) 出版——这其中第一次提到了芜湖，拼写作“Ufu”。Jean Nieuhoff, *The Embassy of the Dutch East-India Company to the Emperor of China, or the Great Cam of Tartary*, Leiden, J. De Meurs, 1665, p. 130.

人老簪花不自羞花
應羞上老人頭醉歸
扶路人應笑十里珠
簾半上鈎
吉祥寺倚雀兒山

意义的循环

寻找故乡和传统

与“乡”有关的现代汉语词汇至少有以下：“乡村”“乡镇”“乡土”“农村”“故乡”……笼统地用“乡村”来概括今天中国“乡村建设”面对的任务并不全面，因为有些城镇化程度较高的“村”早已失去了既有的“村镇”形态。[1] 事实上，把“乡”作为“城”的负像来分析或许更加贴切，我们心目中的“城”是什么样，“乡”就是它的反面。

[1] 一词多形的“词族”现象反映出现代汉语思维本身的特点。在《从废园到燕园》之中，笔者亦曾指出，类似于“园林”这样的双声词难免挂一漏万。由古代汉语的单声词到现代汉语的双声词概念，在清晰地界定了某个特定事项的时候也排除了它所兼容的事项，有时候这种缩小了的意涵却被刻舟求剑式地代称全体。见后文讨论。

“城—乡”的现代语义对立意味着两者的依存关系，换而言之，当代研究者对于乡村的兴趣或多或少基于对它反面的准确定义：什么是中国语境中的“城市”？这本身就是个问题。宋元以来，城市的地方志常厚达百十卷上千页，据此建立起一个包括地理格局到风物景观的完整谱系，但其中并不包括“城—乡”的准确区分。以我的家乡安徽芜湖为例，“天门中断楚江开，碧水东流至此回”，长江在芜湖境内曲折北流，因此有了“江东”和“江左”的鲜明区域概念。[2] 与此同时，从微观的层面，这样依据地理要素的粗放界定又不足以建立起清晰的地方意象，或是城与乡的截然分野。我童年时代的芜湖缺乏现代城市常见的“地标”（landmark），没有壮观

[2] 地理上以东为左，江左也叫“江东”，指长江下游南岸地区。五代丘光庭《兼明书·杂说·江左》：“晋、宋、齐、梁之书，皆谓江东为江左。”

图 1 20 世纪 40 年代晚期美国《生活》杂志拍摄的安徽省芜湖市区。作为近代发展起来的通商口岸，这样的城市有着和传统中国城市不同的城市形态演变规律，其中沿着水岸平行分布的交通干道和左下角依稀可见的纤细旧城肌理形成营造。原来的滩涂尽头，在俯瞰水岸的山丘上殖民者建起了一系列大体量的现代建筑，围绕着这些建筑出现了传统城市中少见的城市开放空间。

图 2 在 20 世纪末不可避免地以某种“现代”愿景开发了的芜湖城市水滨。开埠之前的芜湖老城局限在内河航道的一隅，从老城出发平行于河岸的道路成为主要的干道，而西方殖民者的租界首先沿着江岸向北跳跃发展，且只占据块状的战略点和码头区域，孤立的岸上聚落彼此相望。从早期的航拍图中明显看到两个阶段城市发展的不同肌理，今天的城市发展则延续了近代化以来的趋势，平行于江岸的干道串联起了现代城市的早期板块，成片改造的沿江天际线成为城市的主要形象界面，在江上可以清晰望见，新城开发并将这种原则均匀地施用于整个水滨区域。

的“天际线”（skyline）或者是准确定义的“边界”（boundary）。由于治所一直在迁徙之中，历史上又并非一直有城墙，加上城市性质持续变化，芜湖的范围是个面目模糊的所在，它应该谈不上偏僻，但绝不是形象鲜明——这样“无名的故乡”在中国绝非少见。[3]

不能确定“城”也就无从定义“乡”。其实“故乡”的观念一直在发生着这样那样的变化，它既可以指过去（“故”）的“城—乡”之“乡”（“故”乡或者“原”乡），也可以理解为今日对于理想中人居环境的乡愁（“故乡”或者“家园”）。在当代中国追

[3] 对“地方”的界定牵涉到如何理解今古概念的差异。事实上，大多数古代地名都是指广阔的“地区”而非狭小的“城区”，对于“都会”的推崇，尤其是把特定的“城市”空间形态和“地方”联系在一起，是一种现代才有的现象。

索这些概念毫无例外都会回到旧有的人居环境和现代文明的冲突，对前者几乎无条件的推崇恰恰印证了后者为我们带来的巨大改变。“城—乡”之“乡”的静态空间观念，一旦置入时间的洪流就会变得异常吊诡：“重建故乡”——如此宏大而重要的目标如何能够回避最初的定义？

本节的讨论并不打算确立“乡村”的标准定义。它旨在以另一种思路，特别是以笔者熟悉的“区域”“地方”为例，以“故”乡的动态意义勾勒出当代人对于“城—乡”关系的不同理解，这种理解首先牵涉到“城—乡”图像的现代生成，从中可以看出观察者和“城—乡”不断变化的相对位置，“城—乡”的关系既是空间的又是历史的。

“故”乡的图像

“故乡”这个词本身就已经暗示着空间—时间双重“疏离”[4]的意味，“故乡”也即是“故”乡。通常我们会同意乡村是城市（figure）的“图底”（ground），这是空间意义上二者不言而喻的分离。但是显然，“故”乡的概念确立中同样包含了时间的因素，正是由于社会历史的演进，乡村才从文明的中心舞台上退到了背景之中。对于今日乡村建设的热情很大程度上来自于对现代化之前理想社会的乡愁，但是“故”乡并不一定就在“乡村”，20世纪以来后者的图像在中国人心目中发生了极大的变化。

[4] 英文研究中差将比拟的一类现象是“离散”（diaspora）。这类现象中存在着“原有”的种族起源（故乡）和“现居地”（散居地）之间的空间上“小”和“大”的关系，也暗示着（犹太民族的）一种强烈的历史叙事。

传统中国的行政系统并不从空间意象上区分“城—乡”。这表现在两个方面：其一，“乡”也可能是城市，行政上与其平行或重叠，例如隋唐长安城，以朱雀大街为界分别由长安和万年两县管理，两县管辖的范围既包括城内也包括城外；其二，“城—乡”的面貌上并没有显著的区分，城市里面可以有乡野景色，而城外的某些大型聚落虽然处于乡村，但和城内的里坊并没有实质的差别。[5]

[5] 所以，以现代的标准来检视古代城市的发展，大概会有两类与今不同的“都市乡村”。一类是城市里内含的乡野形态，比如长安的“围外地”，另一类是某些历史时期和城市中存在的外来移民以血缘关系形成的“城中村”。参见武伯纶：《唐万年、长安县乡里考》，《考古学报》，1963年第2期。

作为一个不那么有名也不太有历史的所在，芜湖的地方形象正是处于这种“城—乡”间的灰色地带。芜湖由于1876年《中英烟台条约》开埠才繁荣起来，它的官方历史很大程度是以刻舟求剑的方式“倒推”甚至重新“发明”出来的，它今天从属的安徽省的情形也是类似。[6] 对于芜湖的形象而言，三重主要的尴尬是：1）在现代文明拼合起一座真正意义的“城市”之前，今日芜湖所辖的地区之间并没有天然的聚合力，在近代史上它更多的是沿着运输水道（长江—青弋江）和主要港口相联系，而不是遵循一般的区域邻里扩展模式；2）芜湖地区缺乏一个持续而稳定的中心治所；3）相对短暂的筑城史，使得传统“城市”的物理容器常付阙如。在这种情形下并不容易判定“城—乡”的物理边界，这是“故”乡面目模糊的第一重原因。

[6] 皖北和皖南的地理风俗差异如此之大，以至于安徽更多是作为一个政治和行政概念而成立，而且直至1667年才正式形成。在此之前，芜湖属于广义的江南地区，并且都是作为郡、府下面的县甚至镇而存在。今天看待作为安徽省重要的经济城市芜湖和它周边地区的历史，就出现了“以（历史上的）小领大”的不对称关系。

更不必说，不同历史时期的“故”乡经常意味着不同的“城—乡”关系。例如按照传统的说法，我的“原籍”并不是出生地芜湖而是安徽肥东某“乡镇”，也是大多数中国人标准的“老家”，即宗族“祠堂”所在。由于血缘关系而建立起来的这种底层社会组织，是当代“乡村建设”所倚重的重要结构。[7] 但是，在长江沿岸重要的商贸港口，流动人口占极大比例的芜湖，我的父母双方都是外来移民，他们甚至从来都没有回过“原籍”，更无从知道它的模样，传统的“城—乡”邻里层级在此发生了断裂。如果说，我父母那代人这种“背井离乡”的状况尚属偶然，那么对于20世纪70年代出生的我们这代人则已经是普遍情形，是农业社会结构重组的必然结

[7] 长久以来，人们已经意识到“城—乡”模式的文化间差异、比如在《中华帝国晚期的城市》的编者施坚雅（G. William Skinner）等人看来，中国的“城—乡”之间并不存在着显著的差别，而且“乡”和“城”的观念存在着一定联系——马克斯·韦伯注意到，“中国城市居民在法律上属于他的家庭和原籍村庄”。参见卢汉超：《美国的中国城市史研究》，《清华大学学报》（哲学社会科学版），2008年第1期。

图3 现代政区和市区的区域和空间结构遵循完全不同的原则。芜湖市偏在芜湖地区的最北边，长江航道由西—东方向改为南—北方向的地方。它遵循的是行政和管理优先的层级，区域更像是一种抽象的结构体系，而市区的演变则受到历史和地理两种因素的极大影响，已有的空间结构往往影响着新的空间结构的发展。

果，“城市居所—农村原籍”的既有的具体的“老家”模式，今天被替换成了“城市A现居所—城市B出生地”的抽象的新“故乡”概念。在今天的社会制度中，城市人和他们原居住地的土地之间往往既没有法律关系也没有经验的联系，“故”乡的意义因此进一步淡漠了。[8]

以上两重“城—乡”关系的历史混淆或脱系，亦伴随着故“乡”图像的长久阙如。中国古代文学艺术的描写中本来就重“景观”而轻“市井”[9]，对于物理环境的描写常常语焉不详，而芜湖这样近代才变得重要的商埠就更是如此了，无论是象征层面还是实质意义的城市都和农村区别不大。例如北宋诗人林逋的《过芜湖县》：

[8] 不用说，“故乡”所依据的城—乡空间本身发生了巨大的变化，人和土地的二维关系首先是被置换成了城市中含混而抽象的物权概念，随之，静态的使用权结构又被新的三维空间构成重新解释了。外祖母家的“临江巷7号”，是我在六岁至十七岁间（1979—1990）长期居住的所在。就在短短的近二十年城市开发进程中，这一地址居然已经彻底从地图上消失了，传统的里巷成了新的复合型“空中社区”，或“零存整取”式的开发。回迁的居民很大一部分并非原址居民，即使那些原地安置的老住户，他们的住地和原地址也难以精确地对应，因为整个居住的结构都被颠覆重来了。这是一种颇为奇特的中国现象。

[9] 典型的现象是城市常常被描绘成乡村的模样，城市的景观被着意强调、夸大乃至掩盖了城市的实质。迄今的研究中又罕见对古代村子物理状况的了解。

诗中长爱杜池州，说着芜湖是胜游。
山掩县城当北起，渡冲官道向西流。
风稍樯碇网初下，雨摆鱼薪市未收。
更好两三僧院舍，松衣石发斗山幽。

林诗以若干个跳跃的“镜头”，重点讨论了这一地区的自然风貌。这时的芜湖县属太平州，治所在今天芜湖市北方的当涂。大约700年后，吴敬梓的《儒林外史》再次详细地描写了芜湖，书中主人公由江船来到芜湖，“寻在浮桥口一个小庵（甘露庵）内作寓”，后书并有在“鹤儿山头的识舟亭”宴饮的情节。[10] 在此之前，芜湖已在明万历三年（1575）重新筑成留存至现代的城垣，虽然堪称闹市一名胜，小说中提到的两地实则都在城外。在迄今的五百年间，芜湖的形象依然难说清晰，但是却从此具有了并行的两种可能：一种是被城垣所约束、在视觉上遮没的区域中心；另外一种就是江上的旅行者所看到的，沿着青弋江—长江沿岸繁忙的商贸而线性展开的图景。相对于这两种不同的城市生活脉络，一种“乡村”显然是城外的开放空间（图底关系中的“底”），另外一种的涵义却并不那么容易界定。

[10] 由青弋江即长河的河北到河南的芜湖关南关，必须经过一座联舟桥“通津桥”：“联舟为梁，横亘长河，以通往来，盖境中要路也”，即书中多次提到的浮桥，始建于明嘉靖年间（1522—1566）。鹤儿山头的识舟亭取名于谢朓的名句“天际识归舟，云中辨江树”。

吴敬梓在小说中写道：“卸帆窗下，一带江城深似画，羽客凭阑，指点行舟杳霭间。”按照今天的标准看来，这样的“江城”图景几近于一种“城—乡”合体的“都市景观”（urban landscape），而且在直面的方向里产生了卸帆人（外来者）和凭阑者（岸上人，与外来者实则是一个人）对视的“双向视角”。位居江上来往的要路，依托于沿着水上运输产生的繁庶水岸，近代的芜湖慢慢成为一种特殊类型的城市，同时它也改变了依存于它的乡村的图像。[11]

[11] 吴敬梓在《减字木兰花·识舟亭阻风喜遇朱乃吾王道士昆霞》一词提到了这种双向的视角：“卸帆窗下，一带江城浑似画。羽客凭阑，指点行舟杳霭间。故人白首，解赠青铜沽浊酒。话别匆匆，万里连樯返照红。”值得注意的是，早期传教士由长江行舟中拍摄了大量的港口城市照片，但是他们却很少有“羽客凭阑，指点行舟杳霭间”的兴致。

由此产生的具有现实意义的问题——假如今天的乡村建设多少正向一种未及定义的“传统”回归，我们究竟需要回归到什么“样”的“故”乡？显然，这种假设的回归是不存在的，因为改变了特定时代或空间的前提也就取消了这种图像。我们企图得到的过去时代乡村的图像，就仿佛电子望远镜“望见”数十万光年距离外的星球，它们其实是属于“过去”的图像，一种文化突然跨越到另一种文化的空间距离也等同于它们之间历史的距离。

“故乡”的图像

对于“城—乡”分野的更清晰自觉的认识来自另外一种文化的眼睛。[12] 在第二次鸦片战争时期任英国驻华领事的巴夏礼（Harry Parkes）在 1861 年游历了长江中下游区域，在那前后，太平军反复与清军争夺安庆，导致芜湖遭到毁灭性的打击：

[12] 早期美国传教士、芜湖教区的主教一度提出将驻跸地由芜湖改为上游的安庆，原因是美国人觉得“Wuhu”的发音听起来像是个笑话：“……我不愿意管一个名字叫 WOOHOO 的教区……” The Right Reverend Daniel Trumbull Huntington, “The Diocese of Anking,” *Church Missions Publishing, Hartford,* 1943.

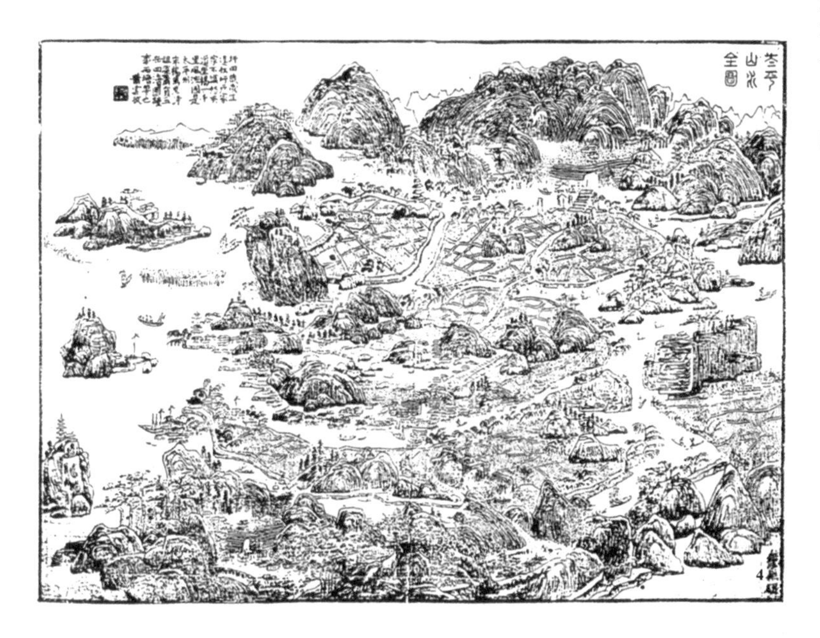

图 4 萧云从《太平山水诗画》之《太平山水全图》。

> 夜晚我们停泊在芜湖，它曾经是一座蔚为可观的城市，如今却是一片废墟了……
>
> 芜湖，或是说它的废墟，离江一点五英里……归功于它出色的状况，芜湖一直是长江上首要的商埠之一。它曾经繁盛的县郊现在只能根据瓦砾堆来推断了，城市差不多也是如此。城门和城墙都消失了，只是在通往乡下的城南面，有几条零落的街道依然作为市场，服务着一小群困苦的民众。我们看到的仅有的人群，是三三两两脚步蹒跚从乡下来的人……乞丐不计其数，我们注意到他们很多人都在街道上躺着，处在很糟的一穷二白的状况中……[13]

[13] Stanley Lane-Poole, *The Life Of Sir Harry Parkes: Consul In China*, Macmillan & Co., 1894, p. 423. 巴夏礼是1860年第二次鸦片战争中的关键人物之一。

芜湖城的毁弃或属偶然。但莎拉·弗雷泽（Sarah Fraser）指出，早期殖民者到达中国后一种典型的摄影模式就是此类“初次遭遇”(first-encounter) 式的。在此语境下中国的古老城市往往是作为一个整体而从外部呈现，它整个儿成为观察者的对立面，通常在画面中显得活动全无，人烟稀寥。它的时间已经静止或者停滞，看上去更像是破败的乡村。“城”作为文明的堡垒从外面被打破，只有基本的物质生产和交换活动（例如“市”）还残存着。[14] 与以上提到的“双向视角”本质不同，殖民者对于芜湖的观察带有一种单向的东方主义意绪，富于“可意象性”或“如画”的“城市景观”，常常意味着观察者对于被观察对象的缺乏了解。这种状况导致被观看者要么过分美化，要么常常被蓄意错解为消极、一成不变或是“落后”的。

[14] Sarah Fraser, “Chinese as Subject Photographic Genres in the Nineteenth Century,” in Jeffrey W. Cody and Frances Terpak (ed.), *Brush & Shutter: Early Photography in China,* Gretty Research Institute, 2011, pp. 91—110..

在《城市的意象》一书之中，凯文·林奇引述 E. M. 福斯特的小说，来说明那些“已脱离了混乱的文明”所展示的“合理（城市）形态中的精神”，同时也预示了西方人对于20世纪中国建筑学逐渐形成的“城—乡”“观”的影响。那个从日薄西山的英帝国领地上归来的人物感到的，是“威尼斯的建筑就像克利特岛的山脉和埃及的田野，屹立在适宜的位置上”，可是一旦到了贫穷的印度，却是“每一件东西都放错了地方……”而当地的人们也已忘记了“那些寺庙的庄严和起伏的山脉的美丽”。[15]

这种双重标准把东方的城市和乡村严格地区别开来，中国传统中的“乡土”却不一定这么认为。晚清至民国地方志中有相当一部分“乡土志”等，笼统地把一个地方的城市与乡村合称“乡土”。直到20世纪末叶，老一辈的文化学者依然执拗地赋予北京这样的大城市“乡土”的传统，并且相信“土”的永远不会变“洋”。[16]殖民者贬抑“城市”而称颂“埋藏着中国古老的过去”的“乡村”的做法，实质上也表达了他们对于中国城市生活毫无头绪，于是用无始无终的乡村景观置换破敝不堪的城市——“清零”，暗示着一种新的西方“城—乡”概念将在这种笼罩一切的景观之中建立起来。[17]

今天的芜湖在西方人眼中的形象似乎可以作为这种发展后果的佐证，美国人艾米丽·普雷格（Emily Prager）在20世纪末的《芜湖日记》中写道：“（走出火车站之后）我们看到的第一样事情是一座微型的埃菲尔铁塔。”如果这种舶来的法国风味纯属偶然，她随后看到的一切则不是了：“毫无疑问我们行驶过的这是一座时髦（snappy）的小城，另一座按照法国模式建立起来的城市，像车轮辐条那样枝岔出去的环路和街道……如同香榭丽舍大街那样的林荫道……”[18]而在乡村之中，仍然贯穿着一种普适的自然美——从20世纪初以来，中国的“城—乡”便渐行渐远了，前者是“发展”的，理当予以现代化，而后者则被允许停留在传统之中，成为真正理想的“故乡”。

[15] Kevin Lynch, *The Image of the City*, The MIT Press, 1960, p. 138. 与此对应的是来华传教士著述的行纪（如《芜湖传教士》）等书，很少提及对当地的风景的观感。事实上，自六朝开始，江南地区的风景中就已有独特的“观看”的传统，例如谢朓的名篇《晚登三山还望京邑诗》，“余霞散成绮，澄江静如练”的名句久为传诵。它的诗眼却不仅在于“望”，也在于“还望”：“灞涘望长安，河阳视京县。白日丽飞甍，参差皆可见。”——这首诗正是在建康西南驶往芜湖方向写下的。

[16] 参见邓云乡：《燕京乡土记》，上海文化出版社，1985年，第5页。1905年（光绪三十一年）清政府颁布的《奏定〈乡土志〉例目》规定：“乡土凡分为四：曰府，自治之地，所辖之州县不与焉。曰直隶州，自治之地，所辖之州县不与焉。曰州、曰县，今于四者，均名曰本境。”既以“本境分为若干区，或名为乡，或名为村，或名为团，或名为里，各就其旧称记之”。也问及：“城内区内有何古迹，祠、庙、坊、表、桥梁、市镇、学堂？”

[17] 参见唐克扬：《从废园到燕园》，生活·读书·新知三联书店，2009年，第18—26页。

[18] Emily Prager, *Wuhu Diary: On Taking My Adopted Daughter Back to Her Hometown in China*, Anchor, 2002, pp. 53-54.

故乡的概念

1984年10月11日，在重刊1947年出版的《乡土中国》一书时，费孝通明确地指出：

> 这里讲的乡土中国，并不是具体的中国社会的素描，而是包含在具体的中国基层传统社会里的一种特具的体系，支配着社会生活的各个方面。它并不排斥其他体系同样影响着中国的社会，那些影响同样可以在中国的基层社会里发生作用。搞清楚

图5—图7 19世纪末期芜湖的滨江影像，Warren Swire Collection, Historical Photographs of China，布里斯托大学，中国历史影像项目。

我所谓乡土社会这个概念，就可以帮助我们去理解具体的中国社会。[19]

[19] 费孝通：《旧著〈乡土中国〉重刊前言》，《乡土中国》，北京出版社，2005 年，第 3 页。

由此可见，社会学家费孝通在此书中提出的“乡土”并不等同于地理学意义上的“乡村”，而是现代政治经济学的某种概念，就仿佛“上层建筑”“经济基础”所借用的粗放的空间譬喻——“概念在这个意义上，（只）是我们认识事物的工具。”费孝通没有，对他而言也不需要在此说明的，是“底层—顶层”关系的恰当比喻或许是细胞之于血脉，或是沙子水泥之于混凝土，而不是不同楼层的“底层—顶层”。

或许因为现代中国建筑学内含的形态学敏感，或许也由于长久习惯的一种非此即彼的两分法，或许更源于上述中国当代社会对“故乡”的重新定义，在建筑领域内“乡土”慢慢成了和城市对立并彼此脱离的范畴，“城—乡”的关系与“底层—顶层”的社会结构图解发生了错位——社会学意义上的“顶层”和“底层”实则是一体两说，今天提出的“城乡规划”却是城市—镇—乡—村庄的金字塔体系。[20] 在这个时刻，“城—乡”的疏离已经成了不可逆转的现实。

[20]“城乡一体化”在英文写作中并无严格对应的概念，很可能是一种中国特色。参见陈光庭：《城乡一体化——中国特色的城镇化道路》，《中国特色北京特点城市发展研讨会专辑》，2007 年。

值得注意的是，空间上的“城—乡”分离，却对应着笛卡尔哲学的理念将“城—乡”在数学指标上最终统一起来，成为今日“城乡一体化”的理论基础，这恰恰和“城—乡”两分对立的现代情形构成某种表面上的矛盾。例如，在 2007 年颁布的新版城市规划法和物权法，强调了城乡之间的“统筹”，也就是在空间上达到城乡规划的“一盘棋”。在理想的状态下，中国未来的区域发展将可以进行系统调控和层级的平滑定义，不再有行政体制的人为分割。按照规划法制定者的愿景，这种“平等对待”将进一步促进“城乡一体化”的进程——正如同美国规划历史上有名的“六英里法”或者英国人测量印度的“三角形法”一样，将一种人为的逻辑不加区别地适用于两种不同的人类生存环境，意味着直观的和相对的古典世界让位于抽象的和绝对的现代思想。

图8 19世纪末期芜湖的滨江景象。南加州大学国际传教摄影档案（International Mission Photography Archive），耶鲁大学神学院收藏，记录号impa-m14355，作者未详，见载于丁因·戈达尔（Dean Goddard），1870—1903年间在浙江宁波传教的美国浸信会士的档案。原题“长江岸上远处可以看见芜湖城”。

有意思的是，既有了以上重新阐释的“乡土”概念的引导，中国建筑院校“乡土建筑”的调查方法本该异常看重社会学方法才是。但是，似乎迄今为止大多数“乡土建筑”的调查导致的却是与上述规划趋势相适应的大规模乡村“测绘”。这种“测绘”偏好于建筑结构或村落布局，倚重于笛卡尔式的建筑制图（平面、立面、剖面），止步于粗线条的“本地风格”的勾勒，而这种“本地风格”在成为墨线以前并不清晰存在——“徽州民居”就是这种大规模的“乡土建筑”调查的最著名的成果之一。“风格”在此既是本地的，往往又是无特殊社会“内涵”的，只能潜藏于“如画”的景观之中；与位于城市的“民族风格”和“官式建筑”相比，特定的“乡土建筑”和特定的社会礼仪的联系更加松散隐蔽，至少对建筑师而言，后者是一片甚少有人去探索的深水区。

“礼失求诸野”，在很多时候，当代素朴的“乡土”建筑还意味着对现代文明具有抵抗意义的“传统”。它在肯定了乡村的传统美学价值之余，将其物理容器也连带作为不可能再存在的“传统”

（“故”乡）的载体，和上述由对立的空间意义（“城—乡”）转向均一的数学指标（“城乡一体化”）的过程类似，对于过去的乌托邦想象也导致了抽象的概念“工具”（乡土中国）逐渐被固化为现实的人居“范式”（山水城市）。

重“建”故乡

在中国传统中，“故乡”有可能是政治层面而非血缘层面的，例如对于中古中国的高门大姓而言，洛阳处“天下之中”，是很多人理想中的“故乡”。唐代《元海元会等造像记》云：“诸元皆洛阳人，今云因生此州，或是父母宦游邠土，生长于斯，非必土著也……”从微观层面而言，故“乡”并不囿于城市或村镇的地理区分，“城—乡”在古代时常是混一的，使得各种不同“故乡”意像中人与土地的关系变得错综复杂。

如上所述，舶来的西方建筑学专业改变了乡村建设的基本面貌，它甚至也再次确立了物理形态优先的“城—乡”定义。我们看到，这一过程经历了不同历史时期的逆转和反复，这些逆转和反复也和所属区域的发展浪潮密切相关。今日的“故乡”或说理想人居的图像，最终是通过乡村建筑样式“建设”出来的。

最初物理形态优先的“城—乡”定义有关古代城墙对“城市”的意义：“……当前对中国古代城市的城墙存在一种普遍的误解，即认为城墙是中国古代城市的必要组成部分，或者认为中国古代绝大部分时期，地方城市都修筑有城墙……”按照有城墙的“城市”

[21] 参见成一农：《古代城市形态研究方法新探》，社会科学文献出版社，2009 年，第 160—244 页。

中心的观念，城市史是城市向郊区和乡村逐渐延伸的进程，其结果必然导致离心状的均匀“蔓延”，但事实上并非一定如此。[21] 从宋代起芜湖城墙数次毁弃，但是更强大的新发展机遇使得城墙的存废不再重要，它带来了更为富庶的城关连接部和城郊—水滨贸易地带，“城—乡”的混融或说建筑—景观的混合，成为最终的城市化来临之前的另一种形式的城乡一体化。

如果说，19 世纪和 20 世纪之交的殖民者将中国城市误读为乡村是对这种“城—乡”混融的一次总结，景观统合了城市，一百年后的“城乡一体化”中又是“乡村”倒过来影响了城市的面貌——但是这次却是以正好相反的方式：建筑征服了景观。

[22] 芜湖开埠后加快了沿江城市的联系，同时更加强了帝国主义列强对安徽腹地的掠夺，皖南地区的特产比如茶叶成为安徽省货值最高的输出物资之一。鲍亦骐主编：《芜湖港史》，武汉出版社，1989 年，第 40—41 页。

自从秦汉在芜湖地区设立郡治以来直至明末，芜湖和它东边沿江的地理区域的关系就远胜于江北和南边宣、徽、歙为代表的皖南乡村腹地。但在清康熙六年（1667）江南省拆为江苏、安徽两省后，芜湖就和省中安庆、徽州两府的徽州发生了更密切的政治和经济联系，尤其是在清末开埠之后成为后者主要的客货转运枢纽之一。[22]

图 9 1655—1685 年间，七省联盟荷兰共和国和荷兰东印度公司使团成员纽霍夫（Jean Nieuhoff，1618—1671）将一部分的中国行程所见绘制成图画。返回荷兰后，他的旅行笔记 1665 年由阿姆斯特丹的出版商凡·梅尔斯（Van Meurs）出版——这其中第一次提到了芜湖，拼写作“Ufu”。尽管讹误甚多，这张版画也是古代芜湖第一次以一个相对自然主义的再现方式呈现在我们面前。

1949 年 5 月 13 日设立的皖南行署和 1905—1985 年费时 80 年建成的皖赣铁路，打开了“皖南旅游区的北大门”[23]，无疑也在区域发展中拉近了原本隔绝的芜湖—徽州的陆缘关系。

[23]《安徽国土资源·芜湖市篇》，中国计划出版社，1991 年，第 51 页。

出于可以理解的原因，“半殖民地半封建”的芜湖是经济发展的“前哨”，它的城市建筑本是无甚特色、风格混杂的[24]。由于徽州和“安徽”建制逐渐加强的联系和两地实际的密切交流，或许也由于强调山墙面的徽州建筑较好和现代建筑功能融合，“后院”徽州保存完好的建筑逐渐成为当代芜湖城市建设的标准式样。[25] 1991 年，“在全国性旧城改造风潮影响下”，以“徽派风格”重修了十里长街，“徽派风格”的适用范围也从“原徽州地区”扩展到“适宜营造徽州地方传统建筑的江南地区”，代表着一种以普适的建筑学原则征服城乡差别的可能性。我们可以理解，“徽派建筑”并不一定是徽州建筑，由于不太雷同的山水格局，徽州和现代城市

[24]《芜湖市城市建设志》，香港永泰出版社，1993 年，第 88 页。

[25] 比较早的对徽州住宅做系统调查的是南京工学院的相关课题组，《徽州明代住宅》可以看作同时期的中国建筑研究者在刘敦桢 1956 年发表于建筑学报的《中国住宅概说》之后的延续性成果，由此之后徽州建筑才受到广泛的关注。参见张仲一、曹见宾、傅高杰、杜修均：《徽州明代住宅》，建筑工程出版社，1957 年，以及清华大学建筑学院、中国建筑标准设计研究院编：《地方传统建筑：徽州地区》，2003 年，图集号 03J922-1。

图 10 鸠兹古镇夜景，作者摄。从新兴的江南古镇旅游区范式，我们可以看到，徽派民居能够代表现代人对于安徽区域建筑的想象并不是偶然的。背景中，“新徽派”阔大的，甚至有些过于夸张的山墙面可以隐藏现代建筑巨大的体量，从而可以搭配前景中更富于公共性的游赏功能，貌似不失中国传统的含蓄。至于这种偷换概念是否真的能够遂其所愿，还是一个见仁见智的问题。

的布局之间缺乏天然的联系[26]，其中隐约的困惑是：究竟是徽州的古“城”还是它的古“村”（两者都是现代意义上的概念）才可以代表“安徽”？

[26] 章征科：《从旧埠到新城：20世纪芜湖城市发展研究》，安徽人民出版社，2005年，第208—212页。

在这种“城—乡”暗渡的戏剧之中，西方建筑的类型理论起了

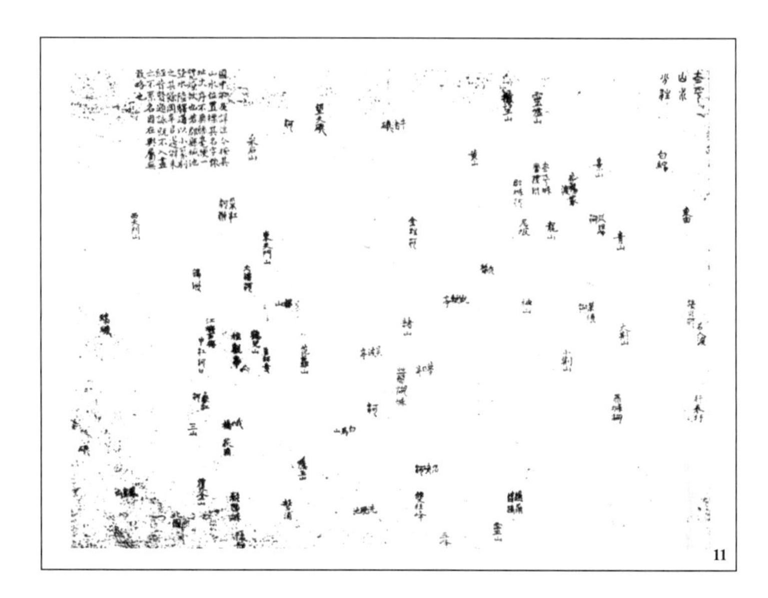

图 11 萧云从《太平山水诗画》之《太平山水分注》。

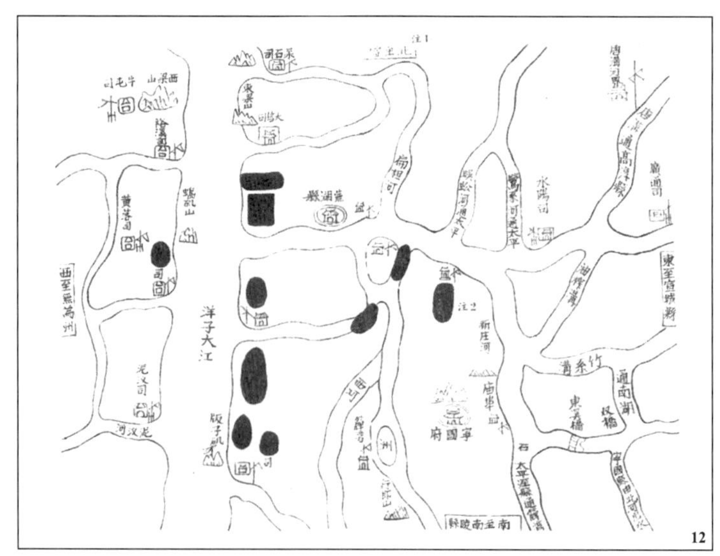

图 12《芜关榷志》附图。参见刘洪谟纂，王廷元点校：《芜关榷志》，黄山书社，2006年。

图9至图12有关芜湖的描绘反映出不同时期对于区域结构的不同理解：总体规划在强调形式上的重心和构成的时候，恰恰反映了它的起点是均一的无差别的空间和土地；地方志中的县域和县城的关系类似于现代的政区和市区的关系，区别在于县城是封闭的、孤立的而有明确范围的空间领域，县域更强调其内部相对的空间关系而不重视它的准确面积、形状；这也正是《芜关榷志》中所呈现的由“鱼鳞图册”一类传统发展来的区域图像；相形之下，英国殖民者19世纪在印度所进行的三角形测量意在获得土地的基础战略数据，从而获得对于它的总体控制，他们既没有兴趣也无能力真正覆盖整个印度，或者遵循它应有的地理和文化结构。

黏合剂的作用——继“四合院”的城市模式，当代建筑师试图将乡村的“空间”予以抽象，认为传统中的空间“类型”具有自我更新的能力。[27] 王昀提出地形空间、聚落空间、空间概念，原本是强调特定环境对于建筑类型的影响，但是为了加强“类型”的普适性，又不能不夸大“城—乡”环境的同一性：“三者（其实）是同一事物在不同的三个层面上的表现”，“……任何聚落空间的背后都存在有某种潜在的非定形的力，这个力就是空间概念，并且这个力具有相对的稳定性”[28]。此类“空间”的概念是非历史的，唯借力于过去时代“城—乡”依存的传统，将“乡村”作为一种普适的理想“故乡”意象，才可以无视今日“城—乡”在政治学和社会学上的差异。

[27] 阿尔多·罗西的类型学无疑是以城市为中心的，它不仅适用于那些在历史中发展出的城市也适用于新大陆从无到有的聚落。“当（去美洲殖民的）先驱者踏上这片广袤而陌生的土地时，他们必须建造城市。”在罗西看来，城市是一个人造物体，建筑的法则决定了它的主要逻辑：“建筑不可避免地要出现，因为它深深地根植于人类的生活之中”；“作为城市是人造物体这个假设的核心，主要元素具有相当的明晰性。”阿尔多·罗西：《城市建筑学》，黄士钧译，中国建筑工业出版社，2006年，第17、29、98页。

[28] 王昀：《传统聚落结构中的空间概念》，中国建筑工业出版社，2009年，第28—29页。作者在调查中国西南少数民族建造村落的访谈中，见到没有图纸就可以盖房子的状况，所得出的结论是在此之前“其形象的整体已经在村长的头脑中形成了”。“将空间概念转化为实际的聚落空间的建造过程中，在聚落空间还没有实现之前，聚落空间的像已经存在于人的意识之中，至少在观念上存在着。”

图13 四柱牌楼门罩。来源：中国建筑标准设计研究院编：《地方传统建筑（徽州地区）》，2003年，图集号03J922-1。

图14 芜湖，采用徽派风格的小九华商业街。
“徽派风格”在今天的几种呈现：有的作为一种传统经典民居“类型”，乃至发展为一种追随的“范式”，有的作为一种设计“概念”，有的作为一种城镇商业综合体类型。

[29] 安徽本地的传统中不乏这种以“自然”置换“人文”的实例。晚明以来造访徽州的江南中心地区文士对“新安佳山水”的精准选题有效地冲淡了鄙陋远地的不利印象，徽州建筑本身却很少被提及。在当代，由“景观地建筑”，“建筑”类型和“山水”格局引人注目地携起手来，成为新徽派城市建筑的范例。参见李兴钢：《绩溪博物馆》，《建筑学报》，2012 年第 4 期。

应该说，这样的转变并不是孤例，而是大量地出现在以“景观地建筑”或“园林建筑师”自况的当代中国建筑师中。由“城市景观”到“乡村建筑”，再到“城市乡村风格”，可以看成是城市—乡村—城市的一次语义循环，它既是物理类型的转适，又是文化意义的再生。[29] 今日中国巨大的城乡差别本是近代化带来的新的后果。随着西方城市观念而改变的中国城乡秩序中的“城市”将会更像城市，趋近西方城市的样貌，而原本中性的“乡野”如今已经成为城市的对立面——但它有可能又“还魂”，通过建筑学的抽象“类型”重新回到舞台的中央。

图 15 李兴钢，现代徽派风格的绩溪博物馆。

章节页图 清初芜湖画家萧云从的《太平山水诗画》兼有“地图”和“记录”的特征。《太平山水诗画》中记录的个体地点，比如吴敬梓曾经描写过的同一座鹤儿山，在《鹤儿山图》中兀然独立，在《全图》中出现则是不尽相同的面貌。一般而言，在描绘具体景物的时候艺术家更看重特定绘画风格和地点特征的联系，他通过这种强化的风格间接地突出了山水的“个性”；而在描绘区域的时候，艺术家更看重整体山水的“格局”，但两者都不是现代人概念中严格意义的“写实”。

后记

本书是在我2004—2018年间陆续发表的建筑学论文的基础上修改完成的。在发表这些论文的时候我并没有预见到本书的出版，但是无论巧合与否，这里选择的关键词却也覆盖了我对于这个领域的大致认识——在和别人讨论之前，它们首先解答了我自己学习建筑学经历中的一些疑惑。

为什么建筑学并不仅仅是建筑“设计”？为什么建筑学并不能简单地以落后/进步而论？虽然技术革命的浪潮有着明显的“代际”特征，但是每一次重大的技术更替既不是单纯的创新，也不会只在特定的年代内出现。比如，古罗马人的时代就开始使用双层玻璃了，它可以采光，起到热绝缘的作用。但是密封双层玻璃窗在当代也是一种隔音手段，它帮助把人造世界和外面彻底地分开，在这样的自为空间里的人不必担心会被活活闷死，这恐怕是古罗马人所不曾想到的吧？

刘易斯•芒福德在《技术与文明》中说：“就过去150年内所有的物质文明的重大发明而言，它们的背后不但有技术上长时间的内部发展，还有人们的观念在不断变化。只有人们的愿望、习惯、思想和目标等重新定向了，新的工业过程才可能得到大规模的发展。”人类社会自身的发展对于技术革新的影响至关重要，事实如此的和愿望如此的，两种不同的逻辑合在一起才是我们所看到的现实中的建筑学，这是建筑学的历史与理论存在的必然性和必要性。

中国学术的传统高度原本重视历史，甚至也不乏中国人自己定义的“理论”。但是，在重视科学技术而对人文艺术存有偏见的当代，牵涉到工程技术发展的建筑学的立体图像却很难描绘得很清楚。我们认识到，查士丁尼为了重建帝国权威而建立的圣索菲亚教堂，总合了上古时期东西工程技术的最高成就，而意大利发达的金融基础设施也是文艺复兴伟大建筑的基础。在很大程度上，我们对于建筑历史和理论的讨论应该避免以往类似作品中“见物不见人”的弊病。

建筑学的讨论对象其实已经扩展到“建筑物”（building），而不仅仅是“建筑”（architecture），将“工程”“建造”的重要性置于“设计”之外单独讨论，有助于我们了解在各个不同的历史时期“建筑艺术”和“建筑项目”的不同。即使在现代明星建筑师的项目中，也存在着以人物事件、单个作品，或者以创作者—艺术思想运动为中心的分析角度，和复数的、大写的总体建筑的差异。对材料与技术的关注对应的是知识与学习语境的自我反省，两者总合在一起才是完整的“设计方法”，这种方法的落实牵涉到特定的设计工具、图纸、计算方式，它们最终又通过一个大得多的语境整合进入整个人类社会的文明系统，不仅仅是建造设备、建造主体、建设制度，还有所有这一切后面的文化、社会制度、使用者、传播和评价系统。

所以当代的建筑学不仅有个人创造的神话，还有完整社会语境、物质基础、学术背景等方面的考量。历史真实中的工程师 / 设计师不仅要熟悉材料与技术，预见项目实施的后果，还要具备杰出的协调和沟通能力——后者意味着他必定是在一个集体的、社会的意义上看待他的创造，这一点和艺术家完全不同。因此设计方法、设计工具、图纸、计算的路径和实在的材料属性 / 可见的结构特色一样重要。在设计埃斯科里亚尔宫的时候，卡斯泰洛（Fabrico Castello）会悉心将施工作业的情景记录下来；“样式雷”的图档不仅有助于这个中国营造家族的设计实践，还会送抵帝国的最高统治者成为他的收藏品。以上突出了建造者“中间”但不“中立”的角色，他们将抽象知识的个体发现和现实的历史社会需求彼此谋合，这一过程中虽有“意外”，但是绝无偶然。

比如，我们不会惊讶，佛罗伦萨百花教堂穹顶的设计者布鲁内莱斯基同时也是“透视法”的发明者——如果“发明”这个词尚有争议的话，他至少是让这一方法成为工程学中有效沟通“所思”“所见”和“所得”的重要推手。上至埃及人画在莎草纸上的神庙图样，罗马人刻于大理石板的建筑平面，下至詹姆斯 • 瓦特 1780 年注册专利的工程图纸复制技术，今日的建筑信息数据系统，不同时期的建筑工程师或多或少地依赖心、手、眼之间的这种合作关系，在他个人身上，已经体现了技术和其载体（embodiment）的表里。但是走向现代工程制图学的意义，更是在于抽象的设计可以在多人之间无误差地传递，这是每一项大型工程变得可能的基础。讽刺的是，在打开方便之门的同时，协作也削弱了天才设计师 / 工程师的地位，布鲁内莱斯基本人便非常警惕竞争者窃取他的技术秘密，他一方面用独创的方法探讨设计问题，另一方面又不情愿将他的图纸公之于众。

建筑工程的近代发展，意味着文艺复兴“大写”的建筑设计师风光不再，由于更有利可图的市场，更强大的集体推动力，工程师的地位正在追赶艺术家，他们或者迟早会混同于一类人。在设计位于意大利帕尔马的法尔内塞剧院（Teatro Farnese）时，阿利欧帝

（Giovanni Battista Aleotti）对机械产生了极大的兴趣，他看到其实是舞台机械，一种制造剧情幻境的装置，而不是剧院的古典装饰才是此类建筑的核心所在。15、16 世纪实施的运河工程，15 世纪以来的航海船只制造技术，大幅度提升了西欧建筑师的工程能力……直到美国早期摩天楼的推动者约翰 • 威尔伯 • 鲁特强调“工程学目标应该作为设计流程的重点”，终于，欧洲工程师获得的技术成就在强调商业利益的美洲建筑师那里得到了空前规模的发展，这股势头最终又回到欧洲并波及整个世界。在建筑哲学中接受了制造工艺的现代建筑师，比如勒 • 柯布西耶，看到风格并不是唯一重要的东西：“这就像女人头上的羽毛……有时曼妙，但非永久，仅此而已”，因为现代建筑有着另一些“更重大的结局”。工程师的审美观中看重的是“量产精神”，现代建筑工程的伟大意义必须和汽车、远洋班轮、飞机的发明等量齐观。作为承包商，结构工程师阿鲁普（Ove Arup）创立了著名的建筑技术公司，强调“整体设计”（total architecture），他和他的同事们开始成为建筑这样一种“首要结构”（archi-structure）的主设计师，他们可以独立受雇，而不是像以前那样依赖于建筑师的旨意。

因此出现了建筑学和建筑技术的“跨越式发展”。建筑的历史并不完全是线性的、连续的、均匀的。始自近代，在人类数千年的实践基础上，依靠近代科学——还有成熟的社会条件，西方工程学有了自己初步的思考路径，它真正成了一门专业，现代建筑诞生在这些因素的综合作用之中。如果说此前建筑学的发展还是基于一些神话般的孤立的名字，那么现在它的发展已经变成了群星灿烂，本书讨论的基础正是诞生自这二三百年喷发的新意之中。上古和中世纪，大多数时候，最优秀的建筑工程师所思考的，只是为了将教堂这样的超级结构建造得更加伟岸超拔——为了让这一目标变得可能，费时费力在所不惜。但是，现在，建筑设计需要考虑各个方面的问题，任意一个方向的突破就可以引起整个行业的巨大变革。比如，如何尽可能地减少工程量降低成本从而获取更大的经济效益？如何设计一个有效抗震，能防范意外灾祸的建筑？或者，如何在不增加管理投入的情况下，让建筑空间变得更加灵活和智能，以适应其中不同用户的需求？这些不同的思路在过去往往不可能并存，或者不是考虑的重点，但如今它们已经是现实的某一部分，推动了不同的建筑次生行业的发展：像理论家文丘里的著作所暗示的那样，建筑工程师需要将建筑的矛盾性和复杂性一并考虑，以期让建筑学在“更高、更大、更便宜……”的简单诉求之后，变得更加“高级”。

当我们看到作为集体名词而存在的当代建筑的这种潜力，油然而生的问题是：在这种情况下建筑师为什么还有存在的必要？建筑师和建筑工程师获得的不对称的声名是否有朝一日将会反转？

这个问题并不容易用三言两语回答。也许，我们有必要通过一个简单的事例，对以上这些问题予以回应。反而是通过技术历史发展的长时段的回顾，可以帮助我们恢复人对于建筑“主权”的信心。

今天的公众对于建筑通风的问题已形成了相对稳定的看法，但是，在近代科学准确测知空气成分和功效之前，人们对于抽象的“空气质量”的看法并不一致。一些人甚至认为，密闭门窗在室内燃起香烛，才是更“健康”的做法（可能考虑到前现代城市室外糟糕的公共卫生状况）。直到 20 世纪 20 年代末，美国采暖与通风工程师学会的成员在讨论行业标准的时候，依然提议在学会刊物中禁止使用“新鲜空气”（fresh air）的说法，代之以“室外空气”（outside air）这个词——他们的目标是“正确的空气”（right air）。

问题是什么是“正确”。从历史角度看，对“正确”的标准形成的决定性意见，哪怕是如此直观的议题，却并非取决于个人印象，甚至不完全是基于科学知识，而是迫在眉睫的社会变革。比如，在同样的历史时期，北欧国家倾向于将财富投入建造民用建筑，而不是大教堂，在那里促成了大型公共建筑的第一批通风管道设计——虽然我们不能简单说二者之间有简单的决定关系，但是在冬季，有着大量人群聚集需求的室内空间，确实要比容积有限功能简单的教堂更需要人工通风。20 世纪后半叶室内空调系统的大规模推广，恐怕是出于同样的原因，它是经济的也是社会的。

20 世纪 50 年代，即使人们对于这一新鲜事物的看法尚未成熟，纽约和费城较好的写字楼已经纷纷跟进安装空调系统，因为楼宇的主人恐慌，他们的租户会因此转租其他已经安装了同类系统的办公楼。19 世纪后期，在同样的城市中极为糟糕的集体租屋状况，甚至都并没有直接导致此类技术的繁盛。但是，在一百年不到的时间里，尤其是大型商业建筑，比如旅馆和购物商场内的中庭，便推动了中央空调的飞速发展，可观的利润再造出了室内人造的天气——即使今天，人们对于室内空调是否有利人体健康也还有不尽一致的看法，但是，我们已经很难再找到完全不依赖机器通风的新建筑了——建筑结构、建筑交通、室内装修的式样乃至于门窗制造的技术都会因此有着相应的变化。

更重要的，是对城市的理解本身也因此变化了。自古以来，东西文明对于大量集聚人口的城市都有着下意识的恐惧，以前也许仅仅是互相搅扰，吵得晚上睡不着觉，对于当代城市的规模和“马力”而言，因此恶化的共同环境想一想都是不能接受的。但是，能够彼此隔绝声音和空气的大城市居民，最终变得心安理得了——从大厦顶楼看下面无声的车水马龙甚至成了一种享受。

请注意，罗马人时代就有的双层玻璃窗就是这样找到了自己新的使命。

在这种情况下，每个工种的工程师都有根据各自专业优先项自行其是的本能，比如设定更高的建设指标，大幅度提高保温性能，优化空气微循环设计，强调门窗的密封性，等等。但只有建筑设计师，才可能代表最初的那个“人”——建筑的使用者——作出最基本的反思：建筑为人而设，而人现在得到了什么？

讽刺的是，在当代，强调建筑学科无上自主性的建筑设计师却大有人在，建筑工程学有时候是他们躲进这种自治领域的方便法门。对这些人而言，本书相对并没有特别偏爱“建造”（architectonics）这样一种曾经在建筑理论界甚为热门的主张，因为后者只是在建筑学成为一种普遍的思想模式——现代主义因此应运而生——之后才受到重视的，而不是建筑唯一的发心和原因。

本书既触及了一些建筑师普遍关心的广义的“设计手法”的名词，牵涉到建筑学的本体性问题，比如建筑表皮（以及某些相关的构造理论）、建筑形象、建筑标准，也讨论了另外一些对设计师相对陌生的术语，通常只是出现在艺术史的学科讨论范围内，比如“再现”“如画”“展览”。这些话题中有些有着非常明确的文化背景，比如只有在特定的跨文化语境中才会涉及的“异趣”（异国情调）、当代文化中的常见话题“奇观”，但是，本书依然试图强调它们内在的关联性，指出某些概念不过是另一些在实践中的延伸和发展，而不是先假定它们的“跨学科属性”再试图弥合其裂痕。也许，某些主题可以进一步落实为现实中存在的规范性的建筑概念，也就是“存在即合理”的实践门类，比如美术馆 / 博物馆的建筑设计、历史保护和历史建筑改造、住宅建筑、城市设计、景观设计……但是本书的读者们最好不要试图将它们简单地装进这些框框里去，就和我们不要刻意把某种建造理论归类于只有建筑师才能欣赏的一种抽象思辨。

在我看来，“建筑设计者”的角色相对于“建造者”的身份要广谱得多，也包容得多，他们既会成功也肯定有可能失败，而这恰恰是建筑学本身的魅力。从拿简单建筑语言的组合为罗马帝国建造奇迹般的引水渠的工程师开始，到总是尽可能降低结构成本做出轻盈结构的意大利建筑师纳尔维（Pier Luigi Nervi），直到满足总“世界第一”的迪拜土豪需求的超高层结构设计者，对于形形色色的政治、经济、社会心理的考量而言，建筑工程学绝不只是克服重力，产生出不可思议三维形状的游戏。即使身为工程公司的负责人，阿鲁普的合伙人萨格登（Derek Sugden）也会强调，“结构功能应该采用建筑形式予以实现”。

了解历史的人，会将他笼统提到的这种“建筑形式”具体化为真实可感的人性，而不是得到有限简单的答案。希望有耐心读完我这本书的读者们也能如此。

本书中的内容，包括这个后记的一部分，曾经以各种形式陆续发表于《建筑学报》《建筑师》《世界建筑》《时代建筑》《新建筑》《建筑创作》《装饰》《中国园林》《城市空间设计》等杂志，恕不再一一详细列出责任编辑的姓名与文献信息，在此谨向他们表示由衷的谢意。

唐克扬

2020 年 9 月 2 日